Telecommunications

Veröffentlichungen des / Publications of the

Münchner Kreis
Übernationale Vereinigung für Kommunikationsforschung,
Supranational Association for Communications Research

Band/Volume 13

Nutzungsbilanz moderner Informations- und Kommunikationssysteme aus Anwendersicht

User Experience in the Application of Modern Information and Communication Systems

Vorträge des am 15./16. Juni 1988
in München abgehaltenen Kongresses

Proceedings of the Congress
Held in Munich, June 15/16, 1988

Herausgeber/Editor: F. Baur

Springer-Verlag
Berlin Heidelberg GmbH

Münchner Kreis
Übernationale Vereinigung für Kommunikationsforschung
Supranational Association for Communications Research
Tal 70/IV, D-8000 München 2, Telefon: (0 89) 22 32 38

Wissenschaftliche Leitung des Kongresses:

Dr.-Ing. Friedrich Baur
Zahnradfabrik Friedrichshafen AG
Löwentaler Straße 100, D-7990 Friedrichshafen

Unter Mitwirkung von

Dr. rer. pol. Heinz Rettenmaier
Zahnradfabrik Friedrichshafen AG
Löwentaler Straße 100, D-7990 Friedrichshafen

CIP-Titelaufnahme der Deutschen Bibliothek
Nutzungsbilanz moderner Informations- und Kommunikationssysteme aus Anwendersicht:
Vorträge d. am 15./16. Juni 1988 in München abgehaltenen Kongresses =
User experience in the application of modern information and communication systems
[Münchner Kreis, Übernationale Vereinigung für Kommunikationsforschung].
Hrsg.: F. Baur. – Berlin ; Heidelberg ; New York ; London ; Paris ; Tokyo : Springer, 1988
(Telecommunications ; Bd. 13)
ISBN 978-3-540-19411-8   ISBN 978-3-642-83515-5 (eBook)
DOI 10.1007/978-3-642-83515-5
NE: Baur, Friedrich [Hrsg.]; Münchner KReis; PT; GT

Die Wiedergabe von Gebrauchsnamen, Handelsnamen, Warenbezeichnungen usw. in diesem Werk
berechtigt auch ohne besondere Kennzeichnung nicht zu der Annahme, daß solche Namen im Sinne
der Warenzeichen- und Markenschutz-Gesetzgebung als frei zu betrachten wären und daher von
jedermann benutzt werden dürften.

Sollte in diesem Werk direkt oder indirekt auf Gesetze, Vorschriften oder Richtlinien (z.B. DIN, VDI,
VDE) Bezug genommen oder aus ihnen zitiert worden sein, so kann der Verlag keine Gewähr für
Richtigkeit, Vollständigkeit oder Aktualität übernehmen. Es empfiehlt sich, gegebenenfalls für die
eigenen Arbeiten die vollständigen Vorschriften oder Richtlinien in der jeweils gültigen Fassung hin-
zuzuziehen.

Druck: Color-Druck Dorfi GmbH, Berlin; Bindearbeiten: B. Helm, Berlin
2362/3020-543210

Vorwort

Der MÜNCHNER KREIS wurde im September 1974 auf Initiative von Persönlichkeiten aus Politik, Wissenschaft, Wirtschaft und Medien gegründet. Er fördert die Erforschung aller mit der Entwicklung, der Errichtung und dem Betrieb von technischen Kommunikationssystemen und deren Nutzung zusammenhängenden Fragen. Dabei sollen insbesondere die mit der Einführung auftretenden menschlichen, gesellschaftlichen, wirtschaftlichen und politischen Probleme behandelt werden.

Die Aufgabenstellung des MÜNCHNER KREISES ist also überdisziplinär. Während die speziellen Fachaspekte in den jeweils spezifischen wissenschaftlichen Vereinigungen behandelt werden, ist der MÜNCHNER KREIS bemüht, die Beiträge der wissenschaftlichen Disziplinen zur Lösung des umfassenden Problems der Kommunikation zu integrieren. Besonderes Augenmerk wird den Voraussetzungen gewidmet, unter denen Innovationsschritte der Kommunikationstechnologie erfolgreich vollzogen werden.

Die Zielsetzung des Kongresses "Nutzungsbilanz moderner Informations- und Kommunikationssysteme aus Anwendersicht" bestand darin, eine aktuelle und möglichst umfassende Bestandsaufnahme zur Anwendung dieser Systeme vorzunehmen. Insbesondere sollte auf den Nutzen, der sich für den Anwender bereits jetzt ergibt oder für die Zukunft erwartet wird, eingegangen werden. Während des Kongresses wurde deshalb über Erfahrungen und Pläne aus zahlreichen Wirtschafts- und Gesellschaftsbereichen berichtet. Die Referenten waren dabei aufgefordert, die folgenden wichtigen und akuten Fragen in ihren Vorträgen zu behandeln:

- Wie sieht es mit der Benutzerakzeptanz aus?

- Wie hat man Multifunktionalität in den Anwendungen auf der Basis der vorhandenen EDV-Welt hergestellt?

- Welche Produktivitätssteigerungen und welche Verbesserungen ergibt der Einsatz moderner Informations- und Kommunikationssysteme?

- Welche Einführungsstrategie und organisatorischen Anpassungen wurden gewählt?

- Welche Probleme ergaben sich bei der Vernetzung?

- Wo sehen die Anwender besonders interessante Weiterentwicklungen der Informations- und Kommunikationstechnik?

Dadurch konnte ein deutliches, vielfältiges und eindrucksvolles Gesamtbild über die Situation in der Bundesrepublik Deutschland aufgezeigt werden. Durch die Übersichtsvorträge aus den USA und Japan wurde zusätzlich ein kritischer Vergleich zum Einsatz der Informations- und Kommunikationstechnik in diesen beiden großen Industrienationen ermöglicht.

Aus dem Kongreßprogramm ausgeklammert wurde der Einsatz der Informations- und Kommunikationstechnik für die Nutzung durch private Haushalte. Für diesen interessanten und zukunftsträchtigen Sektor gelten bezüglich einer sinnvollen Anwendung sicherlich andere Maßstäbe und Kriterien als Wirtschaftlichkeit, Rationalisierung und Produktivitätssteigerung im engeren Sinn. Diese Thematik wird schon in absehbarer Zeit zum Gegenstand weiterer Betrachtungen im Rahmen des MÜNCHNER KREISES führen.

Mein Dank gilt allen Referenten und Diskussionsleitern sowie den fachkundigen und diskussionsfreudigen Teilnehmern, die den Kongress zu einem Forum regen Informations- und Meinungsaustausches werden ließen.

München, im Juni 1988

Dr. Friedrich Baur

Preface

The MÜNCHNER KREIS was founded in September 1974 on the initiative of leading personages in the fields of politics, science, industry, commerce and the communications media. The association's aim is to promote research in questions connected with the development, establishment and operation of technical communication systems and their utilization. Special attention is to be paid thereby to human, social and political problems arising out of the introduction of new communications technologies.

The MÜNCHNER KREIS thus operates at an interdisciplinary level. Whereas special aspects are the concern of the appropriate scientific bodies, the MÜNCHNER KREIS concentrates on integrating the contributions made by the different scientific disciplines with a view to finding solutions to the comprehensive problems caused by the new communications technologies. The association pays special attention to the prerequisites required if innovations in communications technology are to be introduced successfully.

Aim of the congress "User Experience in the Application of Modern Information and Communication Systems" was to make a topical and nearly overall stock-taking of the application of these systems with special regard to the advantages and profits for the user, already existing now or to be expected for the future. Reports were held on experiences and plans from various economical and social branches. Topics of the speakers were the following essential and topical questions:

- How about the acceptance of the user?

- How was it possible to reach multifunctional application based on the already existing computer facilities?

- What kind of increase in productivity and which improvements result from the use of modern information and communication systems?

- What introduction strategies and organisational adaptions were used?

- What kind of problems arose from the interconnections?

- Where do the users find especially interesting new developments in the fields of information and communications technologies?

These reports gave an exact, multiple and impressing general view on the situation in the Federal Republic of Germany. Additionally, the summarizing reports from the U.S.A. and Japan allowed a critical comparison of the use of information and communications technologies in theses two large industrial nations.

Excluded from the congress was the use of information and communications technology for the application by private households. For this interesting and future oriented field there are certainly other standards and criteria valid than rentability, rationalisation and increase in productivity when an efficient application shall be achieved. But this topic shall be, in the near future, of special interest for the activities of the MÜNCHNER KREIS.

We want to express our sincere thanks to the speakers, session chairmen and all those competent and enthusiastically discussing participants, who have in so many ways contributed in making this congress a forum of extremely active exchange of information and ideas.

Munich, June 1988

Dr. Friedrich Baur

Inhalt/Contents

Eröffnung

H. M. Jepsen

Im Namen der Bayerischen Staatsregierung begrüße ich Sie in der Landeshauptstadt Bayerns. Dem MÜNCHNER KREIS ist es auch diesmal wieder
- wie schon so oft - gelungen, zahlreiche Fachleute hier in München zu
versammeln.

Das Thema der Veranstaltung "Nutzungsbilanz moderner Informations-
und Kommunikationssysteme aus Anwendersicht" signalisiert, daß heute
ein prüfender Blick auf die vielfältigen technischen Möglichkeiten und
Angebote der Informations- und Kommunikationstechnik geworfen werden
soll.

Auch für diese Technik gilt:
Die schönsten technischen Träume nützen letztlich wenig, wenn die Be-
währung im Alltag ausbleibt. Es ist deshalb zu begrüßen, daß der
MÜNCHNER KREIS, der als Förderer der Einführung neuer Informations-
und Kommunikationstechniken bekannt ist, den Anwendernutzen einer
prüfenden Wertung unterzieht.

In den nächsten Tagen werden führende Anwender aus Wirtschaft,
Verwaltung und Wissenschaft hierzu zu Wort kommen.

Die Bayerische Staatsregierung ist Anwender neuer Informations- und
Kommunikationssysteme. Sie ist jedoch auch Mitgestalter der Rahmenbedingungen für den Einsatz dieser Systeme. Sie verfolgt daher den Verlauf
und die Ergebnisse dieses Kongresses mit großem Interesse.

Gerade in dieser Zeit, die durch eine stürmische wissenschaftlich-technische Entwicklung und den sie begleitenden politisch-rechtlichen Ordnungsprozeß gekennzeichnet ist, kommt der Kommunikation zwischen kompetenten Vertretern der einzelnen Wirtschaftsbereiche und den politisch Verantwortlichen eine wichtige Funktion zu. Nur auf der Grundlage von Kommunikation zwischen den Herstellern der Geräte, den Anwendern der Geräte und den für die Gestaltung der politischen Rahmenbedingungen Verantwortlichen, kann für die gesamte Volkswirtschaft Nutzen aus wissenschaftlich-technischen Erkenntnissen gezogen werden.

So möchte ich die Gelegenheit der Kommunikation hier nutzen, um Ihnen ganz kurz - mit Rücksicht auf die zur Verfügung stehende Zeit - die Position der Bayerischen Staatsregierung als Anwender neuer Informations- und Kommunikationstechniken und als Mitgestalter der Rahmenbedingungen darzustellen:

Die umfassende Anwendung neuer Informations- und Kommunikationstechniken ist heute nicht nur in der Wirtschaft, sondern auch in der öffentlichen Verwaltung unverzichtbar. Denn auf die ständig gestiegenen Anforderungen der Bürger, der Organisationen, der Öffentlichkeit und der Parlamente kann schon lange nicht mehr mit einer expansiven Personalpolitik reagiert werden.

Einfache, ständig wiederkehrende und formalisierbare Tätigkeiten werden auch beim Staat seit langem von Datenverarbeitungs-Anlagen erledigt oder zumindest unterstützt. Diese Form der Rationalisierung ließ allerdings zu Beginn die notwendige Bürgernähe vermissen, wie z.B. die häufigen Klagen über die Verständlichkeit der Datenverarbeitungs-Formulare gezeigt haben. Mittlerweile haben sich diese Verfahren eingespielt und werden vom Bürger akzeptiert.

Bei der Einführung neuer Informations- und Kommunikationstechniken steht die öffentliche Verwaltung allerdings immer vor dem Problem, daß

- der Bürger zwar zu Recht auch von den Behörden gutes und rasches Arbeiten verlangt,
- für die Einführung neuer Informations- und Kommunikationstechniken die notwendigen Investitionsmittel jedoch nicht in ausreichendem Maße zur Verfügung stehen.

In diesem Spannungsfeld findet man den Staat zwar nicht an vorderster Innovationsfront. Er darf sich allerdings genausowenig von der Entwicklung bei modernen Techniken abkoppeln.

Zur Vorbereitung einer ausgewogenen und überzeugenden Einführungsstrategie neuer Informations- und Kommunikationstechniken in der bayerischen Staatsverwaltung hat der bayerische Ministerrat bereits 1985 einen interministeriellen Arbeitskreis eingesetzt, der diesen gesamten Fragenkomplex untersuchen soll. Erste Ergebnisse liegen bereits vor. So werden derzeit anhand verschiedener Pilotprojekte die Einführungsbedingungen dieser Techniken erprobt.

Ein Thema möchte ich besonders ansprechen, weil es nicht nur für den Anwender Bayerische Staatsregierung sondern für alle Anwender wichtig ist. Die beeindruckende Vielfalt der von der Informations- und Kommunikationstechnik präsentierten Geräte wird für den Anwender schnell zum Problem, wenn er Geräte verschiedener Hersteller zusammenschalten will. Leider gibt es keine einheitlichen Normen und technischen Standards, die eine Kommunikation dieser Geräte ohne kostenträchtige Anpassungsmaßnahmen erlauben.

Ich halte die von solchen Problemen ausgehenden Anwendungshemmnisse aus industriepolitischer Sicht für einen Mangel, der nicht zuletzt im Hinblick auf die Verwirklichung des europäischen Binnenmarktes im Jahre 1992 rasch behoben werden muß. Es ist aber nicht nur die Zeit reif für eine einheitliche, möglichst weltweite Normung auf diesem Gebiet. Vielmehr wird auch der nächste technologische Entwicklungsschritt, die Systemintegration, durch den sich gerade das große volkswirtschaftliche Nutzungspotential ergibt, verteuert und damit verzögert.

Für den erfolgreichen Einsatz von Informations- und Kommunikations-Systemen ist natürlich auch der ordnungspolitische Rahmen, in dem sich die neuen Kommunikationsdienste bewegen können, von großer Bedeutung. Dieser ordnungspolitische Rahmen wird - auch unter Mitwirkung der Bayerischen Staatsregierung - derzeit neu gestaltet. Ich möchte daher im zweiten Teil meiner Ausführungen mit einigen Anmerkungen die Haltung der Bayerischen Staatsregierung zur sog. Postreform umreißen:

Schon in einer sehr frühen Phase hat die politische Diskussion möglicher Veränderungen unseres Post- und Fernmeldewesens viel Staub aufgewirbelt. So wurden Konturen und Zielsetzungen von Reformvorstellungen oft verschleiert und damit denen geholfen, die diese Reformdiskussion mehr als Glaubenskrieg denn als sachlich-politische Auseinandersetzung führen wollten.

Anfang Mai 1988 hat nun das Bundeskabinett das Konzept zur Neuordnung des Post- und Fernmeldewesens verabschiedet und auf den parlamentarischen Weg gebracht. Ich habe den Eindruck gewonnen, daß sich damit mittlerweile die Diskussion wieder mehr versachlicht, daß die Verunsicherung in der Bevölkerung und der Wirtschaft etwas abgenommen hat.

Ich stelle dies deshalb mit Genugtuung fest, weil eine Neuordnung unserer Telekommunikationsmärkte und eine Neustrukturierung der Deutschen Bundespost dringend geboten sind: Die geplanten Veränderungen werden nämlich über die wirtschaftliche Zukunft unseres Landes mitentscheiden. Sie werden wesentlichen Einfluß darauf haben, ob die Bundesrepublik auch mittel- und langfristig ein erstklassiger Industriestandort und eine führende Exportnation bleibt.

Ein Blick über unsere Grenzen zeigt, daß Eile geboten ist:
Nahezu alle westlichen Industriestaaten sind dabei, ihre Fernmeldemärkte zu liberalisieren und ihre Fernmeldeverwaltungen zu reformieren. Dies führt meist – internationale Vergleiche belegen dies – zu günstigeren Telekommunikationspreisen und zur rascheren Einführung neuer Telekommunikationsdienste.

Ein Abkoppeln von dieser Entwicklung könnte zu einer verminderten Attraktivität des Industriestandortes Bundesrepublik Deutschland beitragen; ein Thema, das uns im Hinblick auf den europäischen Binnenmarkt mehr als nahezu jedes andere beschäftigen und alarmieren muß.

Auch die EG mit ihren intensiven Bemühungen um eine rasche Einführung eines gemeinsamen – und liberalisierten – Telekommunikationsmarktes sowie die negativen Reaktionen der USA auf die nach ihrer Ansicht handelspolitische Abschottung des hiesigen Fernmeldemarktes verdeutlichen die Dringlichkeit einer Postreform.

Darüberhinaus mehren sich seit einiger Zeit in der Wirtschaft kritische Stimmen über mangelnde Kundennähe und über Schwerfälligkeit der Deutschen Bundespost. Eine Firma, die jährlich hohe Fernmeldegebühren entrichtet, möchte nicht als bescheidener Antragsteller gegenüber einer Hoheitsverwaltung auftreten müssen, sondern erwartet als gleichberechtigter Vertragspartner von einem Unternehmen Deutsche Bundespost flexible, maßgeschneiderte Lösungen ihrer betrieblichen Telekommunikationsprobleme. Die Bundesrepublik Deutschland, und in ihr ganz besonders Bayern, ist Standort hochtechnisierter Schlüsselindustrien, die einen überdurchschnittlich hohen Kommunikationsbedarf haben. Wir nehmen deshalb solche Klagen sehr ernst.

Wegen dieser - hier nur kurz angeschnittenen - wirtschaftlichen und internationalen Sachzwänge ist die Bayerische Staatsregierung seit langem um eine rasche Realisierung der Postreform bemüht.

Die bayerischen Grundpositionen in einer Neuordnung des Post- und Fernmeldewesens seien nur in aller Kürze zusammengefaßt, wobei zwischen der Bundesregierung und der Bayerischen Staatsregierung über diese Positionen ein weitgehender Konsens besteht:

1. Auch im Fernmledewesen soll künftig der Grundsatz des Wettbewerbs die Regel und das Monopol des staatlichen Anbieters die Ausnahme sein.

2. Im Monopol der Post sollten das Fernmeldenetz und der herkömmliche Telefondienst verbleiben; das ist erforderlich, um eine finanzkräftige, leistungsstarke Bundespost zu erhalten.

3. Demgegenüber sollten gerade die innovativen, neuen Fernmeldedienste sowie die Endgeräte auch von Privaten angeboten werden können; mehr Markt bedeutet hier auch mehr Druck auf die Preise und eine Beschleunigung der Einführung innovativer Dienste.

4. Im organisatorischen Bereich sollten die hoheitlichen von den rein unternehmerischen Aufgaben getrennt werden.

5. Auch die geplante Aufspaltung des Unternehmensbereiches auf die 3 Teilunternehmen Postdienst, Postbank und Telecom erscheint angesichts der Größe und der unterschiedlichen Aufgabenstellungen sachgerecht.

Die Bayerische Staatsregierung steht seit jeher dem technischen Fortschritt aufgeschlossen gegenüber. Besonders von der Nutzung der neuen Informations- und Kommunikationssysteme verspricht sie sich hohen volkswirtschaftlichen Nutzen. Eine Nutzungsbilanz erlaubt eine kritische Analyse der bisher erfolgten Anwendungen und eine bessere Kalkulation des wirtschaftlichen Risikos künftiger Anwendungen. Sie bietet damit eine wichtige Entscheidungshilfe gerade auch für kleine und mittlere Anwender, für die ein nicht genügend kalkulierbares Risiko eine Anwendungsbarriere darstellt.

Sie beschäftigen sich auf Ihrer Tagung gerade mit diesem Thema, und ich wünsche Ihnen einen guten und erfolgreichen Verlauf.

Information und Produktivität

F. Baur

Mit diesem Kongreß soll eine Bestandsaufnahme über aktuelle Anwendungen der Informations- und Kommunikationstechnik erfolgen. Natürlich gehören in diesen Zusammenhang auch die Skizzierung neuer Ideen und eine Abschätzung, wie sich Anwendung und Technik auf diesem Gebiet voraussichtlich weiterentwickeln werden. Vor allem aber gilt es den Nutzen herauszuarbeiten, den man in Zukunft beim Einsatz von Informations- und Kommunikationssystemen erwarten kann. Interessant dürfte auch sein, inwieweit diese Systeme unsere "soziale Geographie" verändern werden.

Gab es früher hin und wieder Fälle, in denen es lediglich "schick" oder auch "einfach ungeschickt" war, Datenverarbeitung oder Kommunikationstechnik einzusetzen, so wird heute meistens sehr schnell und sehr intensiv danach gefragt, welche Rentabilität diese Systeme bringen. Dies um so mehr, als der effektive Einsatz dieser Systeme für ein erfolgreiches Geschäft so wesentlich geworden ist, daß man im Wettbewerb ganz entscheidend besser bestehen kann, wenn man sie richtig anwendet und benutzt. Dies gilt nun nicht nur in Deutschland, sondern überall auf der Welt.

Leider ist es in der Bundesrepublik nicht so, daß wir in den Sektoren Informations- und Kommunikationstechnik überall an der Spitze stehen und außerdem klingt in den Medien zur Zeit immer wieder an, daß in unserem Lande der

internationale Wettbewerb schärfer werden wird und zwar
mit einem immer stärker werdenden Druck auf Kosten, Qualität und Termine.

Börsenkrach und Dollarkurs sind zwar schon fast verkraf-
tet. Aber die hohen Lohn- und Sozialkosten, die gravie-
rende Arbeitszeitverkürzung, die Spitzenposition bei der
Steuerbelastung, die bürokratischen Hemmnisse, hohe En-
ergie- und Rohstoffpreise sowie die Umweltprobleme lasten
auf uns in bedrohlichem Ausmaß. Erfreulicherweise wird
diese Lage im Moment etwas überdeckt durch die Tatsache,
daß wir z. Zt. in einer annehmbaren Konjunkturphase leben.

1.   <u>Produktivitätsnotwendigkeit</u>

Sicherlich sind die Unternehmen gut beraten, wenn sie die
jetzt noch positive Situation nutzen, um alles zu tun,
damit ihre Konkurrenzfähigkeit erhalten bleibt. Dies auch
vor dem Hintergrund einer Verwirklichung des Europäischen
Marktes in 1992, wobei dieser Markt nicht nur für die Telekommunikation und Informationstechnik entsteht, sondern
auch für alle anderen Wirtschaftssektoren. Diese Umstellung wird wohl viel bewegen. Es wird sicher so sein, daß
starke Firmen unter den neuen Bedingungen Chancen haben,
verstärkt gute Geschäfte zu machen, und die Schwachen noch
eher als bisher aus dem Rennen fallen werden.

Diese Situation wird noch bedeutsamer dadurch, als es zur
Zeit in USA eine große Bewegung gibt, die unter dem
Stichwort "Reindustrialisierung Amerikas" läuft. Die wie-
dererstarkende amerikanische Industrie stürzt sich ebenfalls und mit Vehemenz auf den entstehenden Europamarkt.
In Japan hat man längst begriffen, daß die DM und die anderen europäischen Währungen im Verhältnis zum Yen günstiger sind als der Dollar. Dementsprechend werden wir
zusätzlich auch noch von Fernost unter Druck gesetzt werden.

Zur Beurteilung unserer Produktivitätsnotwendigkeit sind
neben der Konkurrenzbetrachtung auch noch die potentiellen
Käufer einer Überlegung wert. Wenn man den durch "Europa
'92" erzeugten Rationalisierungseffekt, der mit 3.000
Milliarden ECU angegeben wird, auf die Gesamtwirtschaft
bezieht und in Arbeitsplätze umsetzt, dann würde dies eine
sehr hohe Zahl unbeschäftigter Arbeitskräfte und diese mit
entsprechend verringerter Kaufkraft darstellen. Demgegenüber gibt es aber auch die Ansicht, daß dieser Europa-
Markt so viel Wirtschaftskraft entwickelt und so attraktiv
wird, daß sich hier wesentlich mehr "abspielt" und daß man
deshalb bis zu 1,8 Mio neue Arbeitsplätze schaffen kann.
Ich möchte es Ihnen überlassen, darüber zu urteilen, was
sich in diesem Zusammenhang letztendlich entwickelt.

Für uns bedeutet all das bisher Gesagte, wenn wir uns
geschäftsnah und realistisch verhalten, daß wir - wenn wir
konkurrenzfähig bleiben wollen - jede Möglichkeit in der
Ausschöpfung von Produktivitätsreserven ergreifen müssen,
um mit geringerem Einsatz eine höhere Leistung zu erbringen.

2.   Stellenwert der Information

Die rationelle Handhabung und intelligente Nutzung der
modernen Informations- und Kommunikationstechnik spielen
bei all diesen Betrachtungen zur Rationalisierung, zur
Produktivitätssteigerung, natürlich eine Schlüsselrolle.

Fachleute sprechen davon, daß etwa 50 % der Gesamtkosten
einer Unternehmung im Informationsbereich liegen, und daß
es dementsprechend notwendig ist, sich mit den Mitteln der
Informations- und Kommunikationstechnik intensivst auseinanderzusetzen. Ich bin überzeugt, daß sich diese 50 %
in Zukunft eher in höhere Zahlen hineinentwickeln. Diese
50 %-Marke gilt auch nur für die produzierende Industrie.

Sie gilt nicht für den Dienstleistungsbereich, wo von vornherein der Informationsbereich größere Bedeutung hat.

Wie kann man nun mit Hilfe des Informations- und Kommunikationswesens Produktivitätssteigerungen erreichen?

3. **Stand und Trends im Informations- und Kommunikationsbereich**

Neue Anwendungen zeigt das Bild 1. Die erkennbare Entwicklung geht bis zu komplizierten Expertensystemen und zur Sprachverarbeitung. Letzteres sind Systeme, die man sich für das Ende dieses Jahrhunderts als in größerem Umfang realisierbar denkt. Die heute in der Industrie durchgeführten Arbeiten gehen also von den Themen Tabellenkalkulation über Simulation bis zur Übersetzungsmaschine. Ferner gibt es immer engere Verflechtungen zwischen Informations- und Kommunikationssystemen einerseits und ganz andersartigen Systemen, wie z. B. den Verkehrssystemen.

So wurden z. B. in Warenlogistik-Systemen in Lastkraftwagen heute Computer eingebaut, so daß nicht nur die Ware geliefert werden kann, sondern gleich auch die Rechnung. Es wird außerdem auch gleich kassiert und es wird gleich der günstigste weitere Fahrweg errechnet. Auf diese Weise erscheinen Produktivitätssprünge möglich.

Im Bild 2 sind weitere wesentliche und hier relevante Überschriften aufgeführt. Im einzelnen ist dazu anzumerken:

1) <u>Zunehmende Vielfalt und Qualität der Anwendungen</u>

Die Vielfalt und die Qualität der Anwendungen von Infor-
mations- und Kommunikationssystemen haben sich in den
letzten zwei Jahrzehnten beachtlich gesteigert.

Verbesserungen insbesondere bei der klassischen Datenverarbeitung, aber auch in der Kommunikationstechnik, haben
sich einerseits ergeben durch eine immer kostengünstigere
Hardware und andererseits durch eine immer bessere Software.

Zum letzteren gehört besonders die schnelle und problem-
lose Verfügbarkeit von Standardprogrammen. "General Leger"
ist ein hier zu nennendes Beispiel, das Personalabrech-
nungs- und -verwaltungssysteme über Standard-Software
leicht zugänglich macht. Diese Standardprogramme erleichtern den Umgang mit der Informationstechnik beachtlich, da die Software-Erstellung normalerweise als eher
störend empfunden wird und von der der Anwender ja eigentlich auch gar nichts wissen will. Der Anwender möchte
ein Gerät haben, möchte es bedienen können, und dann soll
"alles funktionieren".

Die effiziente Erstellung von Software mit den Systemen
der vierten Generation enthält andererseits ganz wesentliches Fortschrittspotential. Die fünfte Generation deu-
tet sich bereits an, und alle Anwender erhoffen sich, daß
die Software-Problematik hier noch wesentlich leichter
beherrschbar sein wird.

Die hohen Benutzersprachen und die relationalen Datenbanken sind weitere Mittel, mit denen man in Zukunft bessere Anwendung betreiben kann.

2) Portable Anwendungsprogramme

Die Portabilität der Anwendungen, das Freiwerden von bestimmten Hardware-Konfigurationen ist entscheidend. Ein-
sparpotentiale beim Erzeugen von Software kommen, insofern
man auch die Portabilität besser gestalten kann, sofort
und zusätzlich zur Benutzungsmöglichkeit verschiedener
Hardware zum Tragen.

3) Komfortable Ein- und Ausgabe

Ein- und Ausgabe, ist als Übergangsstelle der Technik zum
Menschen sehr wichtig. Immer wieder geschieht es, daß der
Bediener fast hilflos vor der Maschine sitzt und nicht
recht weiterkommt, weil entweder Ein- oder Ausgabegeräte
zu kompliziert sind, oder die Software noch nicht das
leistet, was sie eigentlich leisten sollte. Für diese Ein-
und Ausgaben ergeben sich weitere Fortschritte durch
Techniken wie das Barcodelesen, über die Sensortechnik,
mit Hilfe graphischer Benutzeroberflächen, Touch-Screens
und Softkeys, Scannen von Dokumenten sowie der Sprachein-
und -ausgabe.

Die Integration von Daten, Text, Graphik, Bild und Sprache
ist weit fortgeschritten. Multifunktionale Terminals,
Workstations zur Nutzung in den verschiedensten Technologien, existieren. Komfortable Systeme zur Erstellung und
Weiterbearbeitung von elektronischen Verbunddokumenten
sind verfügbar, z. B. das CAP (Computer Aided Publishing).
Die Einbindung der Sprachverarbeitung wird in Zukunft
entscheidend werden.

Einen Produktivitätsfortschritt bringen sicher die mobilen
Geräte. Wenn man nur daran denkt, daß man an der Produk-
tionslinie direkt Fehler in den Computer eingeben kann und
aus der Summe dieser Eingaben dann Anweisungen erhält,

welche Maschinen oder welche Prozesse nachzustimmen bzw.
ganz umzustellen sind.

4)   <u>Benutzeroptimierte Endgeräte</u>

Die immense Ausweitung der Informationsverarbeitung und
Telekommunikation drängt die Frage auf, wie sehen die
Endgeräte in Zukunft aus?

Eine verstärkte Differenzierung wird hinsichtlich Benut-
zergruppen und individuellen Bedürfnissen stattfinden. In
dieser Richtung gab es kürzlich eine größere Bemühung,
hier Standardisierungen und Rahmenvorstellungen zu entwickeln. Es sieht so aus, als ob es einfache Massenter-
minals für private Haushalte geben wird, professionelle
Standardgeräte beispielsweise für Banken und Versicherungen und schließlich hochqualifizierte Workstations, bei
denen man beispielsweise über Distanz entwickeln kann, daß
also ein Entwickler, der z. B. in Stuttgart sitzt und ein
anderer, der sich in München befindet, über Bildschirm
miteinander arbeiten und entwickeln.

5)   <u>Laufend wirtschaftlichere Hardware durch rasche
      technologische Weiterentwicklung</u>

Für den Anwender ist ferner die rasante Entwicklung der
Hardware wichtig, weil über die Miniaturisierung in der
Mikroelektronik eine wesentliche Preis-/Leistungsver-
besserung der Geräte und Systeme entsteht.

Mikroprozessor und Speicher als "Essentials" dieser Entwicklung kennzeichnen die dritte industrielle Revolution.

Die breite Anwendung von Personal-Computern hat die EDV-
Welt umstrukturiert, so daß man Hierarchien und ent-

sprechende Strukturen bauen kann, die alles sehr viel kostengünstiger und flexibler als bisher erledigen.

6)   Weltweite Netze

Die weltweiten Netze gewähren die internationale Übermittlung und den Austausch von Nachrichten, und Sie alle wissen, daß sie nötig sind, weil die Welt heute in vielerlei Richtung global denkt, und nicht nur denkt, sondern auch in internationaler Arbeitsteilung vorgeht. So kann es durchaus sein, daß man ein Hemd aus England, einen Videorecorder aus Japan, ein Fahrzeug aus Deutschland und die Möbel aus Schweden benutzt. Wobei diese Dinge nicht unbedingt nur in einem Land komplett hergestellt werden, sondern wieder Unterkomponenten haben, die aus Malaysia, Indien - oder woher auch immer - kommen. Die Kommunikation, die diese Globalität ermöglicht, geht dabei über postalische Netze oder über Sonder- und Servicenetze, wobei es neuerdings auch immer mehr private Servicefirmen gibt, die den Informationstransport sicherstellen.

Wesentliche Verbesserungen gibt es in diesem Zusammenhang in Deutschland sicher mit der Einführung des ISDN, neuer Satelliten und Glasfaserverbindungen.

7)   Zusätzliche Telekommunikationsdienste

Zusätzliche Telekommunikationsdienste entstehen unter dem Titel der Value Added Network Services, die VANS, die eine bestimmte aufgabenlösende Verknüpfung von Informations- und Kommunikationsmöglichkeiten zusammenfassen. Da gibt es die einfache Stufe eines Btx, aber es gibt auch die fortgeschritteneren und komplexeren Systeme. Den Betrieb von Expertensystemen eingeschlossen sind die VANS sozusagen die Speerspitze des Fortschritts. Beispielsweise existieren heute schon VAN-Anwendungen

- beim elektronischen Bestellverkehr zwischen Kunden
  und Lieferanten
- bei modernen Warenwirtschaftssystemen, bei den ver-
  längerten Werkbänken, die - eventuell interkonti-
  nental und aktuell - ferngesteuert werden.
- bei der Benutzung vorauseilender Informationen im
  grenzüberschreitenden Verkehr. (Berühmtes Beispiel
  ist in diesem Zusammenhang das System des Federal
  Express. Deren Schlagwort heißt, Lager sind über-
  flüssig. Federal Express liefert pünktlich und genau
  zu und über jede Grenze. Dies alles geht natürlich
  nur mit einer starken Einbindung der ganzen materi-
  ellen Transportleistung in eine entsprechende
  informationstechnische Behandlung der Güter.)
- beim Banking für Firmenkunden sowie bei der umfassenden Finanz- und Erfolgsplanung.
- bei Datenbankrecherchen und bei Informations-
  diensten. (Finanzdaten, technische Information, das
  Auswählen von Firmen, die zum Kauf stehen nach bestimmten Kriterien, alles läuft über Computer und
  über informationstechnische Strecken.)

8)   Offene Systeme

Um alles Angedeutete wirklich nutzen zu können, ist es
notwendig, daß man zwischen den verschiedenen Systemen
offen kommunizieren kann und die Inkompatibilität der
heutigen Systeme und der Netzwerkarchitekturen stufenweise
abbaut. Die Zukunft dürfte hier sehr weitgehend bei einer
durchgängigen Standardisierung aller Schnittstellen und
Schichten, z. B. nach dem OSI-Modell, liegen. Ein Zusammenschluß von sechs großen Computerherstellern hat gerade
stattgefunden. Gerade heißt am 17.05.88 und damit ist ein
weiterer wesentlicher Schritt gemacht für die allgemeine
Zugänglichkeit dieser Systeme.

4. <u>**Auswirkungen auf die Produktivität**</u>

Meine Damen, meine Herren,
bei der Steigerung der Produktivität liegt der Hauptef-
fekt der Informations- und Kommunikationstechnik, wie
schon häufiger angeklungen, bei der Reduzierung von Per-
sonalkosten und in der Verringerung der Kapitalbindung
einerseits sowie des gesamten Geschäftsrisikos andererseits durch die Beschleunigung der betrieblichen Prozesse. Von vielen Führungskräften in der deutschen Wirtschaft wird dieser Rationalisierungseffekt des Computereinsatzes nach wie vor, und meines Erachtens mit großem
Recht, vordergründig angesteuert, d. h. die Rechenanlage
und die gesamte Informations- und Kommunikationstechnik
wird in erster Linie als, lassen Sie es mich mal so aus-
drücken, einfaches Ratio-Instrument verstanden.

In zunehmendem Maße setzt sich aber auch noch die Meinung oder die Erkenntnis durch, daß die Informations-
und Kommunikationstechnik einen wesentlich umfassenderen
und damit gesamtheitlichen Beitrag zur Produktivitätssteigerung und zur Differenzierung gegenüber dem Wettbewerb zu leisten vermag. Dazu gehören vor allen Dingen

- die Verbesserung der ganzen Produkt- und Prozeßin-
  novation, deren Wirkung und Definition über Simulation unter Einspielung der Kosten ermittelt wird,
- flexible Fertigung, Einzelstückherstellung genau so
  wie Massenstückherstellung,
- effizientere innerbetriebliche Abwicklung, innerbetriebliche Transportsysteme, Reduzierung der Durchlaufzeiten,
- verbesserte Markttransparenz (Dazu wurde kürzlich
  eine Aussage gemacht, nach der es in Europa 16 typische Familien gibt. Typisch in der Richtung, daß
  sie, also die Optimisten, die Pessimisten, die

Innovatoren usw. 16 typische Familien in Europa
darstellen. Diese 16 Familien erhalten nun entsprechende Marktangebote. Wir alle sind inzwischen möglicherweise in eine dieser Gruppen eingeordnet und
werden dementsprechend behandelt.),
- neue Dienstleistungen, wie z. B. das Angebot kompletter Ferienleistungen: Hotel, Flug, Vergnügen,
alles inbegriffen,
- höhere Servicequalität, vorbeugende Instandhaltung.

Alles in allem: Warenbestände reduzieren, Durchlaufge-
schwindigkeit erhöhen, Treffsicherheit und Ablaufge-
schwindigkeit der gesamten Arbeit steigern.

In diesem Zusammenhang nochmals ein Wort zur Zuverlässigkeit. Wenn wir auf der einen Seite die starke Trieb-
feder des wirtschaftlichen Wettbewerbs sehen, so haben
wir in einem anderen Sektor oder in anderen Sektoren
auch noch die Sicherheit und Verläßlichkeit der Auf-
gabenerfüllung zu betrachten. Die Produktivitätswirkung
der Informations- und Kommunikationstechnik muß dann in
diesen Feldern auch daran gemessen werden, wie sicher
die Bereitstellung von bestimmten Dienstleistungen überhaupt und mit welchem Sicherheitszuwachs gewährleistet
ist. Der Fahndungsdienst der Polizei ist ein Beispiel
dafür, oder die Diagnostik im Gesundheitswesen, die Waf-
fentechnik beim Militär oder die Durchführung der Flug-
sicherung.

5. **Informatikeinsatz in den verschiedenen Wirtschafts-
    und Gesellschaftsbereichen und im internationalen
    Vergleich**

Lassen Sie mich im folgenden noch anmerken, daß sich die
Anwender der Informations- und Kommunikationstechnik natürlich von ihren Größenordnungen, Strukturen, Ressourcen, Umwelteinbindungen und Aufgabenstellungen sehr unterscheiden und daß es jeweils darauf ankommt, mit Ein-

fällen, mit Ideen für das einzelne Unternehmen die richtige Lösung zu finden. Was für eine Großfirma gut und sicher richtig ist, ist noch lange nicht für den "Tante-Emma-Laden" geeignet, der auch mit Informations- und Kommunikationstechnik zu arbeiten hat.

In jedem Fall ist diese Benutzung der Informations- und Kommunikationstechnik eine große Herausforderung für die gesamte Unternehmerseite und deshalb haben ja ein Teil unserer Firmen heute schon den sogenannten Informationsmanager.

Sie werden im Laufe des Kongresses die verschiedenen Wirtschafts- und Gesellschaftsbereiche sehen, in denen man Informations- und Kommunikationstechnik einsetzt. Ich möchte Ihnen nun ein Beispiel vorführen und zwar aus der Industrie.

Da gibt es einige wesentliche Begriffe:

- Computer Integrated Manufacturing (CIM)
- Just-in-time (JIT)
- Produktions- und Prozeßelektronik.

CIM bedeutet, wie Sie ja sicher alle wissen, die Schaffung des durchgehenden Informationsflusses von der Produktentwicklung und Planung bis zur Fertigung und Montage unter Einbindung der betriebswirtschaftlichen Funktionen. In vielen Unternehmen gibt es heute CIM-Inseln, die alle weiter integriert werden müssen, wobei die Frage nach der Schnittstellenbeherrschbarkeit wesentlich ist. Die Systeme funktionieren hervorragend, wenn keine Fehler oder keine Abweichungen von der Norm entstehen. Sobald das geschieht, brechen die Systeme sehr häufig zusammen und man muß - um wieder in Betrieb zu gehen - zum Teil wieder ganz von vorne anfangen, z. B. durch das Neuladen der Programme. Anders ausgedrückt: Fail safe oder fail soft reagierende Systeme sind gefragt.

<u>Just-in-time-Vorgehen.</u> Dazu gibt es speziell in der Automobilindustrie große Bemühungen, weil dort große Material- und Teilemengen bewegt werden. Man will und muß von den Lagern soweit wie möglich weg. Solche JIT-Systeme existieren auch bereits mehr oder weniger.

Interessant ist noch, daß man glaubt, durch den Einsatz von CIM- und JIT-Systemen bis zu 15 % der Aufwendungen allein durch das papierlose Arbeiten einsparen zu können.

<u>Produktelektronik</u>, ich glaube, hier viel zu sagen, das hieße fast Eulen nach Athen tragen. Alle Fachleute sprechen darüber, daß man Intelligenz in die Produkte einbauen muß. Wenn ich an das Auto denke, so sind geregelte Motoren, Getriebe und Allradantriebe, programmierte Sitze, Servolenkung, Beispiele, die uns täglich in irgendeiner Form begegnen.

<u>Prozeßelektronik</u> (im weitesten Sinn). Abbildung 3 zeigt ein informationsstrategisches Portfolio eines Industrieunternehmens. Es enthält die verschiedenen informationstechnischen Bereiche mit entsprechenden Bewertungen. Wenn man eine Mark in einen dieser Kreise hineinsteckt, dann sehen Sie dort deren Wirkung als nieder, mittel und hoch in der Kostensenkung und Sie sehen nieder, mittel und hoch in der Differenzierung gegenüber dem Wettbewerb.

Diese Bewertung, die natürlich für jedes Unternehmen anders sein wird, hilft die Wirtschaftlichkeitsprobleme der Informations- und Kommunikationstechnik logischer zu behandeln.

Lassen Sie mich nun noch ganz kurz auf die Situation in Japan und in den USA eingehen.

In Japan ist es so, daß man dort sehr konsequent aus der
Überlegung der Just-in-time-Situation heraus, Kanban ist
ja das berühmte Wort, handelt. Man arbeitet dort im Au-
tomobilsektor z. B. auf die Verkürzung der Entwicklungs-
zeiten von 5 auf 2 Jahren hin. Man macht intensive
Marktanalysen unter Nutzung von Datenbank-Wissen und man
konzentriert sich auf die Entwicklung der Systeme der
fünften Generation.

Dem entgegengesetzt oder ergänzend ist USA durch die Aktivitäten in Luft- und Raumfahrt und Militärtechnik sehr
stark in der rechnerischen "Sophistizierung". Außerdem
ist ja Amerika immer ganz entscheidend programmiert in
Richtung hervorragender Dienstleistungen. Rechner plus
Dienstleistung ergeben dann solche Systeme wie das
Sabre, das System von der American Airlines, in dem man
alles buchen kann, was überhaupt mit einer Reise zusam-
menhängt. Ähnliches gibt es für "American Hospital" zur
Krankenbetreuung.

6. Schlußbemerkungen

Es muß auch klar gesagt werden, daß diese kommenden Entwicklungen in der Informations- und Kommunikationstechnik nicht kurzfristig erledigt werden können, sondern
daß hier eine ganz stetige Weiterentwicklung stattfinden
muß.

Im nächsten Bild (Abbildung 4) ist noch einmal der Zeit-
ablauf für wesentliche Schritte im CIM-System beschrieben. Die Entwicklung reicht bis zum Jahre 2000 und weit
darüber hinaus.

Ganz entscheidend spielen in diesem Zusammenhang eine
Rolle die Organisationsentwicklung, die Weiterbildung,
die Ergonomie, der Arbeitsschutz und die Arbeitssicher-
heit (vor allem in Richtung Datenschutz und Datensi-

cherheit) sowie die Mitbestimmung und die neuen Arbeits-
zeitmodelle und vieles andere mehr.

Ganz wichtig ist, daß es dem Management gelingt, eine
positive Einstellung aller Mitarbeiter zur Informations-
und Kommunikationstechnik zu schaffen, so daß eine entsprechende Kultur im Unternehmen entsteht.

Insgesamt kann man feststellen, daß die Informations-
und Kommunikationstechnik sozusagen einen großen Werk-
zeugsatz darstellt, mit dem erhebliche Produktivitätssteigerungen erzielt werden können. Die Chancen, sie zu
nutzen, sind groß. Kreativität, Innovationskraft spielen
wie immer, so auch hier, eine dominierende Rolle.

Dieser Kongreß beabsichtigt, Einzelheiten aus den verschiedenen Branchen darzustellen. Ich wünsche, daß Sie
genügend Anregungen daraus erhalten. Lassen Sie mich
schließen mit der Feststellung, daß wir mit dem Informa-
tions- und Kommunikationssystem ein Instrument in der
Hand haben, um die "never ending improvements" auch in
Zukunft realisieren zu können.

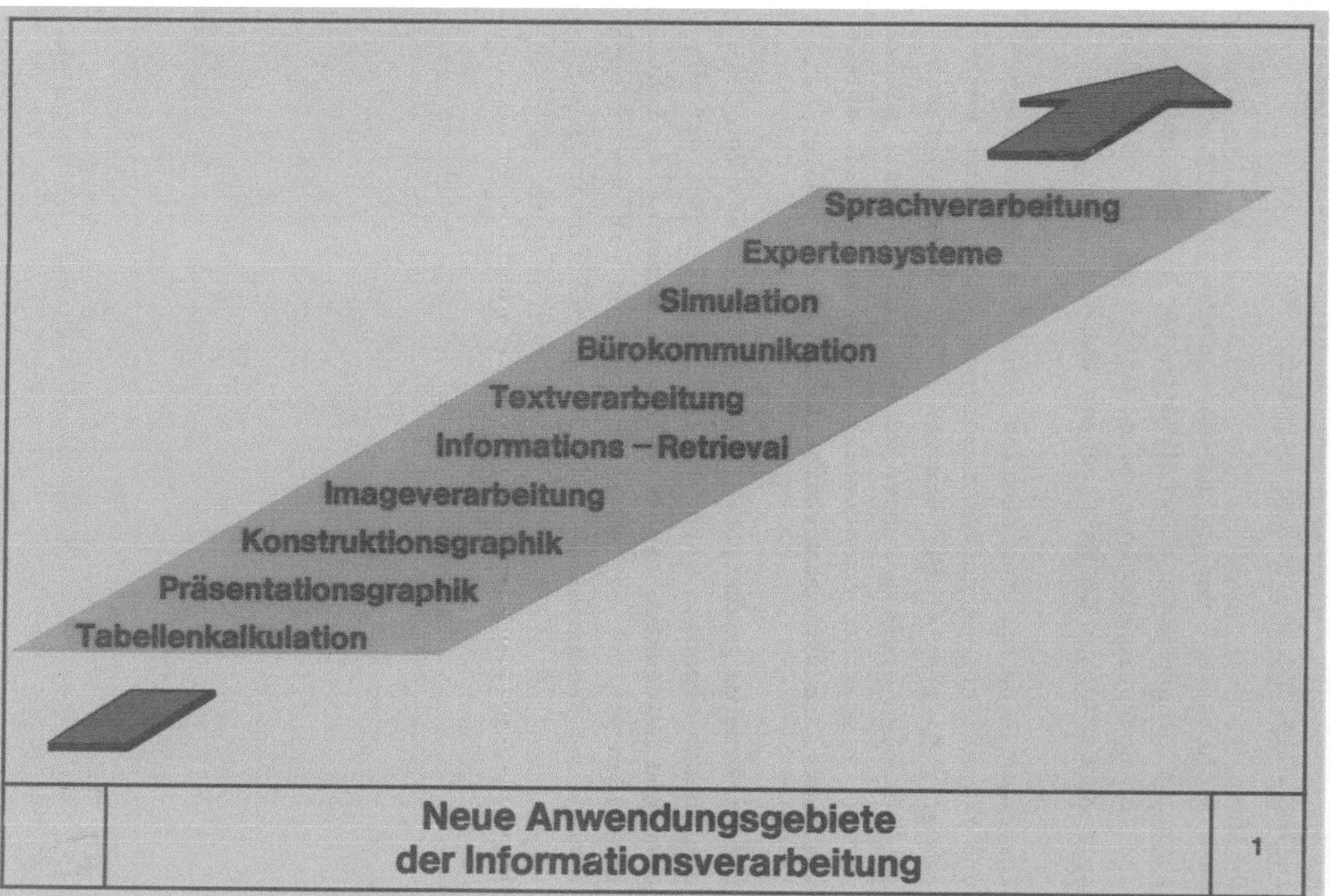

Sprachverarbeitung
Expertensysteme
Simulation
Bürokommunikation
Textverarbeitung
Informations – Retrieval
Imageverarbeitung
Konstruktionsgraphik
Präsentationsgraphik
Tabellenkalkulation
Neue Anwendungsgebiete
der Informationsverarbeitung
1

Information und Kommunikation

1) Zunehmende Vielfalt und Qualität der Anwendungen

2) Portabilität von Anwendungen

3) Komfortable Ein- und Ausgabe

4) Benutzeroptimierte Endgeräte

5) Laufend wirtschaftlichere Hardware durch rasche
technologische Weiterentwicklung

6) Weltweite Netze

7) Zusätzliche Telekommunikationsdienste

8) Offene Systeme

Stand und Trends im Informations- und
Kommunikationsbereich

2

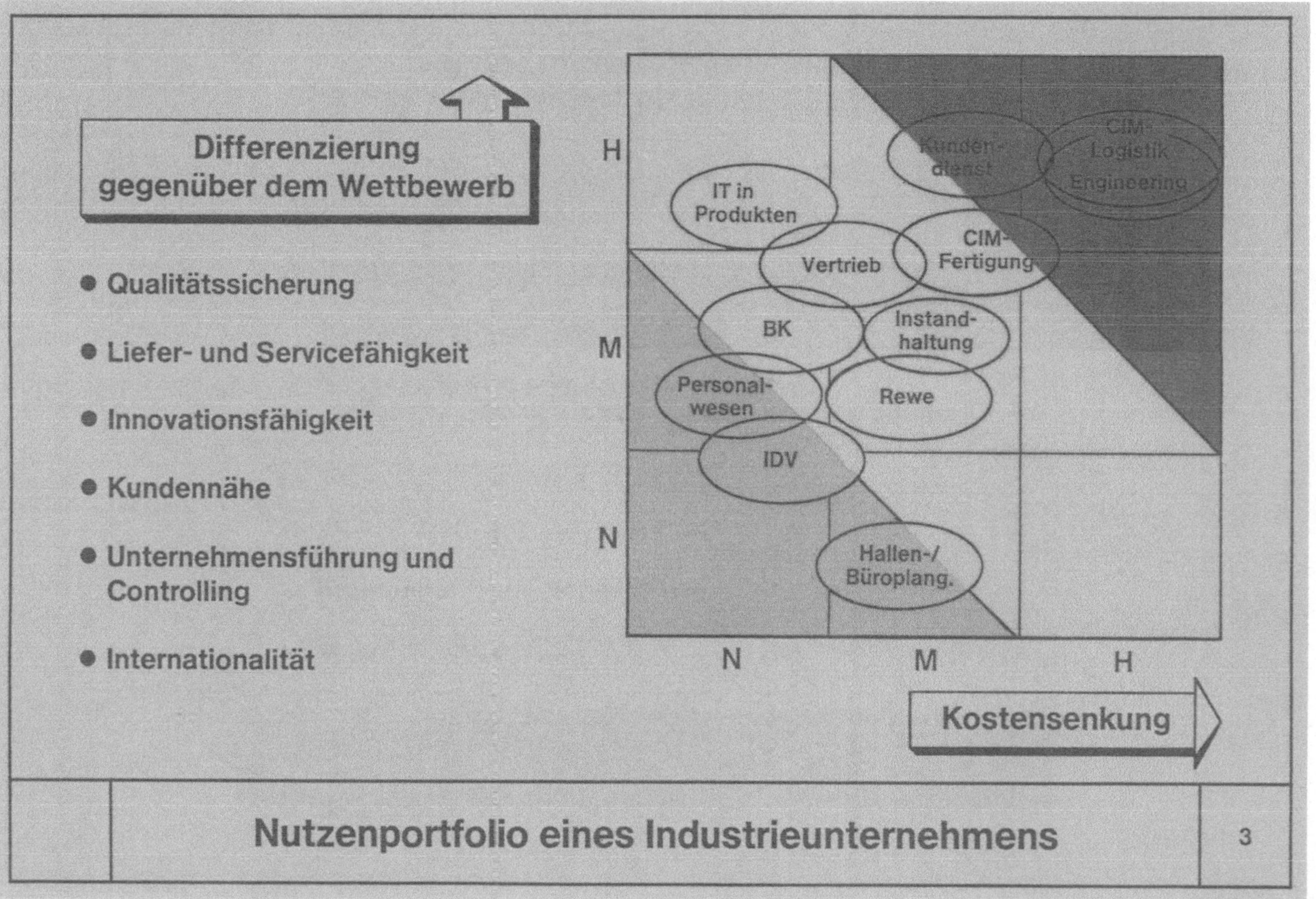

Nutzenportfolio eines Industrieunternehmens

3

Entwicklung und Bedeutung der Informatik in den Hochschulen der Bundesrepublik Deutschland

R. Gunzenhäuser

1. Zur Entwicklung der Informatik

Nachdem die wissenschaftlichen Hochschulen in Darmstadt, Göttingen
und München ab 1950 den Bau programmgesteuerter Rechenanlagen in Angriff genommen hatten, begannen 1958 auch andere deutsche Hochschulen mit einer Ausbildung in elektronischer Datenverarbeitung und Re-
chentechnik für Mathematiker und Nachrichtentechniker. Dies ist als
Beginn der Lehrdisziplin Informatik in der Bundesrepublik anzusehen.
Mitte der sechziger Jahre fanden dann Informatikinhalte auch Eingang
in die Ausbildungsgänge von Ingenieur- und Fachhochschulen.

Etwa 1968 setzte sich, von den Hochschulen ausgehend, die Bezeichnung Informatik durch für die Wissenschaft, die Technik und die Anwendung von (technischen) Systemen für die automatische Verarbeitung, die Speicherung und die Übermittlung von Informationen. Zugleich begannen die ersten Diplomstudiengänge, die zum akademischen
Grad des Diplominformatikers führen. Ihnen wurde durch Empfehlungen

der Gesellschaft für Angewandte Mathematik und Mechanik (GAMM) und der Nachrichtentechnischen Gesellschaft (NTG) eine gemeinsame Basis gegeben. Vor wenigen Jahren wurden diese durch die Gesellschaft für Informatik e.V. (GI) fortgeschrieben und ergänzt.

Sie haben seit 1970 zu einer einheitlichen Ausbildung an derzeit 25 wissenschaftlichen Hochschulen geführt, wobei sich einige Studiengänge noch im Aufbau befinden. Etwa die Hälfte der Hochschulen hat eigene Fakultäten für Informatik gebildet, in anderen ist die Informatik durch selbständige Institute vertreten. Sie sind repräsentiert im Fakultätentag Informatik der Westdeutschen Rektorenkonferenz.

2. Zum Inhalt der Informatik

Die Förderung durch die Bundesregierung im Rahmen des überregionalen Forschungsprogramms Informatik, das von 1971 bis 1976 entscheidend zum Aufbau der Informatik beigetragen hat, hat für die Forschung und Lehre an Hochschulen der Bundesrepublik auch inhaltliche Weichen gestellt.

Die Inhalte der Informatik lassen sich im Rahmen eines Fächerkatalogs Informatik, wie er 1976 vom Fakultätentag Informatik verabschiedet wurde, charakterisieren durch

1. Theoretische Informatik
2. Praktische Informatik (mit Software-Orientierung)
3. Technische Informatik (mit Hardware-Orientierung)
4. Anwendungen der Informatik in anderen Fächern
5. Didaktik der Informatik an Schule und Hochschule
6. Gesellschaftliche Bezüge der Informatik

Diese Themen strukturieren heute großenteils die Informatikinstitute und -Fakultäten.

Aussagekräftiger ist eine Aufteilung der Lehr- und Forschungsdiszi-
plin Informatik in folgende Bereiche, deren Inhalte nur stichwortar-
tig angegeben werden können:

1. Grundlagen der Informatik:

- Physikalisch-elektronische Grundlagen aus der Mikroelektronik, der
  Schaltungstechnik und der Rechnerarchitektur,
- Algorithmische Grundlagen wie Berechenbarkeit, Komplexität, Effizienz, Beschreibungsmethoden und Realisierungsformen von Algorithmen,
- systemtheoretische Grundlagen aus der Theorie komplexer Systeme,
- logische Grundlagen sowie
- mathematische, kombinatorische und stochastische Grundlagen.

2. Methoden der Informatik:

Schwerpunktmäßig sollen hier genannt werden

- Entwurf und Anwendung von Algorithmen aus der theoretischen und
  praktischen Informatik,
- Methoden zur Modellierung von Systemen durch Simulationsverfahren,
  stochastische Verfahren sowie durch objektorientierte und/oder
  prädikatenlogische Modellierungen und
- Methoden zur Modellierung komplexer Systeme.

3. Gegenstände der Informatik:

Der Informatiker analysiert, entwirft und entwickelt Systeme; dabei
steht zum einen die Systemarchitektur im Vordergrund, mit der z.B.
Betriebssysteme, Graphiksysteme, verteilte Systeme und Rechnernetze
sowie Benutzeroberflächen konfiguriert und konstruiert werden.

Für deren Implementierung ist dann die effiziente und konsistente Anwendung von Verfahren der Systemtechnik entscheidend, worunter man Methoden der Anforderungsanalyse, der Spezifikation, der Modulentwicklung, der Systemintegration, der Dokumentation und auch der Betriebstechnik zusammenfaßt.

4. Produkte der Informatik:

Die Ergebnisse der Informatik präsentieren sich teils als selbständige Produkte, teils als Anwendungen in Produkten anderer Disziplinen, z.B. der Informations- und Kommunikationstechnik.

Viele dieser Produkte wie Betriebssysteme, Editoren, Datenbank- und Transaktionssysteme, elektronische Post, Softwareproduktionsumgebungen oder Expertensystemschalen sind heute schon selbstverständliche Bestandteile unserer Wirtschaft und Verwaltung - und sogar unseres täglichen Lebens: Sie bestimmen unseren Wandel zur Informationsgesellschaft entscheidend mit.

5. Anwendungen der Informatik

Die rasche Weiterentwicklung von Methoden und Produkten der Informatik forciert ihr Zusammenwachsen zu höherwertigen Systemen. Als Beispiele können hier genannt werden

- Anwendungen des Computer Aided Manufacturing (CIM),
- Anwendungen der Kommunikationstechnik in öffentlichen Netzen und Rechnerverbundsystemen,
- Anwendungen von wissensbasierten Systemen (Expertensystemen) und anderen Verfahren der Künstlichen Intelligenz sowie
- rechnerunterstützte Lehr- und Lernsysteme.

3. Zum Informatikstudium an Hochschulen

An 25 wissenschaftlichen Hochschulen in der Bundesrepublik und West-
Berlin existieren heute Diplomstudiengänge in Informatik; dabei handelt es sich um unterschiedliche Hochschultypen:

- "Technische" Universitäten   ... 11
- "Klassische" Universitäten   ... 7
- neugegründete Universitäten   ... 4
- Bundeswehruniversität   ... 1
- Erziehungswissensch.Hochschule   ... 1
- Fernuniversität   ... 1

Ihre Studienpläne sind jedoch recht einheitlich:

Im Grundstudium werden Grundlagen aus der Mathematik und Logik
(40%), physikalische und elektronische Grundlagen (20%) und Grundlagen der Informatik (40%) vermittelt und durch eine Reihe von Prakti-
ka und Programmierübungen vertieft.

Im Hauptstudium spezialisiert sich jeder Studierende neben dem Be-
such obligatorischer Kernfächer wie z.B. Betriebssysteme oder Auto-
matentheorie in einem Studienschwerpunkt und wählt dort aus einem
Angebot von Wahlfächern und Seminaren aus. Diese Schwerpunkte prägen
das Bild der einzelnen Hochschulen.

Obligatorisch ist für jeden Studierenden ferner die Wahl eines Ne-
benfaches, in dem er - im Umfang von mehr als einem Fachsemester -
Begriffe und Verfahren einer anderen Fachdisziplin (wie z.B. Betriebswirtschaftslehre, Linguistik, Verfahrenstechnik) über 6 Seme-
ster hinweg erarbeitet.

In der Diplomarbeit zeigt der Studierende dann, daß er sein Informa-
tikwissen selbständig anwenden kann.

An der wissenschaftlichen Hochschule ist die Dauer des Informatik-
Studiums auf fünf Jahre angelegt. Aus einer Reihe von Gründen ist
der derzeitige Mittelwert der individuellen Studiendauern aber nicht
unerheblich höher.

An einer größeren Anzahl von Fachhochschulen in der Bundesrepublik
und West-Berlin existieren ebenfalls Diplomstudiengänge in Informatik, wobei vorzugsweise vier Vertiefungsrichtungen unterschieden
werden:

- Allgemeine Informatik
- technische Informatik
- Ingenieur-Informatik und
- Wirtschaftsinformatik.

Einem Grundstudium von drei Semestern, in dem die wesentlichen
Grundlagen für die Informatik vermittelt werden, folgt ein ebenfalls
dreisemestriges Hauptstudium mit Möglichkeiten zur Spezialisierung
in unterschiedlichen Bereichen der Informatik und ihren Anwendungen.
In einigen Bundesländern wird das Studium durch obligatorische Prak-
tika in Wirtschaft und Industrie in einem Umfang von bis zu einem
Jahr ergänzt. Sie sichern die Anwendungsnähe des Fachhochschulstudi-
ums, das mit einer Diplom- bzw. Ingenieurarbeit abgeschlossen wird.

4. Informatik in Studiengängen an Hochschulen

In zunehmendem Umfang wird die Informatik auch Bestandteil anderer
Studiengänge, insbesondere in Bereichen der Natur- und Ingenieurwis
senschaften sowie den Wirtschaftswissenschaften. Es gibt derzeit
folgende gestufte Ausbildungsgänge:

1. Anwendungsorientierte Informatikstudiengänge:

Sie bestehen aus gleichen Lehranteilen in Informatik und im Anwendungsfach und führen beispielsweise zum Diplom-Wirtschaftsinformatiker oder zu einem Studienabschluß in der medizinischen Informatik.

2. Nebenfach Informatik:

Für eine Vielzahl von Studienrichtungen - insbesondere Mathematik und technisch orientierte Wirtschaftswissenschaft - entstand schon frühzeitig ein Nebenfach Informatik mit einem Umfang von bis zu 25% der Lehrveranstaltungen. Es war zunächst ein "Nebenprodukt" des Informatikstudienganges, wird aber in der Zwischenzeit auch an Hochschulen ohne einen solchen angeboten.

3. Grundlagen aus der Informatik:

Der Wunsch nach einer Grundausbildung in Informatik wird nicht nur in Bereichen der Ingenieurwissenschaften immer größer. Hierbei handelt es sich um einführende Lehrveranstaltungen, in denen durch Informatiker Grundlagen aus der Informatik und der effizienten Rechnernutzung vermittelt werden, wie dies für die Mathematik seit langer Zeit üblich ist. Diese durchaus erwünschte Entwicklung stellt eine erhebliche Lehrbelastung dar, beginnen doch an einer mittelgrossen technisch orientierten Universität oft mehr als 2500 Ingenieur- und Naturwissenschaftsstudenten jährlich mit ihrem Studium.

Die Informatik strebt darüberhinaus an, entsprechende Grundlagenveranstaltungen auch für nicht-ingenieurwissenschaftliche und nicht-naturwissenschaftliche Studiengänge anzubieten, wie dies an vielen Orten für die Wirtschaftswissenschaften schon erfolgreich praktiziert wird.

5. Zu Problemen der Informatikausbildung

Die rasche Entwicklung der Informatik an Hochschulen in der Bundesrepublik hat zu einer Reihe von Problemen geführt, von denen einige
exemplarisch angeführt werden sollen:

1. Überlastung der Studiengänge:

Das fachliche Interesse und die sehr guten Berufsaussichten in Informatik haben zu einer starken Nachfrage nach Studienplätzen geführt. Trotz Vermehrung der Plätze für Studienanfänger auf derzeit
rund 3200, bei der Bundesländer und betroffene Universitäten große
finanzielle und personelle Anstrengungen unternommen haben, reichen
diese für die Nachfrage und den Bedarf der Wirtschaft nicht aus. Im
Wintersemester 87/88 begannen von rund 5800 Bewerbern rund 4350 mit
dem 1. Fachsemester, was für die wissenschaftlichen Hochschulen eine
schon seit Jahren andauernde Überlast - zur Zeit mindestens 35% -
bedeutet. Derzeit studieren insgesamt etwa 22000 Studenten im Haupt-
fach Informatik.

Zulassungsbeschränkungen sind politisch nicht durchsetzbar, so daß
durch ein zentrales Verteilungsverfahren jedem Studienanfänger ein
Studienplatz, wenn auch nicht immer an der gewünschten Hochschule,
garantiert wird.

Auch die Fachhochschulen sind seit Jahren sehr gut ausgelastet. Spezielle örtliche Zulassungsbeschränkungen sichern dort trotz großer
Zahlen von Studienanfängern - jährlich 2000 bis 3000 - einen gere-
gelten Studienablauf.

2. Lehrkapazität der Studiengänge:

Die Rekrutierung der erforderlichen Lehrkräfte aus dem wissenschaftlichen Nachwuchs, insbesondere von Professoren, erweist sich als

schwieriges und schwieriger werdendes Problem. Von rund 280 vorhandenen, teilweise erst vor kurzem eingerichteten Professuren sind allein im Bereich der Diplomstudiengänge Informatik derzeit mindestens 60 unbesetzt. Der sich daraus ergebende Betreuungsaufwand von 100 Informatik-Studenten für jeden vorhandenen Professor ist für eine anwendungsorientierte (Ingenieur-)Disziplin unerträglich.

In den nächsten Jahren wird eine Reihe von Professoren der "1. Informatikergeneration" ausscheiden. Eine Reihe anderer wird auf Industriepositionen und für die Leitung neu eingerichteter Informatik-Forschungszentren berufen werden. Bedenkt man den steigenden Bedarf auch für die anwendungsorientierten Informatikstudiengänge und die notwendige Lehre von Informatikgrundlagen in fast allen Studienrichtungen als Dienstleistung, so ist das Problem der Lehrkräfte kurzfristig weder mit gutem Willen noch mit Geld allein lösbar.

Es versteht sich leider von selbst, daß auch die Fachhochschulen Probleme mit der Berufung von Professoren haben; dort kommt eine relativ schlechte Bezahlung von industrieerfahrenen Dozenten erschwerend hinzu.

3. Forschungsförderung:

Daß die Forschung in Informatik an Hochschulen nicht völlig zum Erliegen kommt, ist der Förderung der Grundlagenforschung in Form von Investitionsmitteln und "Drittmittel-Personalstellen" durch Institutionen wie die Deutsche Forschungsgemeinschaft, den Bundesminister für Forschung und Technologie und den Anstrengungen nicht weniger Bundesländer zu verdanken. Die Fokussierung für die Bewilligung von Forschungsmitteln ist allerdings einem Wandel unterworfen. Derzeit stehen "Centers of Excellence" im Bereich der Künstlichen-Intelligenz-Forschung und der Wissensbasierten Systeme, im Vordergrund der Förderung.

Gemeinsame Forschungs- und Entwicklungsvorhaben von Hochschulen mit der Industrie und der Wirtschaft zeigen, daß die Bedeutung der Informatik auch dort in zunehmendem Maße erkannt wird. Es wird auf diese Weise eine Entwicklung vollzogen, die aus den USA und Japan als erfolgreich bekannt ist. Als erfreulicher Nebeneffekt der Industrieförderung ergibt sich für die Industriepartner nicht selten die Chance, gute Informatikabsolventen als Mitarbeiter zu gewinnen.

Es ist wünschenswert, daß zum Beispiel über Graduiertenkollegs auch die theoretisch orientierte Grundlagenforschung und die Heranbildung von qualifizierten Wissenschaftlern stärker gefördert wird.

4. Interdisziplinäre/interfakultative Zusammenarbeit:

Nicht unproblematisch gestaltet sich an verschiedenen Hochschulen die Eingliederung der Informatik als neue Disziplin. Es gab Differenzen um die Abgrenzung gegenüber traditionellen Fachrichtungen. Die Qualität der Informatikforschung wurde ebenso beargwöhnt wie ihr Anwendungsbezug und ihre Popularität unter Studenten. Ihr experimentelles Vorgehen setzt erhebliche Mittel für Rechner- und Geräteausstattung voraus, um die die Informatik oft beneidet wird.

Mit zunehmender Anerkennung der Bedeutung der Informatik durch ihre Nachbardisziplinen vollzieht sich jedoch ein positiver Wandel. An der Universität Stuttgart haben sich beispielsweise 24 Institute aus unterschiedlichen Fachrichtungen und das Rechenzentrum mit der (zukünftigen) Fakultät Informatik zu einem "Informatik-Verbund Stuttgart" zusammengeschlossen. Hier werden Kolloquien und Arbeitstagungen sowie gemeinsame Forschungsvorhaben geplant und durchgeführt und Informatiklehrveranstaltungen koordiniert.

Erfreulicherweise bahnt sich darüberhinaus eine gute Zusammenarbeit mit Forschungsinstituten an den Hochschulen an, wie z.B. mit Instituten der Fraunhofer-Gesellschaft.

5. Weiterbildung in Informatik:

Auch die Fort- und Weiterbildung in Informatik ist Aufgabe der Hochschulen. Sie haben hier zahlreiche, vorwiegend grundlagenorientierte Veranstaltungen abgehalten; die Durchführung von wissenschaftlichen Fachtagungen ist ohne ihre Mitwirkung undenkbar. Zeit, Finanzmittel und Kraft fehlen hier aber unübersehbar, sollte die primäre Aufgabe der Hochschulen - die Ausbildung ihrer Studenten - nicht darunter leiden.

Besondere Verdienste haben sich die Hochschulen in der Fortbildung von Lehrern für Informatik erworben. Ihrer Initiative und dem Einsatz ihrer Dozenten ist es mit zu verdanken, daß die Informatik heute in der Sekundarstufe II und in den berufsbildenden Schulen der Bundesrepublik etabliert ist. Derzeit werden Lehrer weitergebildet, um den Unterricht in "Elementen der Informatik und Computernutzung" in der Sekundarstufe I (auch "informationstechnische Grundbildung" genannt) weiterzuentwickeln.

6. Auswirkungen der Informatik:

Die Hochschulen sind schließlich aufgerufen, über fachliche Kompetenz hinaus die (gesellschaftliche) Relevanz ihrer Methoden und ihrer Anwendungen zu reflektieren und mitzuhelfen, negative Auswirkungen zu vermeiden. Diesen Aufgaben können sie - die benötigten Kapazitäten vorausgesetzt - am besten dadurch nachkommen, daß sie

- die Ausbildung und Qualifizierung auf allen Stufen der Informatik und Informationstechnik fördern und unterstützen,
- die Verantwortung des Informatikers als Entwickler und Anwender von Systemen herausstellen,
- bei der Entwicklung neuer Informatikanwendungen Erfordernisse des sie umgebenden soziotechnischen Gesamtsystems berücksichtigen und

- Fragen der Zuverlässigkeit ihrer Systeme, des Datenschutzes und
der Rechtssicherheit im Bereich der Informatik offen diskutieren
und die erforderlichen gesetzlichen und technischen Maßnahmen
unterstützen.

6. Schlußbemerkung

Durch die Darstellung ihrer wissenschaftlichen Grundbegriffe und Methoden, durch den fast alltäglichen Umgang mit ihren Gegenständen
und Produkten sowie durch die Behandlung von Anwendungen und Auswirkungen des Computereinsatzes hat die Informatik schon heute einen
festen Platz in den Hochschulen der Bundesrepublik und ihrer Nach-
barländer gefunden. Neben der Bewältigung der bisherigen Probleme in
Lehre und Forschung ist auch weiterhin mit einem Anwachsen ihrer
Werkzeuge und Methoden - insbesondere auch im Bereich der technischen Kommunikationsmedien - zu rechnen, das ihre Ausbildungskapazi-
täten vor neue, interessante und herausfordernde wissenschaftliche
und didaktische Fragen stellt. Die Informatik muß und wird sich dieser Herausforderung nicht nur im Bereich der Hochschulen stellen.

Chancen und Risiken moderner Informations- und Kommunikationstechniken für die Büroarbeit großer Verwaltungen und Unternehmen

H. von Benda

Mein Referat soll sich wie im Titel ausgedrückt mit der Problematik Informationstechnik in großen Unternehmen und Verwaltungen auseinandersetzen.

Als wir mit unserer Aufgabe, dem Aufbau eines Landeskonzepts für Baden-Württemberg Ende 1985 begann, war ich noch der Ansicht, daß sich die Problemstellungen im Bereich der öffentlichen Verwaltung von denen in großen Unternehmen der Wirtschaft in wesentlichen Bereichen unterscheiden. Diese Auffassung habe ich mittlerweile revidiert. Die Analogie der Chancen und der Risiken in beiden Bereichen dokumentiert sich am besten in einer mittlerweile konstituierten Arbeitsgemeinschaft zwischen der Landesverwaltung von Baden-Württemberg, den Industriepartnern Daimler Benz und BASF, den Unternehmen des Dienstleistungsbereichs Allianz, Wüstenrot und BHW sowie der Deutschen Bundesbahn und der Energieversorgung Schwaben.
Auf diese Kooperation komme ich später noch zu sprechen.

Analogien und Ähnlichkeiten beruhen vor allem auf ähnlichen Strukturen: große Verwaltungen und große Unternehmen haben eine Vielzahl dezentraler Organisationseinheiten mit eigenen Fachaufgaben, sie haben aber darüberhinaus gemeinsame übergreifende Ziele und Aufgaben. Die technische Unterstützung mit Computer- und Kommunikationstechnik muß eben diese beiden Hauptbelange berücksichtigen, sowohl bei der organisatorischen wie auch bei der technischen Ausgestaltung.

Dies möchte ich Ihnen am konkreten Beispiel der Landesverwaltung von Baden-Württemberg und ihrem Landessystemkonzept
darstellen.

Der Begriff "Landessystemkonzept" vermittelt den Eindruck,
als handele es sich um einen Leitfaden zur Einführung von
Informationtechnik, um ein abgeschlossenes Konzept. Das
Landessystemkonzept ist jedoch kein fertiges Programm. Das
Landessystemkonzept ist aber auch keine unverbindliche An-
sammlung von Einzelvorhaben. Das Landessystemkonzept ist ein
Strategieentwurf für die Landesverwaltung, der in Stufen
realisiert worden ist und weiter realisiert werden wird. Die
Grundidee dieses Entwurfs ist, mit Hilfe des Informations-
und Kommunikationstechnik die Verwaltung von Baden-Württemberg noch effizienter, wirtschaftlicher und bürgerfreund-
licher zu machen. Dabei sollen Mitarbeiter von ermüdenden
und zeitraubenden Routinearbeiten entlastet und in die Lage
versetzt werden, ihre Fachaufgaben mit Unterstützung durch
die Technik schneller zu erledigen.

In der Verwaltung des Landes arbeiten rund 260 000 Menschen
in über 3 000 Behörden und Dienststellen. Rund 100 000 dieser Menschen arbeiten an reinen Büroarbeitsplätzen. Im Jahre
1984 waren lediglich rund 3 000 Arbeitsplätze, also gerade
3 Prozent, mit einem Bildschirm ausgestattet. Im Vergleich
dazu: Im privaten Dienstleistungsbereich verfügte bereits
jeder 2. Arbeitsplatz über einen Bildschirm. Der Vergleich
zwischen dem öffentlichen und dem privaten Sektor ist für
sich genommen noch kein ausreichendes Argument für die Ausstattung der Arbeitsplätze mit Informations- und Kommunikationstechnik und dafür, erhebliche Mittel in den Landeshaus-
halt einzustellen. Der Einsatz von Informations- und Kommunikationstechnik ist erforderlich,

- um wichtige landespolitische Aufgaben auf den Gebieten
  Wirtschaft, Umweltschutz und Daseinsvorsorge bewältigen
  zu können,

- um die Leistungsfähigkeit des öffentlichen Dienstes bei
  engen Finanzierungsspielräumen und bei einem künftig
  knapperen personellen Angebot auf dem Arbeitsmarkt zu
  sichern,

- um eine moderne Führungsstruktur in der öffentlichen
  Verwaltung zu unterstützen.

Das Landessystemkonzept verfolgt das ehrgeizige Ziel, das im
öffentlichen wie im privaten Bereich in den USA bereits
allenthalben verfolgt wird, die Verwirklung eines ressourcenintegrierenden Informationsmanagements. Das Informationsmanagement umfaßt die beiden Aktionsbereiche:

- die Koordinierung der übergreifenden informations- und
  kommunikationstechnischen Aufgaben,

- die Analyse und die Bewertung von Organisations- und
  Managementfragen sowie die Folgenabschätzung bei der
  Einführung der IuK-Technik.

Sie sehen damit bereits an dieser Stelle, daß damit Aufgaben
beschrieben sind, die in gleichem Maße auf Anforderungen in
Unternehmen der Wirtschaft zutreffen. Den ärmelschonertra-
genden Beamten, der in seiner schmucklosen Amtsstube mit
Papier, Bleistift und Klebstoff arbeitet, mag es in der Vor-
stellungswelt der Karrikaturisten wohl noch geben, dem Ver-
waltungsalltag und der Verwaltungswirklichkeit entspricht
dieses Bild schon lange nicht mehr. Die Bürolandschaft vieler
Behörden unterscheidet sich nach außen nicht mehr von der
großer Unternehmen. Der Schalterraum eines Einwohnermelde-

amtes ist nicht mehr von dem Kundenraum einer Versicherung
zu unterscheiden.

Bereits in den zurückliegenden Jahren hat die öffentliche
Verwaltung gewaltige Datenmengen verarbeitet. Informationsverarbeitung hat im Bereich der Verwaltung bislang bedeutet,
Massendaten durch den Einsatz der elektronischen Datenverarbeitung in standardisierten und formalisierten Arbeitsvor-
gängen in Dateien aufzubereiten. Informationsverarbeitung
ist allerdings heute weit mehr.

Informationsverarbeitung bedeutet auch in der öffentlichen
Verwaltung das intelligente Zusammenfassen und Auswerten
komplexer Datenmengen zu neuen Informationen. Die herkömmlichen Datenverwaltungssysteme erlauben eine derartige
Informationsgewinnung nicht. An ihre Stelle müssen neue
Methoden, wie Datenbankmanagementsysteme treten. So wird
beispielsweise heute eine Straßenbaumaßnahme nicht mehr
allein unter verkehrsplanerischen Aspekten gesehen. In eine
Gesamtwürdigung eines Straßenbauprojektes gehen heute wirt-
schaftspolitische, ökologie- und gesundheitspolitische Prüf-
kriterien ein. Auch in der Vergangenheit hatte man sich in
der öffentlichen Verwaltung engagiert darum bemüht, in Bereichen mit großem Datenanfall Informationstechnik einzusetzen, etwa in der Finanzverwaltung, bei der Polizei, in
der Vermessungstechnik oder in der Statistik. Für die Bun-
desverwaltung wie für die Verwaltung der Länder gilt, daß
die meisten dieser Ansätze sich bisher nur auf die jeweilige
Fachaufgabe bezogen. Bei zunehmend komplexeren Fragestellun-
gen in der öffentlichen Verwaltung wächst aber die Notwendigkeit, Information nicht nur fachbereichsbezogen zu verarbeiten, sondern auch verstärkt zwischen Arbeitsplätzen
- sei es in der eigenen Fachverwaltung, sei es über die
Fachverwaltung hinweg - auszutauschen. Moderne Informationsverarbeitung heißt heute Texte, Daten, Graphik und Sprache

zu verarbeiten, zu versenden und zu empfangen. Die Notwendigkeit, punktuelle Ansätze zu einem funktionsfähigen, aufeinander abgestimmten Gesamtkonzept zusammenzufügen, ist in der Landesverwaltung Baden-Württembergs zu einem Entscheidungskriterium für die Investitionen geworden.

Leitbild für die Bürowelt in der Verwaltung von morgen ist für uns der multifunktionale Arbeitsplatz. Noch sind wir weit von der Integration von Daten, Text, Grafik, Bild oder gar Sprache entfernt. Immerhin kann Baden-Württemberg vorweisen, daß die Verwaltung des Landes durch das Landessystemkonzept auf dem Weg zur Integration der Einzelfunktionen am Arbeitsplatz ein gutes Stück vorangekommen ist.

Die Impulse des Landessystemkonzeptes

Informations- und Kommunikationstechnik wirtschaftlich und rationell mit dem Ziel eines Gesamtkonzeptes in der Landesverwaltung einzusetzen, so lautete der Auftrag, den die Landesregierung Ende 1983 an die Arbeitsgemeinschaft der Firmen Diebold Deutschland GmbH, Dornier System GmbH und IKO Software GmbH, vergab. Ende 1984 wurde das Gutachten vorgelegt. Die wichtigsten Empfehlungen der Gutachter waren:

- neue organisatorische Institutionen wie den Landessystembeauftragten, den Landessystemausschuß und eine Zentraleinheit für Informations- und Kommunikationstechnik und -verfahren in der Landesverwaltung zu schaffen,

- in den Ministerien Stabsstellen für Information und Kommunikation einzurichten,

- organisatorische und technische Richtlinien zu erlassen,

- Gemeinschaftsrechenzentren und eine allgemeine Netzinfrastruktur für die gesamte Landesverwaltung zu
  bilden.

Mit zehn sogenannten Einzelszenarien schlugen die Gutachter
wichtige Leitprojekte für die Einführung der Informations-
und Kommunikationstechnik in der Landesverwaltung vor. Im
einzelnen behandelt das Gutachten

- die Netzkonzeption für die Landesverwaltung,
- ein Haushaltsmanagementsystem,
- die Büroautomation in einem Regierungspräsidium,
- die Büroautomation bei einem Familienericht,
- Dokumentation und Schriftgutverwaltung,
- Führungsorientierung des Informationswesens,
- Btx-Kommunikation zwischen Bürger und
  Steuerverwaltung,
- das Umweltinformationssystem und
- ein Regierungsmanagementsystem.

Die Umsetzung

Die Landesregierung ist den Empfehlungen nicht in allen
Teilen gefolgt. Mit der Einrichtung der neuen Institutionen
hat sie unterstrichen, daß sie den Aufbau eines, in der
öffentlichen Verwaltung bislang nicht vorhandenen ressour-
cenübergreifenden Informationsmanagements angehen wird.
Gleichzeitig mußte realistischerweise davon ausgegangen
werden, daß im Bereich der öffentlichen Verwaltung nicht
sofort auf eine große Zahl von IuK-Fachkräften zurückgegriffen werden konnte. Wer von Ihnen die Wirtschaft des
Mittleren Neckarraumes mit seinem notorischen Fachkräfte-
mangel kennt, der weiß, daß das fehlende Personal kurzfristig nicht vom Arbeitsmarkt zu rekrutieren war.

Deshalb hat die Landesregierung im Jahre 1985 grundsätzliche
Beschlüsse zur Umsetzung des Landessystemkonzeptes gefaßt.
Es wurde darauf verzichtet, alle Einzelszenarien des Gutachtens in voller Breite in Angriff zu nehmen. Statt dessen
wurden vier Pilotvorhaben ausgewählt, deren Umsetzung vergleichsweise den höchsten Nutzen versprach: Büroautomation
bei den Regierungspräsidien, Büroautomation bei einem
Familiengericht, Führungsorientierung des Informationswesens, Haushaltsmanagementsystem.

In den organisatorisch-institutionellen Linien ist die
Landesregierung weitgehend den Vorschlägen des Gutachtens
gefolgt: Zum 1. Januar 1986 haben folgende neue Institutionen ihre Arbeit aufgenommen:

- Der Landessystembeauftragte,
- der Landessystemausschuß,
- die Stabstelle für Information und Kommunikation im
  Staatsministerium und
- der Arbeitskreis Informationstechnik.

Der Landessystembeauftragte hat die Aufgabe, Strategien zum
Einsatz moderner Informations- und Kommunikationstechnik zu
entwickeln und vor allem politisch zu vertreten.

Der Landessystemausschuß hat die Aufgabe, umfangreiche
Ressortvorhaben nach einheitlichen Kriterien zu bewerten und
nach landespolitischen Zielen zu priorisieren; er dient
zugleich als fachliches Filter für künftige Beratungen im
Kabinett. Hier sollen auch die von der Stabsstelle ausgehenden innovativen Impulse erläutert und diskutiert werden.
Die Stabsstelle für Information und Kommunikation unterstützt den Landessystembeauftragten, entwickelt Konzeptionen
und Rahmenrichtlinien, definiert landeseinheitliche Standards und Schnittstellen, koordiniert den Einsatz von In-

formations- und Kommunikationstechnik und sorgt für eine
Abstimmung wichtiger Einzelprojekte im Hinblick auf ressort-
übergreifende Verträglichkeit. Die Stabsstelle pflegt enge
Kontakte zu Wissenschaft, Forschung und Entwicklung, und
beobachtet die internationale Marktentwicklung im Bereich
der Informations- und Kommunikationstechnik. Sie soll mit
dem so gewonnen Überblick vorausschauend und innovativ Impulse für den Technikeinsatz in der Verwaltung geben. Sie
soll so auch dazu beitragen, daß die Landesverwaltung in
Zukunft eine Schrittmacherrolle für den Technikeinsatz und
die Technikentwicklung in der Wirtschaft des Landes ein-
nimmt.
Der Arbeitskreis Informationstechnik schließlich unterstützt
den Landessystemausschuß bei der Klärung von Fachfragen. In
diesem Arbeitskreis findet außerdem ein ressortübergreifen-
der Erfahrungsaustausch statt.

Mit diesen neuen Institutionen wurden für den Bereich der
öffentlichen Verwaltung Organisations- und Entscheidungs-
einheiten geschaffen, die z. T. mit gleicher oder vergleich-
barer Funktionalität auch im Bereich der Großunternehmen
vorhanden sind.
Eine weitere richtungsweisende Entscheidung war die Festlegung von Kommunikationsstandards. Bereits Ende 1985 hat
der Ministerrat sich mit Beschluß vom 16. Dezember in einer
klaren Entscheidung dafür ausgesprochen, im Bereich der
Datenfernübertragung und der elektronischen Dokumenten-
verwaltung in der Landesverwaltung einheitliche Standards
festzulegen.

Auf dieser Grundlage wurden bis zur Verfügbarkeit internationaler Standards und der zugehörigen Produkte die
Industriestandards

- SNA (System Network Architecture),
- DCA (Document Content Architecture),
- DIA (Document Interchange Architecture)

für verbindlich erklärt. Für die Zeit nach der Verabschiedung der OSI-Normen (Open Systems Interconnection) durch die ISO (International Standardisation Organisation) und bei Verfügbarkeit entsprechend ausgelegter Produkte sollen diese mit einer Übergangszeit von zwei Jahren den Industriestandard ersetzen.

Auf der Grundlage der Vorschläge des Gutachtens hat die Landesregierung mit dem Beschluß zur Festlegung landesweit geltender Kommunikationsstandards Ende 1985 auch den Auftrag erteilt, die Grundlagen für eine Entscheidung über die Einführung eines allgemeinen Landesverwaltungsnetzes zu erarbeiten. Zum Verständnis dieses Beschlusses ist darauf hinzuweisen, daß bis zur Einführung des Landessystemkonzepts in der Landesverwaltung fachverwaltungsbezogen zahlreiche Datenfernübertragungs- und Kommunikationsnetze entstanden sind. Diese Netze genügten in der Vergangenheit dem Anspruch, die Fachverwaltung insbesondere bei der Massendatenverarbeitung – bestes Beispiel: die Steuerverwaltung – zu unterstützen. Fachverwaltungsspezifische Teilnetze erlauben es jedoch nicht, landesweit und ressortübergreifend Informationen und Dokumente zu verteilen und auszutauschen, wie es der fachübergreifenden Zusammenarbeit verwaltungstypisch entspricht. Einer der wichtigsten Prüfungsaufträge der Landesregierung neben Fragen der technischen Machbarkeit und zur Wirtschaftlichkeit war die Gewährleistung eines umfassenden Datenschutzes. Hierzu hat die Datenzentrale Baden-Württmberg im Auftrag des Landes ein fundiertes technisches und organisatorisches Konzept erarbeitet. Auf dieser Grundlage hat der Ministerrat die Ressorts in einem Beschluß vom 25. Mai 1987 beauftragt, im Wege des Netzverbundes und der

schrittweisen und bedarfsorientierten Netzintegration ein
allgemeines Landesverwaltungsnetz aufzubauen, das vorerst
nur das Datenfernübertragungsnetz der Polizei und die Netze
im Universitäts- und Forschungsbereich ausnimmt. Letztere
allerdings nur, soweit sie nicht für administrative Zwecke
oder im Rahmen des Umweltinformationssystems benutzt werden.
Die Einzelszenarien wie das Umweltinformationssystem, das
Haushaltsmanagementsystem sowie die Pilotprojekte der
Bürokommunikation setzen eine allgemeine Netzinfrastruktur
voraus.

Eine weitere wichtige Entscheidung für die Umsetzung des
Landessystemkonzepts traf die Landesregierung mit der Verabschiedung der informations- und kommunikationstechnischen
Planungsrichtlinien. Im November 1986 hat der Ministerrat
Richtlinien für die Planung, Budgetierung und Beschaffung
von Informations- und Kommunikationstechnik in der Landesverwaltung beschlossen. Damit wurden die organisatorischen
und verfahrensmäßigen Grundlagen für die ressortübergrei-
fende Abstimmung von informations- und kommunikationstechnischen Vorhaben geschaffen.
Ein Kernstück des neuen Verfahrens ist das informationstechnische Gesamtbudget. In ihm sind erstmals für die
Haushaltsjahre 1987 und 1988, von Ausnahmen abgesehen, alle
informationstechnischen Ausgaben der Landesverwaltung in
einem Abschnitt des Landeshaushaltes zusammengeführt. Mit
der zentralen Darstellung steht für Parlament und Regierung
ein umfassender Überblick über die laufenden informations-
und kommunikationstechnischen Verfahren zur Verfügung. Zusammenfassung und Transparenz der Darstellung machen das
informationstechische Gesamtbudget für die politische und
administrative Führung zu einem Steuerungsinstrument mit dem
Ziel des systematischen und nach Schwerpunkten geordneten
Ausbaus der neuen Techniken der Landesverwaltung. Das informationstechnische Gesamtbudget für die Jahre 1987 und 1988

sieht ein Ausgabenvolumen von insgesamt 460 Mio. DM vor. Um
die Entwicklung des Landessystemkonzeptes in Schwerpunkt-
bereichen voranzutreiben, wurde innerhalb des informationstechnischen Gesamtbudgets ein Sonderprogramm definiert, das
über die normale Fortschreibung der bisherigen Haushaltsan-
sätze hinausgeht. Das Sonderprogramm umfaßt ein Volumen von
rund 22,2 Mio. DM für 1987 und von rund 25 Mio. DM für 1988.
Wichtige Schwerpunkte des Sonderprogramms sind:

- die landesweite Einführung von Bürokommunikation,
- der Aufbau des Umweltinformationssystems,
- das Haushaltsmanagementsystem,
- die Datensicherheit in offenen Informationssystemen,
- ein computergestütztes Verwaltungssystem für
  informations- und kommunikationstechnische Vorhaben und
  Ausstattung.

Darüber hinaus gehen die Richtlinien von folgenden Ver-
fahrensgrundsätzen aus:

- Planung und Durchführung der Vorhaben nach dem
  sogenannten Ressortprinzip.
- Durchgängige Planung in dreijährigen Ressortplänen.
- Zusammenfassung wichtiger Vorhaben im ressortübergreifenden Gesamtplan.

Fortschritte sind auch auf dem Weg zu einer landesweiten
informations- und kommunikationstechnischen Infrastruktur
erzielt worden. Im Juni 1986 beschloß die Landesregierung im
Rahmen eines mit 30 Mio. DM ausgestatteten Sonderprogramms
"Meß- und Kommunikationssystem Umwelt" den Aufbau eines
Landesverwaltungsnetzes, Teil Umwelt, um die schnelle und
reibungslose Kommunikation zwischen den Umweltbehörden des
Landes bei Not- und Störfällen zu gewährleisten. Wesentliche
Komponente dieser Netzinfrastruktur ist ein Netzwerk-Manage-

mentzentrum beim Gemeinschaftsrechenzentrum der Innenverwaltung. Es wird gegenwärtig aufgebaut. Anfang 1988 soll das Landesverwaltungsnetz, Teil Umwelt, mit rund 280 angeschlossenen Behörden betriebsbereit sein. Über einen Anschluß der kommunalen Seite an das Landesverwaltungsnetz wird im Augenblick verhandelt. Die Rechenzentren des Landes sind als Fachrechenzentren historisch gewachsen. Es besteht Einvernehmen unter den Ressorts, daß diese Struktur unter den Zielsetzungen des Landessystemkonzeptes einer Neuordnung bedarf. Die Rechenzentren müssen verstärkt für die Abwicklung von Dialogverfahren, für die Steuerung der Kommunikation sowie für den Dokumentenaustausch zwischen den Behörden der Landesverwaltung eingesetzt werden. Mit der Einrichtung eines Netzwerkmanagementzentrums wurde ein erster Schritt in diese Richtung vollzogen.

Der besondere Entwicklungsschwerpunkt:
Die Bürokommunikation

Institutionen mit ressourcenintegrierenden Aufgaben, mehrjährige IuK-Pläne sowie die Setzung von allgemeinverbindlichen Kommunikationsstandards sind konstituierende Bestandteile der IuK-Organisation im öffentlichen Bereich wie im Unternehmenssektor.

Die Landesregierung hat die Bürokommunikation zu einem Investitionsschwerpunkt der nächsten Jahre erklärt. Um großen wie kleinen Verwaltungseinheiten den Zugang zu einer breiten Kommunikationslandschaft zu erschließen, wurden "Empfehlungen für Bürokommunikationssysteme in der Landesverwaltung" ausgearbeitet. Diese Empfehlungen liefern Handreichungen für die praktische Vorbereitung und Durchführung von Projekten der Bürokommunikation vor Ort. Ihre Darstellung erstreckt sich auf:

- Einführungsstrategien,
- typisierende Lösungsansätze,
- Integration der dezentralen Bürosysteme in den
  landesweiten Kommunikationsverbund
und für den öffentlichen Bereich von besonderer Bedeutung:
- Datenschutz und Datensicherheit bei Einführung der
  Bürokommunikation.

Durch die Besonderheiten der Aufbau- und Ablauforganisation
in der öffentlichen Verwaltung sind die für vorrangig Unternehmen der Wirtschaft entwickelten Bürokommunikationssysteme
nicht ohne weiteres für die Belange der Verwaltung einzusetzen. Nur mit Vorsicht ist die von den Herstellern angebotene und angepriesene Technik in die Verwaltung einzubringen. Deshalb ist die Landesregierung behutsam vorgegan-
gen und hat für den Bereich der Bürokommunikation vor einer
flächendeckenden Einführung erst einige Pilotprojekte auf-
gesetzt. Ende 1987 waren immerhin 6 233 Arbeitsplätze in der
Landesverwaltung mit Informationstechnik ausgestattet. Die
laufenden Pilotprojekte haben deutlich gemacht, daß wichtige
Funktionen im Verwaltungsablauf wie die Zeichnung und Mit-
zeichnung von Dokumenten, sowie die technikunterstützte
Führung einer Akte noch entwickelt werden müssen. Zu den
Funktionen, die noch verwaltungsgerecht entwickelt werden
müssen, gehört nicht nur die Dokumentation, sondern auch die
Ablage.

Im Rahmen des Einzelszenarios "Büroautomation bei den
Regierungspräsidien" ist damit begonnen worden, die elektronische Ablage als neue Funktion der Bürokommunikation zu
erproben. Eine spezielle Software soll jedem Benutzer ermöglichen, mindestens zwei klare Bereiche, nämlich eine
private, grundsätzlich nur ihm zugängliche, und eine öffentliche, also allgemein zugängliche Ablage anzulegen. Die
Identifikation der Dokumente erfolgt mittels Schlüsselwor-

ten. Die Ablagen der einzelnen Bearbeiter sind völlig
autonom. Es gibt keine Funktionen, die mehrere Ablagen automatisiert miteinander koppeln. Um Fehlschlüsse zu vermeiden:
Für alle Maßnahmen der Behörden im Verhältnis zu den Bürgern
gilt als Akte nach wie vor die "Papierakte" im Sinne des
Verwaltungsfahrensgesetzes und nicht dies Dokument, das der
Mitarbeiter in seiner Ablage speichert. Diese Regelung macht
deutlich, daß dem Datenschutz Vorrang eingeräumt worden ist.
Sie macht aber auch deutlich, wie weit man noch von einem
einheitlichen Ablagesystem entfernt ist.

Gerade dieses Beispiel der Bürokommunikation zeigt, daß es
noch ein weiterer Weg bis zum "papierlosen" Büro ist. Das
Beispiel zeigt aber auch, wieviel Einzelregelungen in der
öffentlichen Verwaltung notwendig sind, um die vielfältigen
rechtlichen Anforderungen zu erfüllen.

Eine erste Zwischenbilanz

Im Rückblick auf die ersten beiden Jahren der Umsetzung des
Landessystemkonzepts läßt sich feststellen, daß sich die im
Gefolge des Landessystemkonzeptes neu geschaffenen Institutionen in Zusammensetzung und Zuordnung bewährt haben.
Sie haben deutlich werden lassen, daß der Einsatz von Infor-
mations- und Kommunikationstechnik nicht länger eine Aufgabe
allein der Spezialisten ist. Entscheidungen über technische
und organistorische Maßnahmen zur Pflege und Sicherung der
Ressource Information gehören in der öffentlichen Verwaltung
wie in der Privatwirtschaft in die Führungsebene. Die
Ansiedlung der dafür zuständigen Gremien und Entscheidungsträger muß der Tatsache Rechnung tragen, daß die notwendigen
Leitentscheidungen aus einer ressortübergreifenden Sicht getroffen werden.
Probbleme bereitet die Anwerbung des notwendigen Fachper-
sonals. Die Umsetzung des Landessystemkonzeptes erfordert

auf allen Ebnen der Landesverwaltung qualifiziertes Fach-
personal. Es steht bisher nicht in ausreichendem Umfang zur
Verfügung. Daß gleichwohl gute Fortschritte bei der Umsetzung des Landessystemkonzeptes erzielt werden konnten,
ist dem Umstand zu verdanken, daß die vorhandenen Fachkräfte
mit ganz außerordentlichem Engagement bei der Sache sind.
Dessen ungeachtet haben der Ministerrat und der Landessystemausschuß inzwischen jedoch die Weichen für eine Ver-
breiterung der Personalbasis im Bereich der Informations-
und Kommunikationstechnik gestellt.

- Die Ressorts haben von sich aus Stellen in diesem
  Bereich umgesetzt.
- Ein ressortübergreifendes Umsetzungsprogramm, vorbereitet durch eine Intensivschulung, hat der Ministerrat
  im Sommer 1987 beschlossen. Die ersten Kurse sollen
  noch in diesem Jahr beginnen. Gegenwärtig sind die
  Ressorts aufgefordert, Mitarbeiter auszuwählen, die für
  diese Kurse geeignet sind.
- Für den Aufbau des Netzwerkmanagementzentrums beim
  Gemeinschaftsrechenzentrum hat der Ministerrat zusätz-
  liche Stellen bewilligt.
- Für zeitlich begrenzte Spezialaufgaben werden, wie in
  den vergangenen beiden Jahren, auch zukünftig externe
  Fachleute verpflichtet werden müssen.

Ausblick

Die in Angriffe genommenen Projekte werden auch in den
kommenden beiden Haushaltsjahren 1989 und 1990 einen Großteil der IuK-Kapazitäten der Landesverwaltung in Anspruch
nehmen. In seiner Regierungserklärung vom 9. Juni dieses
Jahres hat Ministerpräsident Lothar Späth erneut deutlich
gemacht, daß der IuK-Bereich auch in den kommenden Jahren
ein bevorzugter Investitionsbereich, und dies in sachlicher

wie in personeller Hinsicht, der Landesregierung bleiben
wird. Bereits jetzt zeichnet sich ab, daß die innovato-
rischen Impulse, welche das Landessystemkonzept entwickelt
haben, ihre Eigendynamik entwickeln. Beispielsweise die
Sprachverarbeitung, insbesondere die direkte Spracheingabe
und deren Verarbeitung, werden es in zunehmendem Maße
ermöglichen, daß auch die Führungskräfte Technik benutzen
werden. Ferner werden die Fortschritte der Künstlichen
Intelligenz völlig neue Möglichkeiten und Chancen der
Entscheidungsunterstützung bieten.

Desweiteren gilt es, die innovativen Impulse weiterzuführen,
die in der ersten Phase der Umsetzung ausgelöst worden sind:

- Das Land will gemeinsam mit den Herstellern auf dem
  Gebiet der Bürokommunikatin Entwicklungskooperationen
  durchführen, um die heute angebotenen Produkte insbesondere für die Nutzung in der öffentlichen Verwaltung
  in gemeinsamen Entwicklungsschritten zu verbessern.

  Dieser Vorschlag des Landes hat auch Ansiedlungsent-
  scheidungen begünstigt.

- Auf der anderen Seite: eine vom Land vorgeschlagene
  Anwendungerkooperation hat wie bereits eingangs erwähnt
  lebhaftes Interesse gefunden. Das Land bearbeitet der-
  zeit gemeinsam mit großen IuK-Anwendern wie Allianz,
  Daimler Benz, den Bausparkassen Wüstenrot, BHW, der
  Firma BASF, der Bundesbahn und der Energieversorgung
  Schwaben, einen Forderungskatalog, der den Herstellern
  vorgelegt werden wird.

- Das Land hat ein EUREKA-Projekt für Datenschutz und Datensicherheit in offenen Informationssystemen initiiert. Daran sind heute mittlerweile 26 Partner aus der Bundesrepublik Deutschland, Frankreich, Großbritannien, Österreich und der Schweiz beteiligt.

Alle diese Aktivitäten zeigen, daß mit der Einführung des Landessystemkonzeptes auch nach außen hin deutlich geworden ist, daß die Information in der Landesverwaltung zu einem zukunftsbedeutsamen "Produktionsfaktor" geworden ist.

Mit einer gewissen Genugtuung, aber auch mit Skepsis beobachten wir, daß andere Landesverwaltungen unseren Systemgedanken und unsere Verfahren aufgreifen und übernehmen. Ich persönlich würde mir einen verstärkten Ideenwettbewerb nicht nur mit dem Unternehmensbereich, sondern auch mit den anderen Verwaltungen wünschen. Erst für die weiteren Entwicklungsstufen unseres Konzeptes sind Verwaltungsinnovationen in größerem Umfange zu erwarten und Antworten auf die Fragen zur breiten Akzeptanz und zur Sozialverträglichkeit zu finden. Dann erst kommen wir den wesentlichen Zielen des Landessystemkonzeptes nahe, die Verwaltungsabläufe zu rationalisieren und die Effizienz der Verwaltung unter der Rahmenbedingung knapper Haushaltsspielräume zu steigern.

Die Nutzung moderner Informations- und Kommunikationssysteme – Voraussetzungen für die Neue Bahn

R. Gohlke

Die Deutsche Bundesbahn befindet sich mitten in einem Prozeß der Umstrukturierung. Ziel der Bahn ist es: "weg" von einer Behörde, "hin" zu einem Dienstleistungsunternehmen, das bereit ist, sich dem Wettbewerb am Markt zu stellen.

Die Weiterentwicklung der Informations- und Steuerungssysteme ist ein wichtiger Bestandteil der Unternehmensstrategie der Deutschen Bundesbahn. Es ist sicher nicht übertrieben, diese Systeme als Motor des Innovationsprozesses bei der Bahn zu bezeichnen.

Informationsverarbeitung richtig und optimal zu gestalten, erfordert klare strategische Leitlinien für die personelle, organisatorische und instrumentelle Weiterentwicklung dieses Bereiches. Damit aber müssen wir uns neuen Herausforderungen stellen.

Diese Herausforderungen fallen zeitlich zusammen mit der Überschreitung einer Schwelle, vor der wir uns derzeit in der Computerbranche befinden: Nämlich von der Datenverarbeitung zur Informationsverarbeitung. Diese inhaltliche Metamorphose ist dadurch gekennzeichnet, daß wir künftig erstrangig qualitative Prozesse - d. h. dispositive Tätigkeiten - und damit die Nutzung der Informationsverarbeitung für bessere Entscheidungen und für Produktinnovationen vorantreiben. Die bisherige Datenverarbeitung wurde in erster Linie bei quantitativen Prozessen mit dem Ziel der Rationalisierung eingesetzt.

Hierdurch ändern sich auch räumlich die Einsatzbereiche, in denen technische Innovation stattfindet. Während elektronische Datenverarbeitung früher ausschließlich durch Großrechnereinsatz, d. h. durch die Verarbeitung von Daten in Stapeln, gekennzeichnet war, ist Informationsverarbeitung in den achtziger Jahren von der zunehmenden Verbindung von Computerleistung mit Telekommunikation durch Dialogverarbeitung am Arbeitsplatz geprägt. Dies hat zur Folge, daß bislang vorwiegend technische Systeme vor allem dadurch komplexer geworden sind, weil sie als sozio-technische Systeme den Menschen viel stärker einbeziehen.

Strukturierte Abläufe allein erschließen uns jedoch nicht die Chancen, die Informations- und Kommunikationstechnik heute bieten und die wir als Großunternehmen nutzen müssen. Der Ansatz muß tiefer greifen. Hergebrachte Organisationsformen müssen aufgebrochen werden. Aus Tradition scheinbar legitimierte Strukturen befinden sich auf dem Prüfstand. Ein Unternehmen, das 150 Jahre die gleiche Dienstleistung produzierte, das 150 Jahre Strukturen hatte, die im we-

sentlichen nicht verändert worden sind, hat hier einen
sehr schwierigen Stand, wenn es darum geht, diese
Strukturen aufzubrechen. Dies ist für uns eine sehr
wichtige Herausforderung und zugleich Teil unserer
1982 begonnenen Strategie, aus einem sehr stark tech-
nik- und produktionsorientierten Unternehmen ein Unternehmen zu formen, das vom Markt her bestimmt wird,
das sich konsequent auf den Markt ausrichtet.

Der Einsatz modernster Technologien ist dem technischen System Eisenbahn vertraut. Stets hatte die Bahn
in erheblichem Maße High Tech-Bedarf und häufig gingen
von ihr sehr starke Impulse aus zur Steigerung des
technologischen Leistungsstandards der Industrie.

Der effiziente Einsatz von Informations- und Kommunikationstechnik wird ein entscheidendes strategisches
Instrument der neuen Bahn sein. Welche Bedeutung wir
diesem Bereich beimessen können Sie auch daran erkennen, daß hierfür im Vorstand zwei Mitglieder verantwortlich sind. Damit wollen wir sicherstellen, daß für
die umfangreichen und komplexen Aufgaben ausreichend
Managementkapazität zur Verfügung steht.

Die Bahn steht heute im harten Wettbewerb der Ver-
kehrssysteme - es ist ein schwieriger Prozeß, über
diese Erkenntnis zu einem neuen Selbstverständnis zu
finden. Doch wir wollen uns dem Markt stellen, ihn als
Chance begreifen, uns auf den Kundennutzen besinnen.
Die moderne Informationstechnologie wird uns Innovationen in allen Produktbereichen ermöglichen. Dabei wird
Information zum wesentlichen Produktmerkmal im Wettbewerb werden.

Die EDV ist ein fester und unverzichtbarer Bestandteil
in vielen Bereichen unseres Unternehmens geworden:

Lassen Sie mich hierzu nur wenige Zahlen nennen: Die Deutsche Bundesbahn betreibt heute 3 Rechenzentren (früher 10) in Frankfurt, Köln und Nürnberg mit insgesamt 11 Großrechnern. Im Bereich der EDV sind ca. 1000 Mitarbeiter beschäftigt, die u.a. 30 000 Programme in ca. 350 verschiedenen Anwendungsgebieten betreuen. Die Investitionen betrugen im vergangenen Jahr 34 Mio DM. Insgesamt stehen einem jährlichen Aufwand von 170 Mio. DM quantifizierbare Einsparungen von 725 Mio. DM gegenüber.

Für die Datenübertragung betreibt die DB bisher anwendungsbezogene Einzelnetze. Die beiden wichtigsten, das TRANSDATA-Netz und das SNA-Netz, sind Standleitungsnetze in Firmenstandards.

Für die Zukunft wollen wir ein offenes Netz, das herstellerunabhängig und anwendungsneutral ist. Unser Netz der Zukunft, das "Integrierte Text- und Datennetz der DB (IN)" ist ein Paket-Vermittlungsnetz im Datex-P-Standard der Post.

Dieses Netz wird in 3 Stufen ausgebaut werden.

(1) IN-Rumpfnetz:

     In Betrieb seit Mai 1987 (erste größere Anwendung: DISK - Dispositions- und Informationssystem für den Kombiverkehr), zentrale Netzleitstelle in Frankfurt mit 10 Netzknoten

(2) IN-Kernnetz:

     Ausbau des Rumpfnetzes auf 20 Netzknoten und Erhöhung der Anschlußkapazität. Bis Mai 1989

fertig. (Erste bedeutende Anwendung: neues Rei-
seinformations- und Verkaufssystem (KURS '90)).

(3) IN in der Fläche (INF):

Zum Anschluß der Anwender an das IN-Kernnetz.
Schrittweiser Ausbau bis Ende 1992.

Die Investitionen liegen in der Größenordnung von
70 Mio DM.

Um auch in dem Bereich der Funkbreitbandkommunikation
für die Aufgaben der Zukunft gerüstet zu sein, untersuchen wir zur Zeit - als Alternative zu einer
450 MHz-Lösung - den Aufbau eines 40 GHz-Netzes. Auch
hier ist eine stufenweise Realisierung über einen
längeren, mehrjährigen Zeitraum vorgesehen. In einem
ersten Schritt könnten die abgeschatteten Bereiche
(Tunnel, Einschnitte) der Neubaustrecken Hannover -
Würzburg und Mannheim - Stuttgart mit den Diensten
Eurosignal, Ukw-Rundfunk und Zugtelefon ausgerüstet
werden. Grundsätzlich integrierbar sind auch DB-inter-
ne Anwendungen wie z.B. Zugbahnfunk, Funk-Linienzugbe-
einflussung, Fahrzeug-Ferndiagnose und Online-Platz-
buchung. Die abschließende Diskussion bezüglich einer
450 MHz bzw. 40 GHz-Lösung steht jedoch noch aus.

Beispielhat für viele innovative Anwendungen, die wir
zur Erreichung unserer Unternehmensziele initiiert
haben, möchte ich einige Projekte mit ihren Zielen
nennen:

Im <u>Personenverkehr</u> wollen wir z. B. mit einer neuen
Markenartikelpolitik genau das herausstellen, was

unsere Systemstärke ausmacht: bahnspezifische Leistungsvorteile, mehr Raum als im Flugzeug, mehr Kommunikation, neue Standards im Service.

Helfen soll uns dabei ein kundenfreundliches Reiseinformations- und Verkaufssystem. Es läuft bei uns unter dem Namen "KURS 90". Ein umfassendes Informationssystem, mit dem wir von einem Schalter aus online sämtliche Produkte und Dienstleistungen aus einer Hand anbieten können. Von der Fahrplanauskunft über die Fahrkarte hin bis zur Reisegepäckversicherung. Mehr noch: Kompletter Service bedeutet umfassende Problemlösung. Dazu gehören auch Angebote wie der Mietwagen am Zielort oder die Hotelreservierung. Dieses System wollen wir bis 1989 weitgehend implementiert haben. Die Gesamtinvestitionen betragen ca. 80 Mio. DM.

Die Deutsche Bundesbahn wird ihr Verkaufssystem im Netzverbund mit START betreiben. Am System START sind auch die anderen Verkehrsträger beteiligt. Denkbar wird damit auch ein nachfrageorientiertes Preissystem, etwa der Verkauf verbilligter Restplätze kurz vor der Abfahrt des Zuges nach dem Vorbild mancher Fluggesellschaften, um zusätzliche Reisende zu gewinnen.

Die elektronische Platzbuchung ist bei uns schon seit langem implementiert. Wir haben sie 1982 vollkommen erneuert, um auch hier eine wesentlich größere Flexibilität zu bekommen und um Kundenwünsche besser zu berücksichtigen. Heute haben wir "realtime" etwa 3 500 Terminals für 1,2 Mio. Sitz-, Liege- und Bettplätze für 4 000 Züge in Europa angeschlossen. Gebucht werden kann zwischen Stockholm und Rom, zwischen London und Budapest. 20 Mio. Buchungen jährlich deuten die Größenordnung an.

Auf internationaler Ebene werden wir unsere Bemühungen verstärken. Innerhalb der UIC wurde für den Personenverkehr ein Projekt "Machbarkeitsstudie Europäisches Vertriebssystem der Eisenbahnen (RDS)" beschlossen.

Im <u>Güterverkehr</u> sollen unsere Produkte Bestandteil der Produktions- und Transportprogramme unserer Kunden werden. Nur mit einer Informationskette, einem datenbegleiteten Transport schaffen wir die Voraussetzungen, dem Kunden über Rechnerverbund jederzeit Zugriff auf die logistischen Daten für seine eigene Disposition zu ermöglichen.

Eine logistische Gesamtlösung für den Güterverkehr der 90er Jahre bereiten wir z. Z. vor. Hierzu wird ein Rechnerverbund auch mit unseren Kunden aufgebaut. Dieser soll dezentral organisiert sein und die Vorbuchung von Güterwagen sowie die Ankunftsgarantien bei rationellerer interner Abwicklung ermöglichen. Die ersten Schritte haben wir hier getan. Die Verbindung mit unseren Kunden soll über ein sogenanntes Gateway erfolgen. Die Versuche mit mehreren Piloten sind erfolgreich abgeschlossen und es kommt jetzt darauf an, daß wir dieses System flexibler gestalten, um noch schneller den veränderten Verhältnissen auf dem Markt Rechnung tragen zu können.

Mit dem Projekt der integrierten Transportsteuerung schaffen wir eine Systembasis für alle Anwendungen des Güterverkehrs. Hierfür investieren wir ca. 200 Mio DM.

Im kombinierten Verkehr sehen wir den optimierten Verkehr. Auch hier werden eine Reihe von Investitionen in der Zukunft durchgeführt werden, auch was die Informationstechnologie anbetrifft. Wir setzen hier z. B. auf ein transportbegleitendes Informationssystem oder genauer: Informationen, die dem Transport vorauseilen. Mit dem Informations- und Vormeldesystem haben wir 1982 ein flächendeckendes Informationssystem zum Einsatz gebracht mit 4 000 Terminals im Online-Verfahren. Nur mit diesem Informationssystem konnten wir ein neues Produkt, nämlich InterCargo, auf den Markt bringen. InterCargo bedeutet für elf Wirtschaftsräume, der Kunde liefert abends an, wir liefern morgens aus. Und wir garantieren die Auslieferung zu einem bestimmten Zeitpunkt, der festgelegt ist für die einzelnen Wirtschaftsräume.

Auch im internationalen Bereich sind Datenkommunikationssysteme nicht aufzuhalten. Sieben europäische Eisenbahnverwaltungen haben mit HERMES ein leistungsfähiges, erweiterbares System aufgebaut, weitere Bahnen wollen sich daran beteiligen. Dieses Datennetz ist für Anwendungen im Güterverkehr und im Personenverkehr in gleicher Weise nutzbar. Weitere Bahnen wollen sich hier anschließen.

Mit einem weiteren internationalen Projekt (DOCIMEL) sind wir dabei, den Frachtbrief durch ein elektronisches Dokument zu ersetzen. Damit besteht die Möglichkeit, einen geschlossenen Informationskreislauf vom Absender bis zum Empfänger zu installieren. In den integrierten Datenfluß sind die Transportabläufe mit eingebunden. Neun eropäische Bahnen sind an dem Projekt beteiligt.

Selbstverständlich kommt der EDV auch im <u>innerbetrieblichen Bereich</u> immer mehr Bedeutung zu.

Im Bereich der Unternehmensführung haben wir mit dem Controllinggedanken des Check und Balance Erhebliches bewegt. Erst sensible Informationsstrukturen, die den Entscheidungsträgern permanent und aktuell erforderliche Steuerungsgrößen liefern, erlauben es, Schwachstellen schnell aufzuspüren und den eingeschlagenen Kurs zu halten. Hieraus erwachsen neue Anforderungen an die Architektur von Informationssystemen. Wir brauchen eine Unternehmensplanung und -steuerung top-down nach Kriterien der wirtschaftlichen Machbarkeit. Dies bedeutet eine Abkehr vom überkommenen bottom-up-Prinzip, das sich ausschließlich am technisch Notwendigen orientiert. Hierfür müssen die Informationen fachübergreifend zusammengeführt werden.

Gemessen an den Anforderungen der Betriebswirtschaftslehre verfügt die Bahn heute schon über ein umfassendes Rechnungswesen, aber erst mit dem effizienten Einsatz der modernen Informationstechnik können wir das Instrument für die strategische Erfolgskontrolle nutzen. Ziel ist es, die Kostenentstehung transparent und die Erfolgsbeiträge von Produkten und Produktgruppen erkennbar zu machen. Wir haben hier ein Großprojekt initiiert mit mehreren Realisierungsstufen, in denen wir für die fachliche und softwaretechnische Realisierung ca. 300 Mannjahre investieren. Die Investitionen belaufen sich auf ca. 80 Mio DM.

Wir wollen ein Budgetierungssystem mit der klaren Ergebniszuschaltung der Erfolgsbeiträge für jede einzelne Stelle einführen. Dadurch ist es uns möglich, Transparenz durch klar getrennte Resultatsausweisung zu erzielen. Wir unterscheiden den eigenwirtschaftlichen Bereich, in dem wir uneingeschränkt unternehmerisch tätig sind, wie z. B. im Güterverkehr oder im Personenverkehr und dem gemeinwirtschaftlichen Bereich, in dem die Bahn eine Daseinsvorsorge zu erbringen hat.

Mit unserem Projekt Einkauf und Materialwirtschaft streben wir das Ziel an, den gesamten Bereich bundesweit über EDV zu steuern. Mit diesem umfassenden und hochwirtschaftlichen Informationssystem erreichen wir eine Konzentration des Einkaufs im Verhältnis zur Industrie. Es sind Investitionen von ca. 40 Mio. DM erforderlich.

Lassen Sie mich ein weiteres Beispiel ansprechen. Wir werden bis 1989 1 100 Rechner in der Fläche installieren, wie wir sagen, in der untersten Managementebene. Jeder "Dienststellenleiter" wird einen Computer bekommen, ein eigenes Informationssystem. Natürlich ist es auch unsere Aufgabe, die Berührungsängste abzubauen bei solch einer dramatischen Veränderung. 150 Jahre Tradition kann man nicht vergessen.

Wir müssen in Richtung ganzheitlicher Problemlösung gehen. Wir müssen interessante Aufgabeninhalte und moderne Arbeitsplätze stärker herausstellen, um die Akzeptanz der Mitarbeiter zu erhöhen.

Um in dem Bereich der Datenverarbeitung und insbesondere bei der Projektabwicklung noch flexibler als bisher zu sein, hat die DB gemeinsam mit 3 weiteren Firmen eine Softwaregesellschaft gegründet (TLC = Transport-, Informatik und Logistik Consulting GmbH).

Ich habe durch meine Beispiele versucht deutlich zu

machen, wie uns die Informationsverarbeitung hilft, Zug um Zug die neue Bahn entstehen zu lassen. Noch etwas anderes aber sollte durch die Beispiele deutlich werden. Ein integriertes Informationssystem muß auch zu einem neuen Selbstverständnis der Datenverarbeitung führen. Deutlicher noch als bisher wird ihre Servicefunktion darin bestehen, zweckentsprechende und formgerechte Informationen bereitzustellen. Je weiter sich die Programmiersprachen zu problemorientierten anwendergerechten Werkzeugen entwickeln, umso mehr verschiebt sich die Bringschuld von Ergebnissen durch die EDV hin zur Sicherstellung der "Holchance" für den Anwender. Die technologische Entwicklung hat uns die Möglichkeit zur Dezentralisierung eröffnet. Personal Computing und Bürokommunikation sind hier nur die Stichworte, die den Trend "weg vom zentralen Superrechner" beschreiben, wobei die Bahn immer Superrechner haben wird. Aber die hauptsächlichen Investitionen in den nächsten fünf Jahren werden in die dezentralen Rechner gehen. Und das ist die entscheidende Veränderung.

Lassen Sie mich zusammenfassen:

Der Einsatz von Informationstechnologie orientiert sich zunehmend weniger am Primärziel der Substitution der manuellen Abläufe durch EDV-maschinelle Abläufe. Das Primärziel, und das ist ein völlig neues Denken, lautet zunehmend Innovation, Serviceverbesserung, schnellere und transparentere Information für die Unternehmensführung. Es bedeutet mehr Zuverlässigkeit, Berechenbarkeit und besseren Service für unsere Kunden sowie informationelle Verknüpfung mit unseren Kunden im Sinne ganzheitlicher Güter- und Informationsketten, die ohne die moderne Logistik nicht denkbar sind.

Dies alles zeigt, daß die Informationsverarbeitung zu einer für die Zukunft unseres Unternehmens wichtigen unternehmerischen Perspektiv- und Strategiekomponente wird. Die Möglichkeiten sind zu weitreichend, um sie als Monopol dem DV-Spezialisten und den Rationalisierungsexperten zu überlassen. Kreativer Einsatz der Informationsverarbeitung ist ein Beitrag zur Sicherung des Unternehmens und seiner Arbeitsplätze. Der innovative Einsatz der Informationsverarbeitung erfordert ihre synergetische Einbeziehung in die Unternehmensstrategie.

Auch die neue Bahn wird nicht auf Knopfdruck, nicht an einem Tag oder in einem Jahr machbar sein. Insofern kann auch die Informationsverarbeitung unternehmerisch eingesetzt ihren Beitrag nur langfristig leisten.

Ich konnte nur kurz beschreiben, welche Rolle heute die Informationstechnologie bei der Deutschen Bundesbahn spielt. Ich hoffe, klargemacht zu haben, daß es ein wesentlicher Bestandteil unserer Strategie ist, neben Marketing, Kundennähe und Service vor allem die Informationstechnologie nach vorne zu bringen und ich bin der festen Überzeugung, daß wir hiermit unsere Wettbewerbsfähigkeit wesentlich erhöhen können.

Die erfolgreiche Umsetzung der Informations- und Kommunikationsstrategie ist die eigentliche Herausforderung des Managements.

ISDN – Das diensteintegrierende digitale Fernmeldenetz der Zukunft

K. H. Rosenbrock

1 Einleitung

Im Oktober 1987 wurde das ISDN-Pilotprojekt der Deutschen
Bundespost durch live-Verbindungen zwischen Mannheim und
Stuttgart einerseits und der "telecom 87" in Genf
andererseits der internationalen Fachwelt vorgestellt.
Etwa einen Monat später folgte mit dem ISDN Congress 87 in
Stuttgart die offizielle Präsentation des Pilotprojektes
durch den Bundesminister für das Post- und Fernmeldewesen
für die bundesdeutsche Öffentlichkeit.

Was ist eigentlich ISDN? Das Digitalisieren des
Fernsprechnetzes als eine wesentliche Voraussetzung des
ISDN, die im ISDN möglichen Dienste und die ISDN-Tarife
sollen zunächst behandelt werden, bevor im folgenden auf
die Pläne der Deutschen Bundespost zum Einführen des ISDN
im einzelnen eingegangen wird.

2 Das Digitalisieren des Fernsprechnetzes – eine wirtschaftliche Maßnahme

In Übereinstimmung mit der im Jahre 1979 getroffenen
Grundsatzentscheidung ist die Deutsche Bundespost z. Z.
dabei, das herkömmliche Fernsprechnetz mit allem Nachdruck
zu modernisieren; d. h. zu digitalisieren. Hierbei werden
insbesondere die analoge Übertragungstechnik und die
elektromechanische Vermittlungstechnik von der digitalen

Übertragungs- und Vermittlungstechnik abgelöst. Die Ende
der 70er Jahre theoretisch ermittelten wirtschaftlichen
Vorteile, die schließlich ausschlaggebend für die
Entscheidung zum Digitalisieren gewesen sind, werden
inzwischen durch die heutige Praxis nachhaltig bestätigt.

Abgesehen davon, daß die Grenzen der Leistungsfähigkeit
bei der Analogtechnik bezüglich der Verkehrskapazität,
Leistungsmerkmale, Zeichengabe und des Raumbedarfs
inzwischen erreicht worden sind, sprechen folgende Fakten
für die Digitalisierung:

o günstigere Preise (mit fallender Tendenz),

o niedrigere Betriebskosten,

o größere Leistungsfähigkeit und Flexibilität.

Berücksichtigt man den Sachverhalt, daß das Fernsprechnetz
z. Z. aus rd. 6 200 Orts- und 500 Fernvermittlungsstellen
(der Wiederbeschaffungswert hierfür wird z. Z. auf etwa
40 Mrd. DM geschätzt) und dem dazugehörigen umfangreichen
Leitungsnetz besteht, wird deutlich, daß das Digitalisieren des konventionellen Fernsprechnetzes ein gewaltiges
Rationalisierungsvorhaben der Deutschen Bundespost
darstellt, dessen Dauer z. Z. mit mehreren Jahrzehnten
veranschlagt wird. Aufgrund der derzeitigen Planungen wird
das gesamte Fernnetz etwa 2000 digitalisiert sein. Die
letzte elektromechanische Ortsvermittlungsstelle wird
dagegen erst im Jahre 2020 durch eine digitale Teilnehmer-
vermittlungsstelle ersetzt sein. Zum digitalisierten
Fernsprechnetz gehört auch noch ein leistungsfähiges
Zeichengabeverfahren, das CCITT-Zentralkanal-Zeichengabe-
system Nr. 7, auf das hier jedoch nicht näher eingegangen
wird.

Wichtig erscheint im diesem Zusammenhang noch der Hinweis, daß das Digitalisieren für sich allein - ohne jeden Bezug zum ISDN - bereits eine wirtschaftlich vorteilhafte Maßnahme ist.

Mit dem digitalisierten Fernsprechnetz stellt die Deutsche Bundespost mittel- bis langfristig eine attraktive und leistungsfähige fernmeldetechnische Infrastruktur bereit, die durch digitale Verbindungen zwischen der Ursprungs- und der Zielvermittlungsstelle mit einer Standardge- schwindigkeit von 64 kbit/s gekennzeichnet ist. Die Teilnehmeranschlußleitungen werden hierbei jedoch noch analog betrieben (s. Bild 1).

3   Was ist das ISDN?

Die Abkürzung "ISDN" steht für den weltweit eingeführten Begriff "Integrated Services Digital Network" und bedeutet ein universelles diensteintegrierendes digitales Fernmelde- netz, welches sich aus dem digitalisierten Fernsprechnetz entwickelt. Die Neuerung gegenüber dem digitalisierten Fernsprechnetz besteht im wesentlichen darin, daß beim ISDN auch noch die Teilnehmeranschlußleitung digitalisiert wird. Bemerkenswert ist hierbei, daß das bestehende Anschlußleitungsnetz zwischen der Ortsvermittlungsstelle und dem Fernsprechteilnehmer beim Digitalisieren unverändert genutzt werden kann.

Die Deutsche Bundespost verfügt mit ihren nahezu 30 Mio. Teilnehmeranschlüssen im Fernsprechnetz über eine außerordentlich dichte Infrastruktur, mit der bereits heute fast jeder potentielle ISDN-Teilnehmer erreicht werden kann. Hierbei ist zu beachten, daß das Anschlußleitungsnetz den größten Anteil aller bisherigen Investitionen für das Fernsprechnetz darstellt.

Das Digitaliseren erlaubt seinerseits wiederum ein
Mehrfachausnutzen der Teilnehmeranschlußleitung. Damit
ergibt sich nach der Grundsatzentscheidung der Deutschen
Bundespost, das herkömmliche Fernsprechnetz aus
wirtschaftlichen Gründen zu digitalisieren, folgerichtig
der Schluß, auch noch die millionenfach vorhandenen
Teilnehmeranschlußleitungen zu digitalisieren und damit
den entscheidenden Schritt zum ISDN zu gehen.

Das ISDN ist wesentlich gekennzeichnet von durchgehenden
transparenten digitalen Verbindungen mit einer Bitrate von
64 kbit/s von Endeinrichtung zu Endeinrichtung sowie durch
eine künftigen Anforderungen gewachsene neuartige Zeichengabe, das D-Kanal-Protokoll (s. Bild 2). Weitere wesentliche Merkmale des ISDN sind in Bild 3 zusammengestellt.

3.1   ISDN-Anschlüsse

Den Schlüssel zum ISDN stellt der sog. ISDN-Basisanschluß
(s. Bild 4) dar. Über die gewöhnliche Kupferdoppelader der
Teilnehmeranschlußleitung können in digitaler Form zwei
Nutzkreise, sog. Basiskreise B_1 und B_2 mit einer Bitrate
von je 64 kbit/s sowie ein zusätzlicher Steuerkreis D_0 mit
einer Bitrate von 16 kbit/s angeboten werden. Der Steuerkreis D_0 ist für ein außerordentlich leistungsfähiges
Zeichengabeverfahren auf der ISDN-Anschlußleitung vorgesehen, für das D-Kanal-Protokoll. Kennzeichnendes Merkmal
für den ISDN-Basisanschluß ist darüber hinaus die genormte
Teilnehmerschnittstelle S_0, die als "Universalsteckdose"
für verschiedene ISDN-Endeinrichtungen vorgesehen werden
kann.

An einen ISDN-Basisanschluß können bis zu 8 Endgeräte
angeschlossen werden, dabei sind neben Einzeldienstendgeräten auch Mehrdiensteendgeräte vorstellbar (s. Bild 5).

Neben dem ISDN-Basisanschluß gibt es auch noch
Primärmultiplexanschlüsse (Digitalsignalverbindungen mit
2 Mbit/s) mit 30 Basiskreisen für den Anschluß mittlerer
und großer Nebenstellenanlagen. Hierauf soll jedoch nicht
näher eingegangen werden. Damit ergeben sich im ISDN die
in Bild 6 zusammengestellten Anschlußarten - einschließlich des analogen Anschlusses (a/b).

Ausgehend von den - hier nicht dargestellten - erheblichen
Vorteilen, die sich bereits durch das Digitalisieren des
Fernsprechnetzes ergeben, wird nun erläutert, welche
allgemeinen Gründe außerdem noch für die Integration von
Fernmeldediensten im ISDN sprechen:

o Vermeiden eigener Netze für verschiedene Dienste,

o wirtschaftliches Ausnutzen der Einrichtungen des
  digitalisierten Fernsprechnetzes, insbesondere der
  Kupferdoppelader beim Teilnehmeranschluß,

o das ISDN bietet neue bzw. verbesserte Dienste und
  Dienstmerkmale verhältnismäßig schnell und zu geringen
  zusätzlichen Kosten an,

o Abwickeln mehrerer Dienste auf einem einzelnen Anschluß,

o wahlweises Benutzen zweier Basiskreise,

o gleichzeitige Kommunikation zweier Endgeräte.

3.2 Die möglichen Fernmeldedienste im ISDN

Mit der Standard-Übermittlungsrate von 64 kbit/s wird im
ISDN eine neue Generation von Fernmeldediensten
geschaffen, die eine Vielfalt neuer Möglichkeiten bietet
und die angebotene hohe Geschwindigkeit voll ausschöpft
(s. Bild 7). In das ISDN können grundsätzlich alle Dienste
übernommen werden, solange sie mit einer Bitrate von 64
kbit/s übertragbar sind, insbesondere jene Dienste, die
bereits im analogen Fernsprechnetz angeboten werden: Fernsprechen, Datenübermittlung, Fernkopieren sowie der Zugang
zu Bildschirmtext. Die Übertragungsgeschwindigkeit von
64 kbit/s ermöglicht eine höhere Übertragungs- und
Dienstgüte als in herkömmlichen Fernmeldenetzen
erreichbar. Außerdem profitieren insbesondere die
Nicht-Sprache-Dienste davon, daß die Information z. T.
erheblich schneller, z. B. 26 bis 53 schneller als bisher
und außerdem in besserer Qualität, übermittelt werden.

Den 64-kbit/s-Diensten kann im ISDN eine Fülle gemeinsamer
Dienstmerkmale angeboten werden (siehe hierzu auch 3.3).

3.2 1 Fernsprechen im ISDN

Vergleicht man den Fernsprechdienst im ISDN mit dem des
analogen oder dem des gemischten analogen/digitalen
Fernsprechnetzes, so profitieren der Fernsprechdienst im
ISDN insbesondere von der digitalen Ende-zu-Ende-Über-
mittlung. Die höhere Übertragungsgüte führt zu einer
besseren Verständlichkeit. Ein verbessertes Signal-Ge-
räusch-Verhältnis sorgt für ein störungsfreies Gespräch.

Den bisherigen Betrachtungen liegt eine unveränderte
Fernsprechbandbreite von 300 bis 3 400 Hz zugrunde. Mit
Hilfe anderer oder erweiterter Codierverfahren wird es
künftig - auch bei einer Bitrate von 64 kbit/s - möglich
sein, eine höhere Sprachbandbreite, z. B. 7 kHz, zu
übertragen.

3.2.2 Datenübermittlung im ISDN

Die Bitrate von 64 kbit/s eröffnet für das Übermitteln von
Daten eine Vielfalt neuer Möglichkeiten im geschäftlichen
wie im privaten Bereich. Mit 64 kbit/s steht ein
außerordentlich leistungsfähiger Übertragungsweg zur
Verfügung, der ein Vielfaches dessen übertragen kann, was
heute üblich ist, z. B. 26mal soviel wie mit 2,4 kbit/s.
Es darf angenommen werden, daß eine ISDN-Standard-Daten-
übermittlung mit 64 kbit/s dazu beiträgt, die zur Zeit
vorhandene Vielzahl unterschiedlicher Übertragungsgeschwindigkeiten mittelfristig entscheiden zu verringern und
damit eine spürbare Produktbereinigung zu erzielen - mit
wirtschaftlichen Vorteilen im Endgerätebereich.

Im Geschäftsbereich wird die 64-kbit/s-Datenübermittlung
die Bürokommunikation stark mitgestalten. Auch in den
privaten Haushalten ergeben sich neue Anwendungsmöglichkeiten, z. B. durch den Anschluß von Heimcomputern für die
verschiedensten Zwecke.

3.2.3 Teletex im ISDN

Die schnellste Textübertragung bei der Deutschen
Bundespost findet zur Zeit im Teletexdienst des
integrierten Text- und Datennetzes statt. Mit einer
Bitrate von 2,4 kbit/s werden dort etwa 8 Sekunden für das

Übermitteln einer DIN-A4-Seite benötigt. Bei 64 kbit/s
wird hierfür die Größenordnung "kleiner als 1 Sekunde"
erreicht. Der (64-kbit/s-)Teletexdienst im ISDN wird
sich besonders für die künftige Bürokommunikation eignen,
bei der es entscheidend darauf ankommt, eingehende
Informationen in der jeweils zweckmäßigsten Art darzustellen, zu verändern, zu ergänzen, weiterzusenden usw.

3.2.4 Telefax im ISDN

Die heutigen Kopier- oder Telefaxdienste leiden darunter,
daß - unabhängig von der verfügbaren Geräteklasse - für
das Übermitteln einer DIN-A4-Seite noch 1 bis 3 Minuten
benötigt werden. Im ISDN sieht es dagegen wesentlich
günstiger aus. Mit der ISDN-Bitrate werden - bei einer
besseren Güte der Fernkopierer als heute üblich - nur noch
10 bis 1 Sekunde(n) für das Fernkopieren eine DIN-A4-Seite
gebraucht. Bei dieser Fernkopiergeschwindigkeit, die schon
fast die Größenordnung heutiger ortsgebundener Kopierge-
räte erreicht, eröffnen sich weitere Anwendungsmöglichkeiten, insbesondere im Bereich einer zeitgemäßen
Bürokommunikation.

3.2.5 Bildschirmtext im ISDN

Der Bildschirmtext wird mittel- bis langfristig erheblichen Nutzen aus der höheren Übertragungsgeschwindigkeit
ziehen können, z. B. durch schnelleren Bildwechsel und
bessere bildliche Darstellung als bisher (fotografische
Betriebsweise). Hierfür sind jedoch noch entsprechende
Anpassungsmaßnahmen bei den Bildschirmtextvermittlungs-
stellen und bei den Endgeräten erforderlich.

3.2.6 Bilddienste im ISDN

Die Ausführungen zum Telefax- und zum Bildschirmtextdienst
sind zum Teil auch hier anwendbar. Es ist eine Reihe
unterschiedlicher Anwendungen vorstellbar, z. B.:

o Festbildübermittlung,
o langsames Bewegtbild (Bildwechsel z. B. alle
8 Sekunden), o Fernzeichnen und
o Fernskizzieren.

3.2.7 Fernwirken im ISDN

Hinter dem Begriff "Fernwirken" verbirgt sich eine Reihe
bedeutsamer Anwendungen, z. B. Alarme, Fernüberwachen,
Fernsteuern und Zählerablesen. Die Deutsche Bundespost
untersucht zur Zeit geeignete Einsatzmöglichkeiten im
herkömmlichen Fernsprechnetz (TEMEX) und wird attraktive
Fernwirkdienste später auch im ISDN anbieten.

3.2.8 Mischkommunikation im ISDN

Ein weiterer Vorteil des ISDN kommt mit dem gleichzeitigen
Verbund oder der Kombination mehrerer Dienste oder
Kommunikationsarten zu einem neuen (Mischkommunikations-)
Dienst zum Tragen. Im folgenden werden zwei mögliche
Beispiele vorgestellt:

o Text- und Bildübermittlung ("Textfax" mit 64 kbit/s
  gemeinsam)

o Sprache- und Bildübermittlung ("Bildfernsprecher mit
  zweimal 64 kbit/s)

Die Deutsche Bundespost wird bestrebt sein, die hier
vorgestellten 64-kbit/s-Dienste im ISDN mit Vorrang
einzuführen, weil sie große Vorteile für den Kunden bieten
und außerdem in wirtschaftlicher Weise bereitgestellt
werden können. Dabei bietet sich ein schrittweises
Vorgehen an, d. h. die hier aufgeführten **möglichen** Dienste
werden nicht schlagartig, sondern zeitlich gestaffelt
nacheinander eingeführt werden. Für die einzelnen
Fernmeldedienste im ISDN müssen allerdings zum Teil noch
beachtliche Normungsaufgaben geleistet werden.

3.3 Mögliche Dienstmerkmale im ISDN

Dienstmerkmale sind Unter- oder Teilnehmen eines Dienstes.
Sie werden durch technische Leistungsmerkmale des
Fernmeldenetzes und/oder der Endgeräte realisiert. Jeder
Dienst im ISDN kann durch eine Reihe von Dienstmerkmalen
ergänzt und gekennzeichnet werden. Im folgenden werden
einige Dienstmerkmale beispielhaft aufgezählt:

o Anklopfen; d. h. Warten auf das Freiwerden des
  B-Teilnehmers mit besonderem akustischen und/oder
  optischen Hinweis

o Umlenken der Verbindung im Besetztfall

o Umleiten der Verbindung zu einem anderen Anschluß

o Anrufweiterschaltung

o Registrieren ankommender Verbindungswünsche

o Konferenzverbindungen

o Geschlossene Benutzergruppe

o Identifizieren der Rufnummer des A-Teilnehmers

3.4 Endgeräte im ISDN

Der Erfolg eines Fernmeldedienstes hängt entscheidend von
der Anziehungskraft und Leistungsfähigkeit der hierfür
vorgesehenen Endgeräte ab. Beide Seiten, Netz und
Endeinrichtungen, können sich gegenseitig stark
beeinflussen. Das Schlimmste, was sich hier im Rahmen
eines "Henne-Ei-Konfliktes" einstellen könnte, wäre, wenn
sowohl vom Netzbetreiber als auch von den Endgeräte-
herstellern ängstlich darauf gewartet würde, daß die
Gegenseite die jeweils benötigten Voraussetzungen
schaffte, bevor man selbst geeignete Maßnahmen einleitete.
Um derartige Mißverständnisse gar nicht erst aufkommen zu
lassen, hat die Deutsche Bundespost bereits frühzeitig die
deutsche Fernmeldeindustrie von ihren Absichten bezüglich
des ISDn unterrichtet und geeignete Maßnahmen ergriffen,
um das rechtzeitige Entwickeln von ISDN-Endgeräten
anzustoßen.

Insbesondere bei der Bürokommunikation werden neben der
Sprache immer stärker auch andere Informationsarten
- Text, Bild, Daten - verwendet. Ein Kunde, der eine Reihe
verschiedener Fernmeldedienste nutzt, setzt heute für
jeden Dienst ein eigenes Endgerät ein. Hierbei sind
einzelne Funktionselemente, wie z. B. Wähltastatur,
Bildschirm, Display, Schreibtastatur, Ein- und Ausgabe-
einheiten, bereits mehrfach in den verschiedenen
Einzeldienstendgeräten vorhanden.

Es liegt daher nahe, verschiedene Fernmeldedienstse in einem Endgerät zusammenzufassen, das damit ein Mehrdiensteendgerät oder auch Multifunktionsterminals wird. Es zeichnet sich dadurch aus, daß Endgerätekomponenten für verschiedene Dienste mehrfach ausgenutzt werden.

Damit ergibt sich eine Mischung von Kommunikationsarten, die zu einer funktionalen Integration verschiedener Nachrichtenformen in einem Endgerät und damit auch zu Raumersparnis führt.

Es ist eine außerordentliche Vielfalt von Mehrdienste - endgeräten vorstellbar (s. Bild 8). So können z. B. Fernsprechen und Bildschirmtext in einem Bildschirmtelefon abgewickelt werden. Desgleichen könnten Teletex und Telefax zu "Textfax" kombiniert werden. Ein weiteres Zusammenfassen ergäbe z. B. ein Mehrdiensteendgerät für Fernsprechen, Bildschirmtext, Telefax, Teletex und "Textfax".

Vorhandene Endgeräte können mit Hilfe von Endgeräteanpassungen an das ISDN angeschlossen werden (vgl. Bild 9).

3.5 ISDN-Tarife

Die Deutsche Bundespost hat bereits im Herbst 1985 - also rund drei Jahre vor Aufnahme des ISDN-Serienbetriebs - erste Tarife des ISDN im Entwurf der Telekommunikationsordnung veröffentlicht. Die Telekommunikationsordnung ist inzwischen vom Verwaltungsrat der Deutschen Bundespost genehmigt worden.

Inzwischen sind folgende ISDN-Gebühren verordnet worden:

o einmalige Anschlußgebühr   130,- (200,-) DM

o monatliche Grundgebühr   74,- (518,-) DM

Die Werte in Klammern geben die Gebühren für den
Primärmultiplexanschluß an. Ansonsten sind die Gebühren
für den ISDN-Basisanschluß angegeben.

Die monatliche Grundgebühr enthält die Gebühr für alle
Fernmeldedienste, jedoch nicht für die Endgeräte.

Als Verkehrsgebühren für die Wählverbindungen sollen die
heute üblichen Fernsprechgebühren einheitlich für alle
(leitungsvermittelten) Fernmeldedienste im ISDN angewandt
werden. Bei den Gebühren für Festverbindungen im ISDN ist
eine Anpassung an die Gebühren für Wählverbindungen
vorgenommen worden.

Die meisten der im ISDN angebotenen Dienstmerkmale werden
mit der monatlichen Grundgebühr abgegolten. Lediglich bei
wenigen Dienstmerkmalen sind Extra-Gebühren zu entrichten.

4 Was hat der Kunde/Anwender vom ISDN?

Im folgenden werden die wesentlichen Vorzüge des ISDN aus
Anwendersicht zusammengestellt:

o Verbesserte und neue Fernmeldedienste

Die genormte Übermittlungsrate von 64 kbit/s wird in der
Regel dazu führen, daß ein vorhandener Dienst mit
höherer Geschwindigkeit und/oder mit größerer Güte
benutzt werden kann. Es ist sicherlich möglich, daß
künftig noch Dienste entwickelt werden, die man sich
heute vielleicht noch nicht vorstellen kann.

o Verbesserte und neue Dienstmerkmale

Jeder Dienst im ISDN kann auf Grund des hohen Maßes an
Intelligenz im Netz (rechnergesteuerte Vermittlungsstellen, Zentralkanalzeichengabesystem Nr. 7,
D-Kanal-Protokoll) durch eine Reihe verbesserter und
neuer Dienstmerkmale im ISDN angereichert werden, was zu
einem Erhöhen der Bequemlichkeit oder zu weiteren
Annehmlichkeiten für den Kunden führen kann.

o Abwickeln mehrerer Fernmeldedienste

- über eine Teilnehmeranschlußleitung (bis zu acht
  Endgeräte anschließbar),

- mit einer einheitlichen Rufnummer für alle Dienste,

- mit einer günstigen monatlichen Grundgebühr.

o Wahlweises Benutzen von zwei Basiskreisen beim
ISDN-Basisanschluß.

o Gleichzeitiges Abwickeln zweier Dienste (simultane
Kommunikation) über eine Teilnehmeranschlußleitung.

o Verwirklichen der einheitlichen Kommunikationssteckdose;
d. h. jedes Fernmeldeendgerät im 64-kbit/s-ISDN kann mit
dem gleichen Stecker an die gleiche einheitliche
Steckdose angeschlossen werden. Beweglichkeit der
Endgeräte (mitnehmbar, auf dem Weltmarkt beschaffbar).

o Das ISDN schafft mit seinen Diensten und Dienstmerkmalen
Voraussetzungen für eine zeitgemäße Bürokommunikation.

o Auf Grund der genormten Kommunikationssteckdose wird ein
  starker Erneuerungsschub im Bereich der ISDN-Endgeräte
  erwartet, der noch durch den Wettbewerb begünstigt wird.
  Entwicklung zu leistungsfähigen und raumsparenden
  Mehrdiensteendgeräten ist zu vermuten.

o Günstige ISDN-Gebühren

  Ggf. sind heutige Anwendungen den künftigen
  ISDN-Gebühren anzupassen.

o Mit dem ISDN wird die Deutsche Bundespost dem Anwender
  eine leistungsfähige fernmeldetechnische Infrastruktur
  bereitstellen. Der Kunde und Anwender wird sicherlich
  untersuchen, inwieweit er seine Arbeitswelt und ggf.
  auch seine Organisation den veränderten Bedingungen
  anzupassen hat, z. B. für eine neuzeitliche
  Bürokommunikation. Hierbei ist auch ein Dezentralisieren
  der Arbeit, z. B. in Richtung Heimarbeit, denkbar.

Das ISDN mit dem Konzept des Netzabschlusses und der
genormten Teilnehmerschnittstelle begünstigt ein
Liberalisieren im Endgerätebereich und fördert wiederum
die technische Innovation. ISDN-Endgeräte verstärken die
Nachfrage nach neuen und verbesserten Diensten und
Dienstmerkmalen und stellen somit einen bedeutenden
wirtschaftlichen Faktor dar.

5 ISDN-Einführung bei der Deutschen Bundespost

5.1 Das ISDN-Pilotprojekt

Um das einwandfreie Funktionieren aller neuen Komponenten
im ISDN zu testen, wird von der Deutschen Bundespost ein
ISDN- Pilotprojekt in den Ortsnetzen Mannheim und

Stuttgart mit jeweils 400 Basis-Anschlüssen durchgeführt.
In Zusammenarbeit mit ihren Kunden erprobt die Deutsche
Bundespost ISDN, um damit für die Aufnahme des
Wirkbetriebes Erfahrungen zu sammeln.

Je Pilotprojekt-Standort sind von der Deutschen Bundespost
im Laufe des Jahres 1987 folgende Endgeräte bereitgestellt
worden:

o ISDN-Telefone (2 800)

o ISDN-Endgeräte für

   - Telefax
   - Teletex
   - "Textfax" (mixed-mode)

o ISDN-Mehrdiensteendgeräte
  (insgesamt 112 Nicht-Fernsprech-Endgeräte)

o Endgeräteanpassungen zum Anschluß vorhandener Endgeräte
  (z. B. Fernkopierer, Modem, Bildschirmtext und
  Datenendgeräte).

Die ISDN-fähigen digitalen Vermittlungsstellen laufen sehr
zufriedenstellend. Z. Z. sammeln die Teilnehmer am
Pilotprojekt ihre Erfahrungen mit den neuen Endgeräten und
Anwendungen. Außerdem wird der ISDN-Anwenderteil des
CCITT-Zeichengabesystems Nr. 7 intensiv getestet.

5.2 Der ISDN-Serienbetrieb

Die Deutsche Bundespost beabsichtigt, gegen Ende 1988 den
ISDN-Serienbetrieb in acht großen Ortsnetzen (in Hamburg,
Berlin, Hannover, Düsseldorf, Frankfurt, Stuttgart,

Nürnberg und München) aufzunehmen. Der ISDN-Serienbetrieb
wird im November 1988 in Hamburg und Stuttgart begonnen.
Es folgen dann pro Monat etwa zwei weitere Ortsnetze. In
jedem dieser Ortsnetze werden zunächst etwa 1 000 ISDN-
Anschlüsse bereitgestellt (s. Bild 10). In den Folgejahren
sollen alle Neubaumaßnahmen für digitale Vermittlungstechnik im Rahmen der Digitalisierung des Fernsprechnetzes
mit ISDN-Leistungsmerkmalen ausgestattet sein. Die bisher
bereits eingerichteten digitalen Vermittlungsstellen
werden in den Jahren 1990 und 1991 auf ISDN-Fähigkeit
erweitert. Im Jahre 1993 wird die Deutsche Bundespost dann
voraussichtlich in der Lage sein, eine bundesweite
ISDN-Flächendeckung zu gewährleisten. In diesem Zusammenhang wird noch einmal daran erinnert, daß es unmöglich
ist, alle rd. 6 700 Vermittlungsstellen schlagartig zu
digitalisieren und mit ISDN-Leistungsmerkmalen auszu-
rüsten.

Außerdem wird an dieser Stelle - um die Erwartungshaltung
der Kunden nicht zu noch zu schrauben - nochmals darauf
hingewiesen, daß nicht mit Beginn des ISDN-Regelbetriebs
alle theoretisch möglichen Fernmeldedienste (s.
Abschnitt 3.2) bereits angeboten werden können. Man
bedenke bitte, daß das ISDN ein Jahrzehnte dauerndes
Projekt ist und daß sich die Deutsche Bundespost bemühen
wird, bereits 1988 einige attraktive Dienste, z. B.
Fernsprechen, Datenübermittlung, Teletex und Telefax, im
ISDN anzubieten (s. Bild 11). Hierbei ist insbesondere
abzuwarten, inwieweit es gelingen wird, die hierfür
benötigten dienstekompatiblen Endgeräte rechtzeitig und
preiswert bereitzustellen. Die Zeitangaben in Bild 11 für
die Diensteinführung ab 1990 sind Zielvorstellungen aus
dem Jahr 1985. Sie werden z. Z. aktualisiert.

5.3 Planungssicherheit für den Anwender

Wenn die Deutsche Bundespost frühzeitig mit ihren
ISDN-Plänen an die Öffentlichkeit herantritt, möchte sie
ihre Kunden rechtzeitig über die zukünftige Entwicklung
unterrichten, damit die Anwender sich mit den Neuerungen
im Bereich der Telekommunikation vertraut machen und ggf.
die erforderlichen Voraussetzungen für die spätere
Übernahme schaffen können.

Jeder Kunde, der z. B. heute Teilnehmer eines
herkömmlichen Fernmeldedienstes im integrierten Text- und
Datennetz werden möchte, hat bei der Deutschen Bundespost
die Sicherheit, diesen Dienst auch noch etwa ein Jahrzehnt
lang nutzen zu können. Es ist also in jedem Fall besser,
bereits heute Teilnehmer bei einem guten Fernmeldedienst
der Deutschen Bundespost zu werden als auf einen noch
besseren Dienst in der Zukunft (im ISDN) zu warten.

6 Die Weiterentwicklung des ISDN

Gegen Mitte des nächsten Jahrzehnts, wenn Glasfaserkabel
und optische Systeme wirtschaftlich konkurrenzfähig
werden, kann das ISDN durch Breitbandeinrichtungen derart
erweitert werden, daß eine Integration aller 64-kbit/s-
und breitbandigen Nutzungsformen möglich ist.

Wesentliche Bestandteile des ISDN, wie z. B. die Zeichengabe auf der Anschlußleitung und zwischen den Vermittlungsstellen, die Steuerung der Vermittlungsstellen,
Gebührenerfassung, Netzsynchronisation, Stromversorgung
und Übertragungstechnik in der Fernebene, sind auch für
den Einsatz künftiger Breitbandkommunikation geeignet.
Außerdem benötigen Breitbanddienste die gleiche Struktur

wie das 64-kbit/s-ISDN. Somit empfiehlt sich das
Weiterentwickeln des ISDN zu einem Breitband-ISDN, bei
dem die Kupferkabel auf der Teilnehmeranschlußleitung
durch Glasfaserkabel ersetzt und die Vermittlungsstellen
mit hochintegrierten Breitbandkoppelnetzen ergänzt werden.

Wie das ISDN erfordert auch ein Breitband-ISDN eine
umfassende nationale und internationale Standardisierung.
Nur so lassen sich zukunftsträchtige und wettbewerbsfähige
vermittelte Breitbandnetze schaffen, weil durch die
Mitbenutzung der ISDN- Einrichtungen Doppelinvestitionen
vermieden werden.

Durch jüngste Entwicklungen im Bereich der Vermittlungstechnik hat sich jedoch z. Z. bei der Standardisierungs-
arbeit eine gewisse Verunsicherung und damit auch eine
zeitliche Verzögerung ergeben. Daher kann eine Breitband-
ISDN-Serientechnik nicht mehr vor 1995 erwartet werden.

In einem derart integrierten Breitband-Fernmeldenetz
könnten schließlich - nach einer Weiterentwicklung - sogar
Fernseh- und Hörfunkprogramme verteilt werden.

Es macht aber z. Z. wenig Sinn, über den übernächsten
Schritt nachzudenken, wenn der nächste Schritt noch mit
sehr viel Unsicherheiten verbunden ist.

Das Informationszeitalter hat begonnen. Die Deutsche
Bundespost entwickelt hierzu geeignete Strategien und
Konzepte, um die Chancen der neuen Technologien konsequent
zu nutzen.

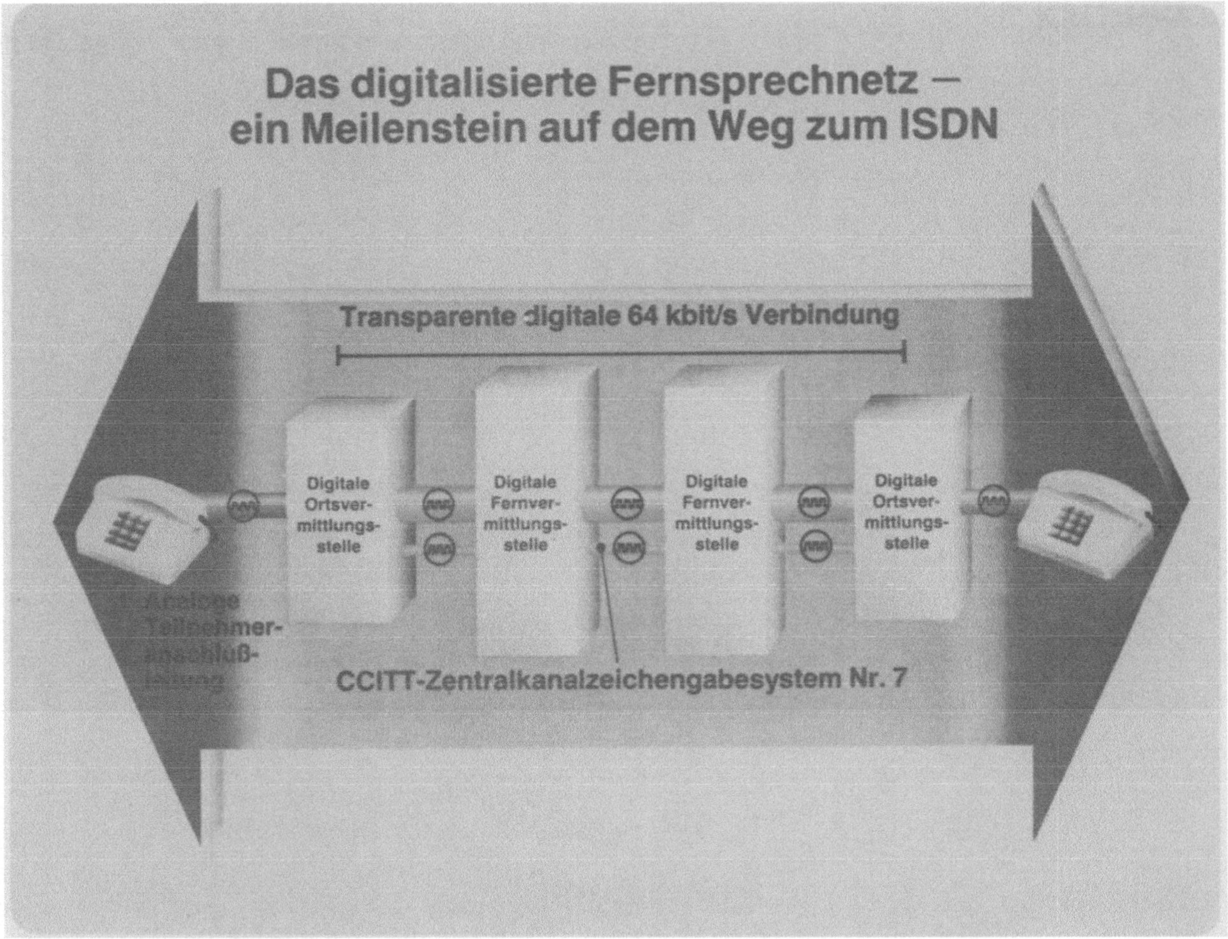

Bild 1: Das digitalisierte Fernsprechnetz – ein
Meilenstein auf dem Weg zum ISDN

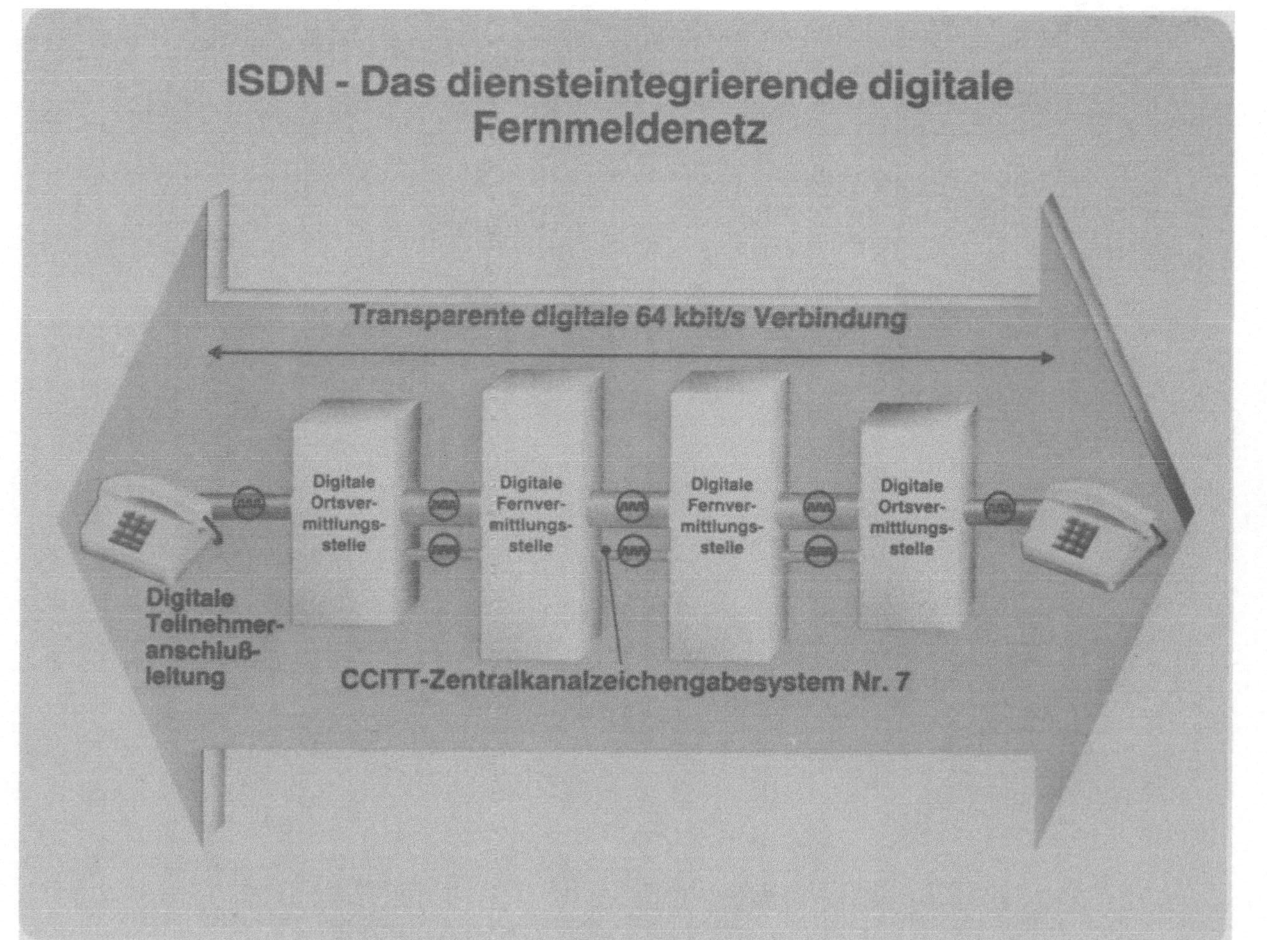

Bild 2:   ISDN - Das diensteintegrierende digitale
Fernmeldenetz

Post

Grundmerkmale des ISDN

- Die Übertragungs- und Vermittlungstechnik im ISDN ist einheitlich für alle Dienste: digital

- Sprache, Daten, Text und Bilder können digital übermittelt werden

- Übertragen aller Telekommunikations-Dienste über ein gemeinsames Netz

- Alle Dienste verfügen über die gleichen Dienstmerkmale

- Alle Dienste laufen über einen Teilnehmeranschluß, d.h. über eine einzige Rufnummer

- Für alle Endgeräte gibt es einen einheitlichen Netzanschluß: die Kommunikationssteckdose

Bild 3:   Grundmerkmale des ISDN

 Post

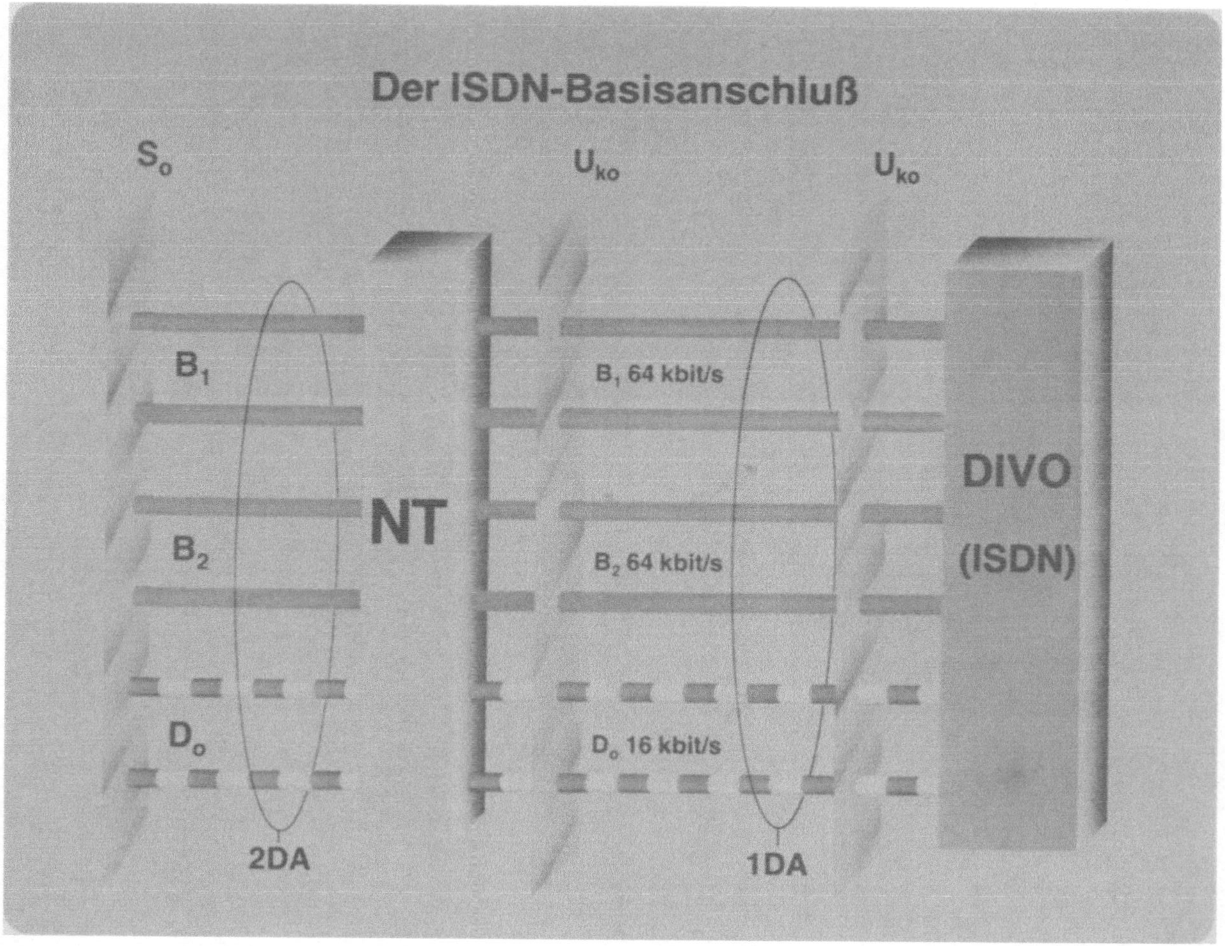

Bild 4:   Der ISDN-Basisanschluß

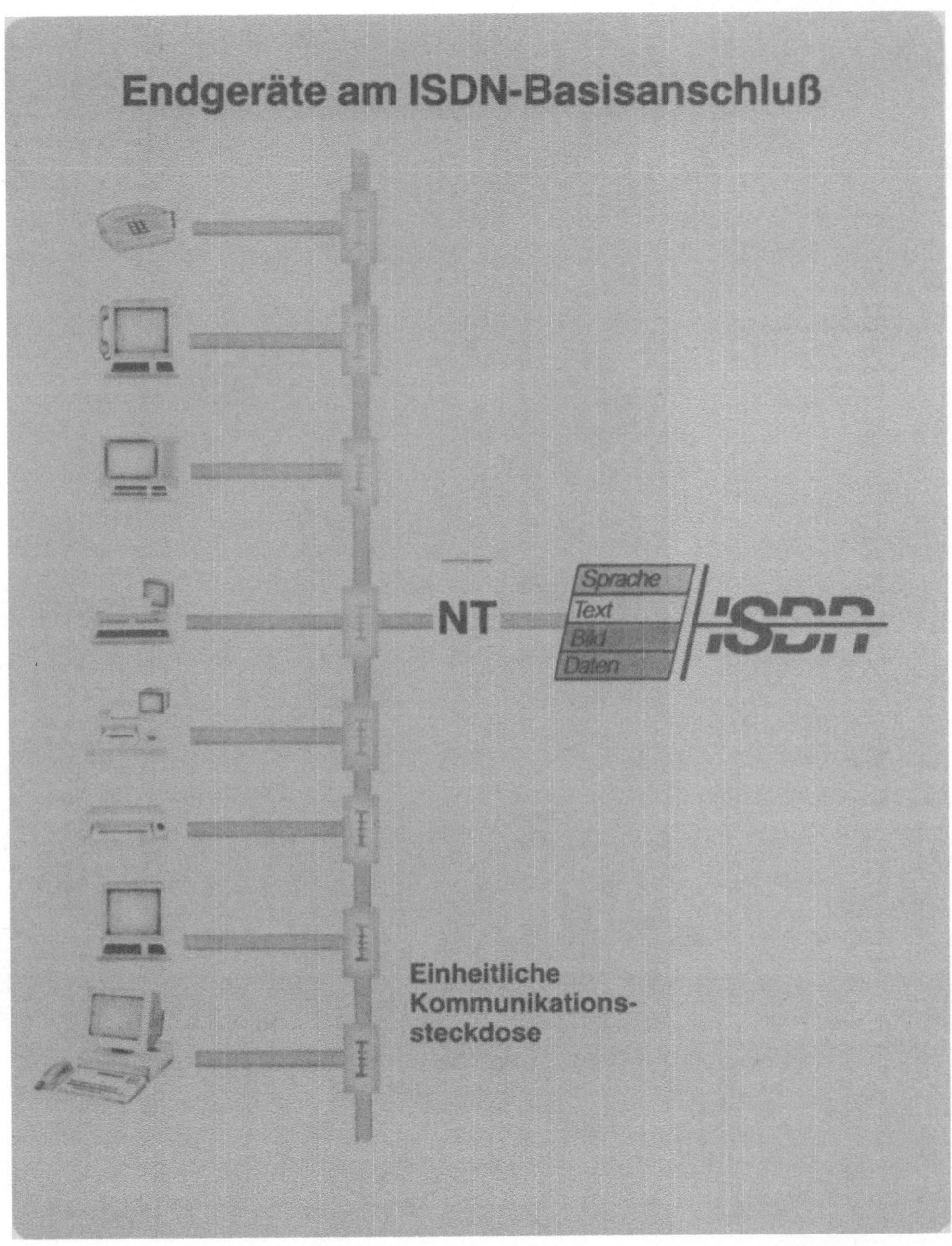

Bild 5:   Endgeräte am ISDN-Basisanschluß

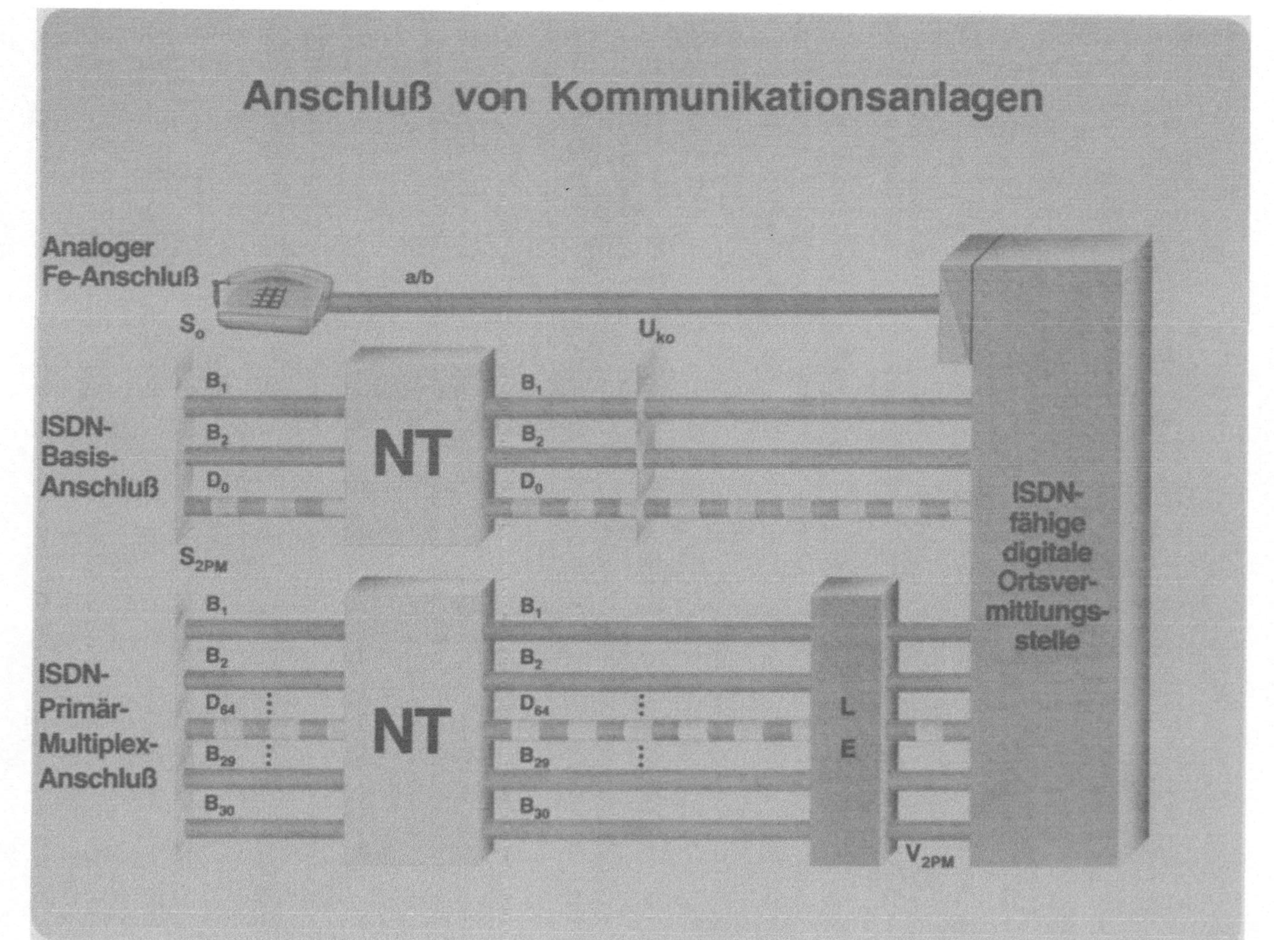

Bild 6:   Anschluß von Kommunikationsanlagen

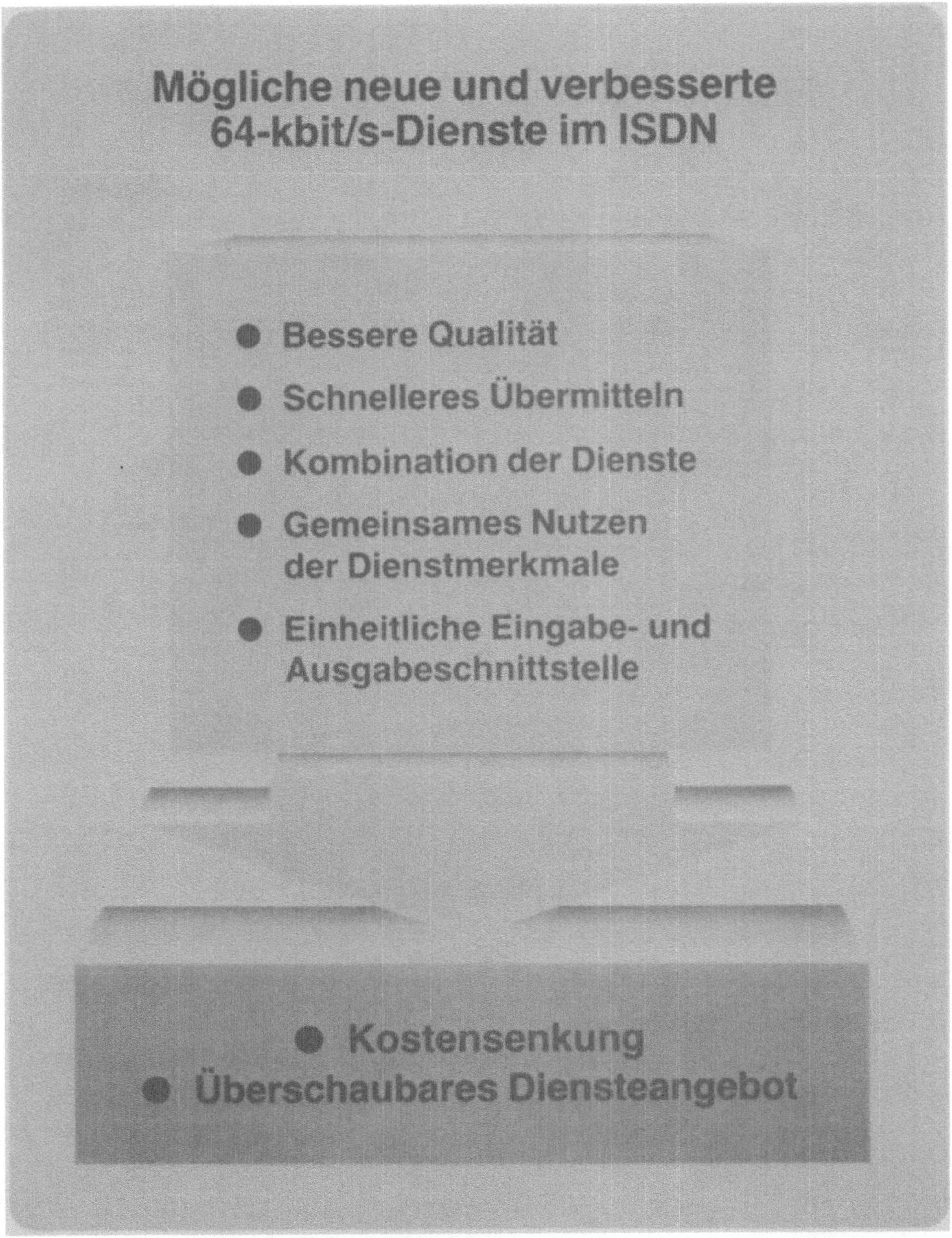

Bild 7: Mögliche neue und verbesserte 64-kbit/s-Dienste im ISDN

Post

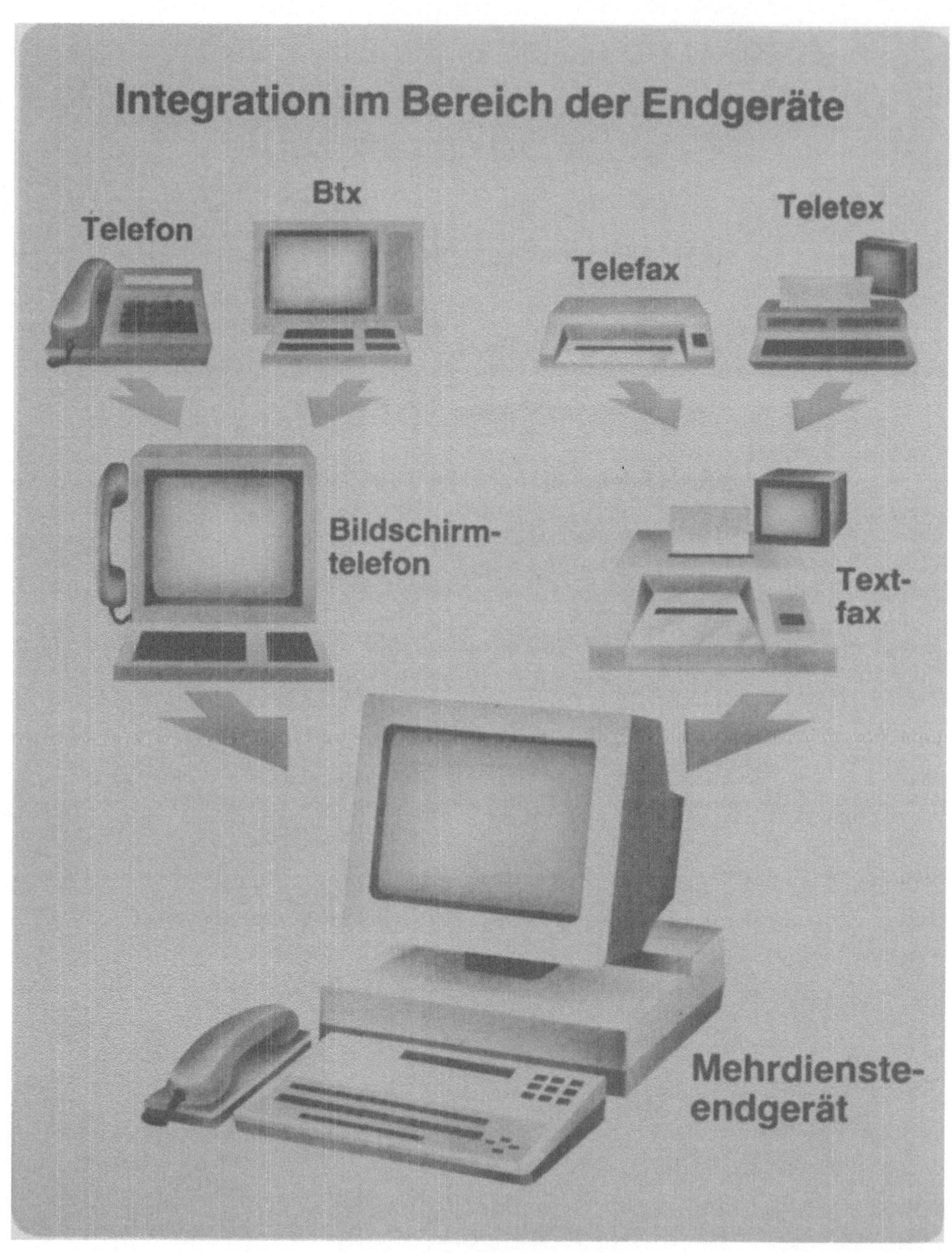

Bild 8:   Integration im Bereich der Endgeräte

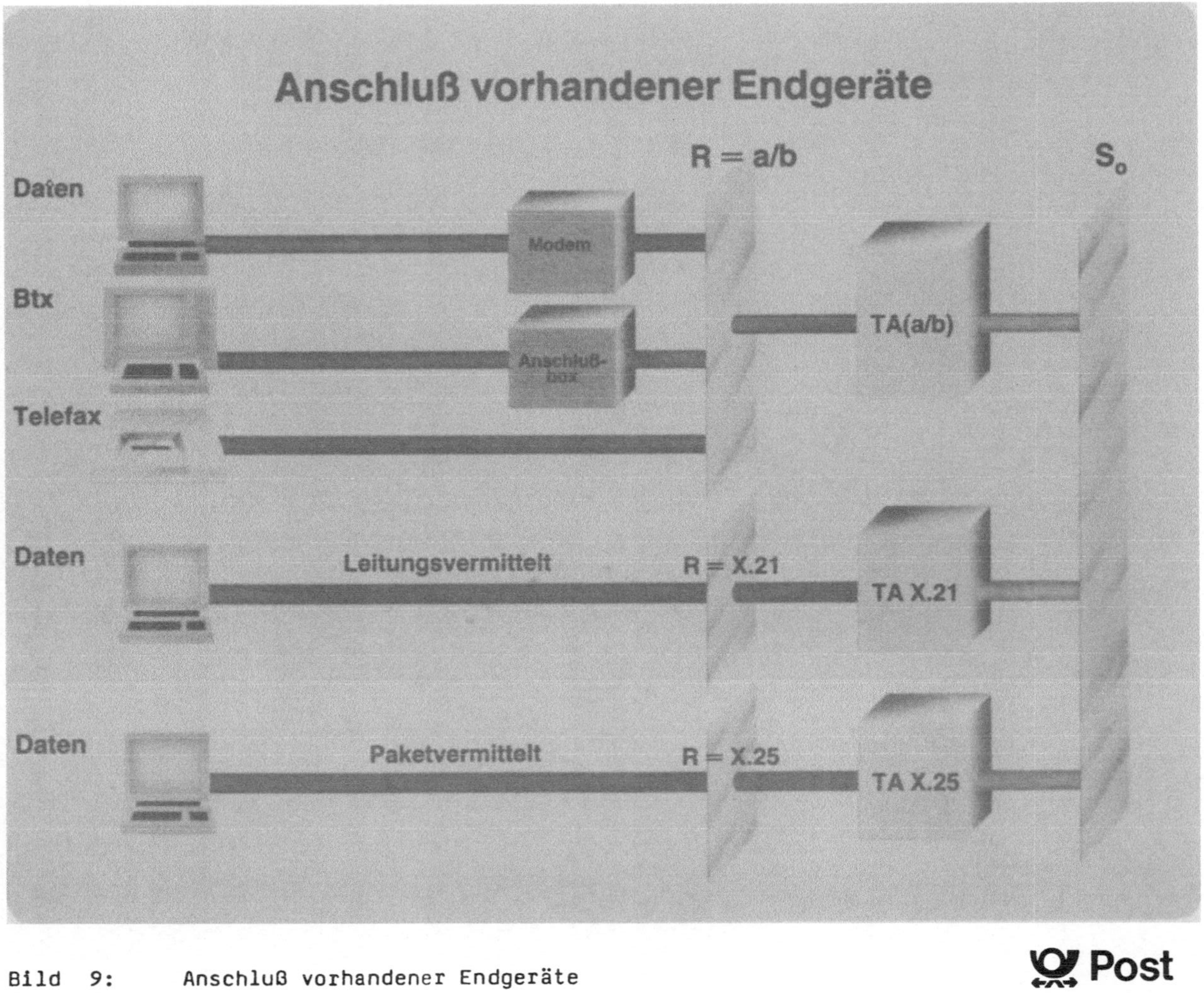

Bild 9: Anschluß vorhandener Endgeräte

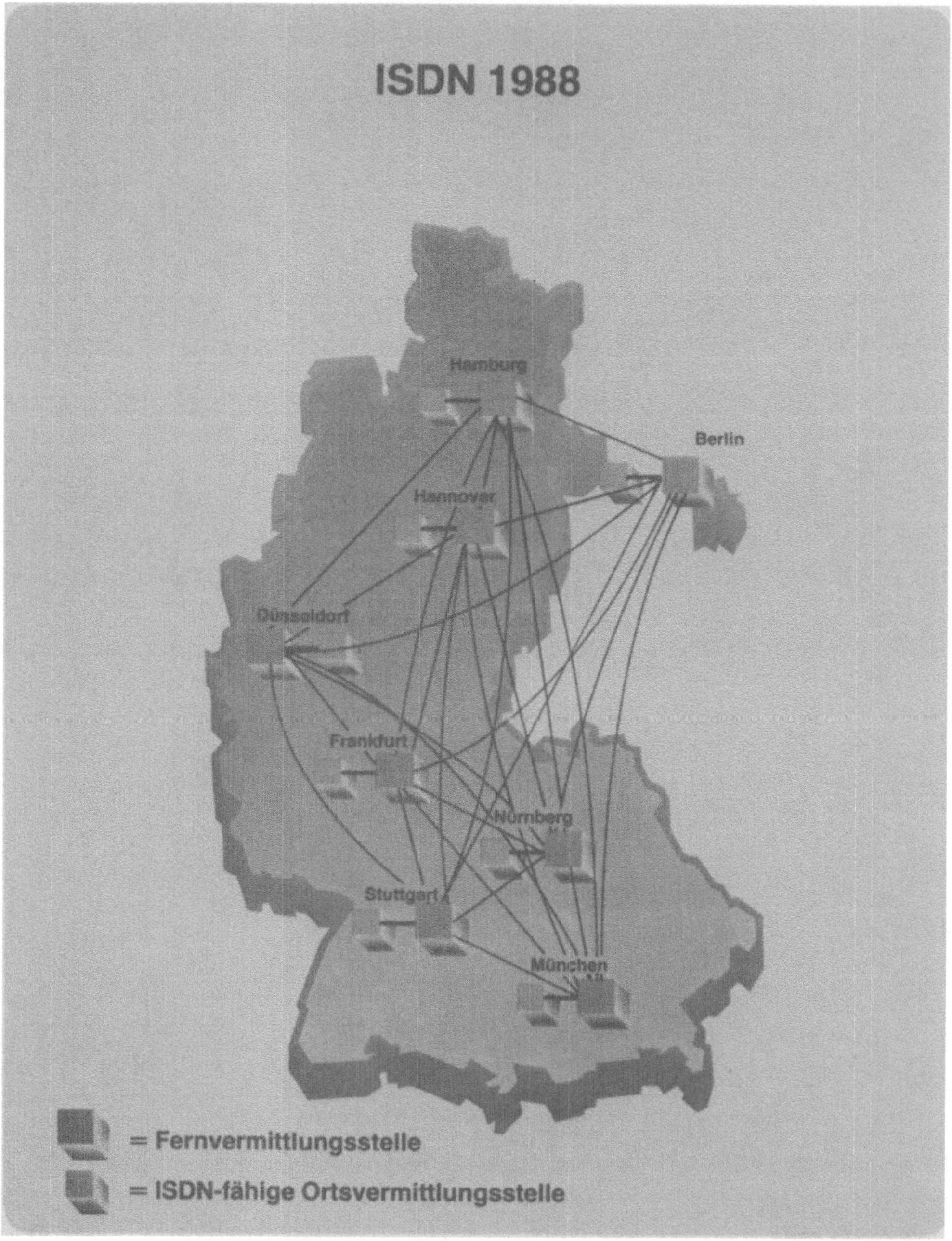

Bild 10:   ISDN 1988

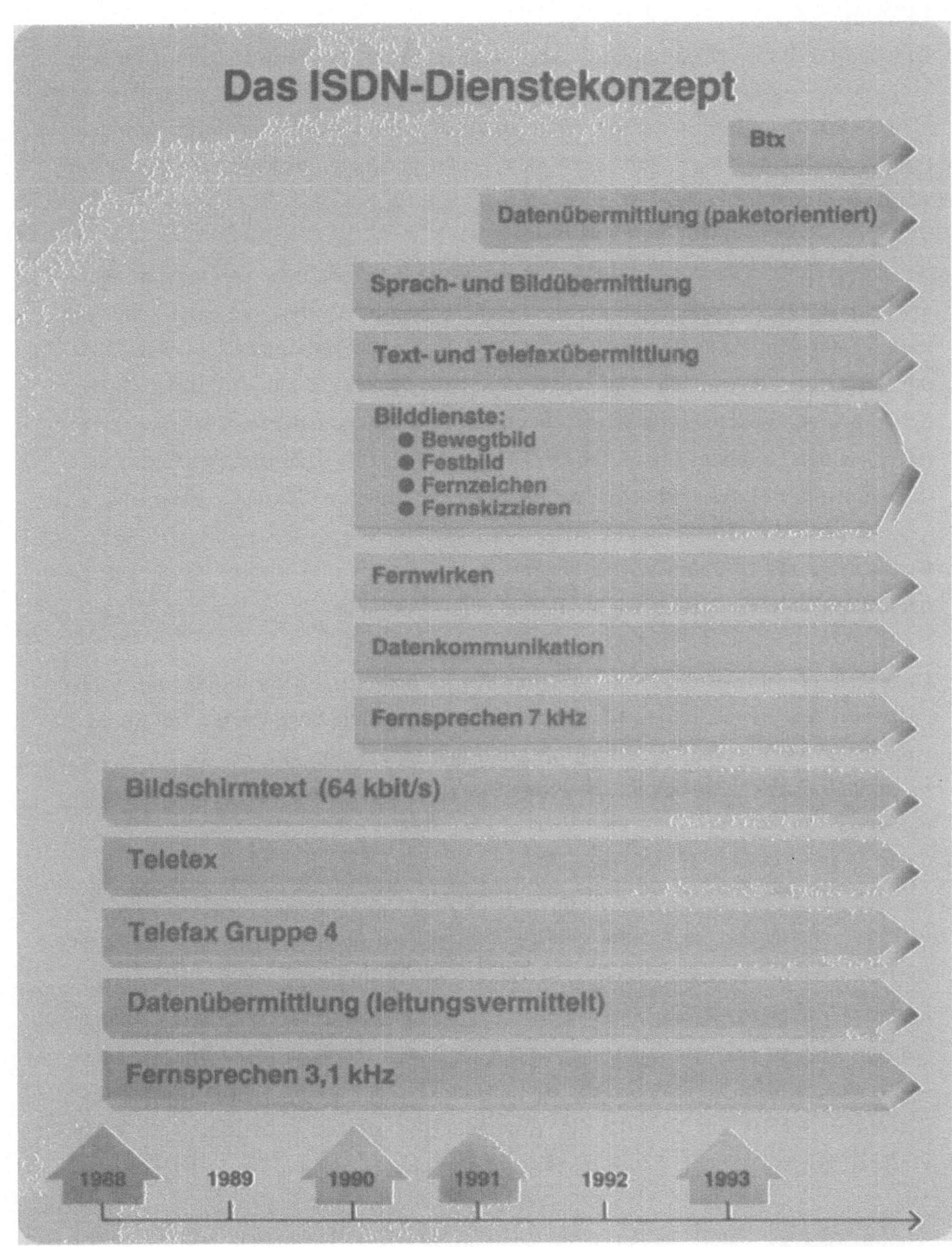

Bild 11:   Das ISDN-Dienstekonzept

Post

Stand und Bedeutung der Informationsverarbeitung in einem komplexen Handelsunternehmen

U. Kiel

Die Quelle-Datenverarbeitung ist, zumindest in Deutschland, ein Unikat. Sie umfaßt ausgefeilte Systeme für Kaufhäuser und Filialketten, die Anwendungspalette von zwei unterschiedlich strukturierten Banken und einige Versicherungsaktivitäten - vor allem aber sehr große und komplexe Systeme für unser Versandgeschäft.

Besonders im Versand hat Quelle eine lange EDV-Tradition: So liegt es heute mehr als 30 Jahre zurück, daß im Quelle-Versand in Nürnberg die erste kommerzielle Real-Time-Anlage der Welt in Betrieb genommen wurde. Sie war Mitte der fünfziger Jahre von SEL nach den Plänen des Quelle-Gründers Gustav Schickedanz konstruiert worden, nachdem es unter anderem IBM abgelehnt hatte, einen solchen Computer zu entwickeln. Das IBM-Management hatte damals keine weiterführenden Marktchancen für Anlagen dieser Art gesehen.

Kaum mehr als 10 Jahre später begann dann, wie wir alle wissen, der Siegeszug der Online-Datenverarbeitung in aller Welt.

Unsere Real-Time-Anlage von 1957 bewältigte seinerzeit schon die Bestandsführung von bis zu 45.000 Artikeln des Quelle-Katalog-Sortiments; sie war als Herzstück der Versandabwicklung bis 1969 mit zufriedenstellender Verfügbarkeit in Betrieb. Danach wurde sie durch ein Real-Time-System auf IBM-Computern der Serie 360 abgelöst.

Da wir zu dieser Zeit schon über zehn Jahre entsprechende Erfahrung hatten, war es naheliegend, daß diese zweite Quelle-Real-Time-Generation, die unter Leitung von Dr. Franz Großbach entwickelt wurde, in bezug auf Funktionsreichtum und Integrationsgrad 1969 die Spitzenposition kommerzieller Dialog-Anwendung in Europa einnahm. Unser System konnte seinerzeit an Spitzentagen schon über eine Million Online-Transaktionen bewältigen. Auf dieser Basis haben wir dann Schritt für Schritt die Anwendungen weiter entwickelt, die unser vielschichtiges Geschäft heute tragen.

Quelle verfügt damit neben einigen Luftfahrt-Gesellschaften, wie American Airlines, über die längste Erfahrung mit mächtigen transaktionsorientierten Systemen im kommerziellen Bereich.

Entsprechend haben sich Wissensstand und Bewußtsein der Führungskräfte der Quelle-Gruppe in bezug auf die Datenverarbeitung ausgeprägt: Unser Management aller Ebenen ist nach über 30 Jahren EDV-Nutzung in seiner Urteilsfähigkeit und im Umgang mit der Datenverarbeitung in einem anderen Reifestadium, als dies in vielen Unternehmen der Fall ist.

Dies drückt sich in einer entsprechenden Erwartungshaltung gegenüber der Informations-Versorgung aus und hat sicher wesentlich mit dazu beigetragen, den Stand der Quelle-EDV auf hohem Niveau zu erhalten.

Ich habe meinen Vortrag in vier Abschnitte gegliedert:

1. Die Quelle-Datenverarbeitung im Spannungsfeld von Datenmasse und Individualität,

2. Besonderheiten der Quelle-Datenverarbeitung

3. Datenverarbeitung und Unternehmens-Strategie,

4. Grundregeln der EDV-Politik bei Quelle.

1. Die Quelle-Datenverarbeitung
im Spannungsfeld von Datenmasse und Individualität

Innerhalb eines breiten Aufgabenspektrums besteht die bedeutendste Aufgabe der Quelle-Datenverarbeitung darin, dafür zu sorgen, daß im Versandgeschäft über zehn Millionen Kunden auf hohem Service-Niveau bedient werden können.

Kein Unternehmungstyp im tertiären Sektor ist heute stärker auf intensiven Computer-Einsatz angewiesen als ein Universalversender, insbesondere wenn er im Verbund mit stationären Verkaufseinheiten mit teilweise identischen Sortimenten operiert.

Die Entwicklung unseres Versandgeschäfts, das nach wie vor mit rund zwei Drittel des Gesamtvolumens stärkstes Bein der Quelle-Gruppe ist, hat dazu geführt, daß massive Computer-Unterstützung insbesondere für Kunden-Kommunikation, Verkaufsunterstützung und Logistik mit immer noch steigender Tendenz erforderlich wurde. Dabei haben sich Geschäfts-System und EDV-System permanent gegenseitig befruchtet und stimuliert.

Darüberhinaus entstanden vielfältige zusätzliche Anforderungen an die Datenverarbeitung durch die immer stärker werdende Diversifizierung der Quelle-Gruppe seit den 70er Jahren, einschließlich der grundlegenden Umstrukturierung des ursprünglichen Nachnahme-Versands zu einem Versandverkauf gegen offene Rechnung an jedermann.

Das erste Jahrzehnt EDV-Anwendung bei Quelle war ganz dem Versand gewidmet und stand überwiegend im Zeichen der Sicherung der Warenverfügbarkeit.

Das zweite war überwiegend dem Versand gewidmet und diente der Expansion von Kunden-Basis und Sortiments-Angebot sowie der Weiterentwicklung von Vertriebssystem und Logistik.

Das dritte Jahrzehnt DV-Einsatz, das gerade hinter uns liegt, stand im Zeichen der Diversifizierung in stationäre Handelssparten und der Individualisierung der Kunden-Beziehungen sowie der Intensivierung des Kunden-Service im Versand.

Das Ergebnis dieser Entwicklungen ist heute eine sehr umfangreiche und vielschichtige EDV-Anwendung, die sicherstellt, daß ein großes Handels- und Dienstleistungs-Geschäft sehr individuell und kommunikations-intensiv mit Millionen Kunden betrieben werden kann. (Bild 1)

Sie sehen, meine sehr verehrten Damen und Herren, daß die Quelle-Gruppe heute alles andere als ein Monolith ist; sie ist ein weit diversifizierter Handels- und Dienstleistungs-Konzern, der unter Einschluß unserer Finanzdienstleistungen rund zwei Dutzend Sparten umfaßt. Ich werde mich im folgenden allerdings im Schwergewicht auf die Datenverarbeitung für unser Versandgeschäft beschränken.

Unser Universalversand steht im unmittelbaren Wettbewerb mit den anderen Großversendern, Warenhäusern, Fachmärkten, den Betriebsformen der "grünen Wiese" und mehreren hundert Spezialversendern in Deutschland.

Das bedeutet, daß wir uns im Wettbewerb sowohl in preislicher Hinsicht mit allen Großen als auch insbesondere hinsichtlich Flexibilität und Service-Fähigkeit mit den Kleinen messen müssen – eine herausfordernde strategische Aufgabe, die von der Datenverarbeitung intensiv unterstützt werden muß.

Unser Versand ist trotz seiner systemimmanenten Kundenferne in dem ausgeprägten Käufermarkt unserer Zeit auch heute noch deswegen bestens wettbewerbsfähig, weil es uns früh gelungen ist, eine umfassende Unterstützung aller marktnahen Unternehmensfunktionen mit leistungsfähigen Datenverarbeitungssystemen zu erreichen.

Dazu mußten wir unter anderem ein riesiges Volumen von Einzelinformationen aus vielen Millionen einzelnen Kundenbeziehungen transparent verfügbar machen und mit den verschiedenen Teilsystemen unseres vielschichtigen Vertriebsapparates **online** vernetzen. Nur so konnten wir unser ursprüngliches Geschäft, den weitgehend anonymen Nachnahmeversand, in ein System individueller Kundenbeziehungen überführen.

Unser Versand ist dadurch innerhalb weniger Jahre zu einem ausgeprägten Dialoggeschäft geworden, bei dem wir zu jedem Zeitpunkt sehr individuell mit jedem einzelnen Kunden kommunizieren können.

Dies gilt für alle Phasen und Formen des Kundenkontaktes - von der immer feiner und differenzierter durchgeführten Werbe-Ansprache über die direkte Verkaufsabwicklung bis hin zu den verschiedenen Leistungen im After-Sale-Service.

Diese grundlegende Veränderung eines großen Geschäftssystems in kurzer Zeit ist ein Paradebeispiel für Informationstechnik als Strategie-Motor. In unserem Fall ist Massen-Marketing in bezug auf Millionen und Abermillionen Kundenbeziehungen innerhalb weniger Jahre sozusagen ins Mega-Marketing überführt worden, bei dem jedes einzelne Informationselement für künftige Kundenkontakte individuell genutzt wird.

Unsere Datenverarbeitung hat diese große Veränderung im Spannungsfeld zwischen zunehmender Komplexität und zunehmender Dynamik sehr erfolgreich bewältigt.

Unsere Umsatz-Milliarden entstehen aus -zig Millionen Kleingeschäften, eingebettet in eine noch größere Zahl von Kundenkontakten, bei denen das Funktionieren unserer Informationssysteme Grundvoraussetzung ist.

Betrachten wir als besonders markantes Beispiel dafür einmal die sechs Millionen Bestellungen im Mensch/Maschine-Dialog pro Jahr, die ich Ihnen eben gezeigt habe. Hierbei handelt es sich überwiegend um die Bestell-Dialoge für die Kunden unserer 4.500 Bestell-Agenturen, das sind kleinere Läden, die Quelle in Deutschland neben den großen Warenhäusern und Verkaufsstellen unterhält.

Bei diesen Bestellungen findet der Dialog zwischen unseren Agentur-Kunden und unseren zentralen Datenbanken über Telefonadapter und Sprachausgabe-Prozessoren statt.

Diese Geschäfte kämen zum Großteil - ähnlich wie die Bildschirmtext-Bestellungen - überhaupt nicht zustande, wenn unsere Dialog-Systeme nicht in vollem Umfang verfügbar wären.

Weniger kritisch, aber wegen der unmittelbaren Kundenwirkung ähnlich bedeutend, ist die Systemunterstützung für die 10 Millionen telefonischen Bestellvorgänge pro Jahr, die fast die Hälfte unseres Geschäftsvolumens im Versand auslösen.

Man kann feststellen, daß wohl in keinem Unternehmenstyp eine vollständigere Spiegelung des Geschäfts-Systems im EDV-System besteht als im Versandhandel. Die Leistungsfähigkeit der Systeme wird bei Quelle an Spitzentagen von über 300.000 Kunden in wichtigen Leistungselementen konkret und direkt erlebt und beeinflußt die Bereitschaft, auch künftig wieder bei Quelle zu kaufen.

In unseren kundenbezogenen EDV-Anwendungen stehen für den Versand -zig Millionen Datenelemente aus Vertrieb, Logistik, Kundenbetreuung und Kunden-buchhaltung in voll integrierter Vernetzung für einige tausend Mitarbeiter an über 300 Quelle-Standorten in Deutschland online zur Verfügung; ausgewählte Teile dieser Systeme darüberhinaus für unsere 4.500 Bestell-Agenturen. Dadurch können wir jede denkbare Kundenanfrage jederzeit überall in Deutschland sofort verbindlich beantworten, und es gibt so gut wie keinen Ort mehr in der Bundesrepublik, von dem aus man nicht zum Orts-oder Nahtarif mit unseren EDV-unterstützten Verkaufs- und Service-Mitarbeitern telefonieren könnte. Außerdem haben wir als erstes Unternehmen in Deutschland bereits 1980 unseren Kunden den direkten Dialog mit unseren Sortiments- und Logistik-Datenbanken und etwas später auch mit kunden-individuellen Finanzdaten über Bildschirmtext im Rechnerverbund angeboten.

In unseren Informationsverbund sind auch unsere 200 Kaufhäuser und Verkaufs-stellen mit einbezogen. Die Basis hierfür bietet unser umfassendes Point-of-Sales-System, das wir als erstes Großunternehmen des Handels in Europa bereits 1976 für alle unsere stationären Einheiten eingeführt hatten. Über dieses System wickeln wir seit Jahren ein großes Warenvolumen sowohl innerbetrieblich als auch direkt zum Kunden innerhalb von 48 Stunden ab.

Diese Hinweise, meine sehr verehrten Damen und Herren, können nur einen groben Blick auf die Filigranstruktur der Quelle-Systeme geben, die ein sehr, sehr großes Datenvolumen nach unterschiedlichen Anwendungsgesichtspunkten integrierend zusammenfügen. Dabei gehen die Verbindungen von der selektiven Werbung über Prognose-Systeme, Warenwirtschafts-und Logistik-Anwendungen bis hin zu differenzierten Finanzdienstleistungen in unserem Bank- und Versiche-rungs-Geschäft. Dies alles fügt sich zu einer weitgehend integrierten Benutzer-oberfläche für unsere Kunden zusammen.

Auf einige der <u>grundsätzlichen</u> Besonderheiten der Quelle-Datenverarbeitung möchte ich jetzt zu sprechen kommen.

2. Besonderheiten der Quelle Datenverarbeitung

In unseren Online-Systemen werden sehr unterschiedliche Transaktionen mit so hoher Frequenz abgewickelt, daß wir die erforderlichen Antwortzeiten nicht mit marktgängigen Datenbanksystemen erreichen konnten, denn schon vor über zehn Jahren mußten wir in starken Stunden über 200.000 Transaktionen unterschiedlicher Komplexität in unserem Real-Time-System bewältigen. Wir mußten daher Anfang der 70er Jahre eigene Transaktions-Steuerungs-Programme entwickeln, die wesentlich höhere Leistungen ermöglichten als die Datenbanksysteme, die seinerzeit am Markt verfügbar waren.

Auch der Einsatz höherer Programmiersprachen war und ist im Kernbereich der Programme für unseren Universalversand außerordentlich unwirtschaftlich – dies gilt natürlich nicht für die kleineren Anwendungen.

Wir setzen daher auch heute noch überwiegend die Programmiersprache Assembler ein und haben damit das Wachstum der Maschinen-Kapazitäten über viele Jahre ganz entscheidend begrenzen können.

Um dafür nicht den Preis hoher Personalaufwendungen in der Systementwicklung zahlen zu müssen, hat die Quelle-Datenverarbeitung Anfang der 70er Jahre einen Meta-Assembler entwickelt, den wir QAL (Quelle Assembler Language) nennen. Diese Meta-Sprache minimiert den Personalaufwand ziemlich genau auf das Niveau von PL/I und bewahrt alle Vorteile der maschinen-nahen Programmiersprache in bezug auf die Rechner-Kapazitäten.

Dies sind zwei Beispiele aus einer großen Zahl von Quelle-eigenen Sonderentwicklungen, die in der Vergangenheit unumgänglich waren, um die Anforderungen unseres Geschäftes mit den Angeboten des EDV-Marktes insbesondere in den siebziger Jahren in Einklang zu bringen.

Vor rund 20 Jahren lagen wir nach Größe unserer zentralen Computer-Installation ungefähr auf Platz 6 oder 7 in Deutschland, heute stehen wir trotz expansiver Geschäftsentwicklung der Quelle wahrscheinlich irgendwo auf Platz 60 oder 70. Auf diese Entwicklung sind wir besonders stolz, denn dadurch haben wir für unser Unternehmen über viele Jahre sehr viel Geld gespart.

Die aktuellen Trends in bezug auf die Leistungen von Hardware und Betriebs-
systemen bieten jetzt erfreulicherweise auch für Anwender wie Quelle alle
Voraussetzungen, um die Anwendungen unter Einsatz von Standard-Angeboten
der EDV-Hersteller wirtschaftlich weiter zu entwickeln.

Wenn wir einmal kurz aus der technischen Perspektive die Quelle-Datenverarbeitung betrachten, so zeigt sich folgendes Bild. (Bild 2)

Diese technische Perspektive sagt natürlich so gut wie nichts über Funktionalität und Nutzen der Systeme. Diese Qualitätsmerkmale müssen sich unter anderem in der Akzeptanz-Bewertung durch die Benutzer im Unternehmen beweisen,
die mit zunehmender Erfahrung auch zunehmend urteilsfähiger und zugleich
kritischer werden.

Die Quelle-Informationssysteme haben eine hohe Benutzerakzeptanz. Dies
ist mehrmals auch durch externe Audits und zuletzt 1985 durch McKinsey
umfassend und tiefgehend untersucht und festgestellt worden.

Die Akzeptanz gilt sowohl für die hochintegrierten Transaktions-Systeme
als auch für die viel weniger problematische Informationsversorgung kleinerer
Sparten und die administrativen Anwendungssysteme.

Ein ganz wesentlicher Erfolgsfaktor unserer EDV liegt darin, daß unsere Datenverarbeitung im Laufe der Entwicklung ihren Service für die sehr unterschiedlichen Anforderungen aus unseren Geschäftssystemen differenziert zu gestalten
gelernt hat. Bei so massiven Anwendungssystemen wie im Universalversand,
muß unter anderem extrem hohe Aufmerksamkeit auf Transparenz, Sicherheit,
Antwortzeitverhalten, Datensicherung und Rekonstruktionsfähigkeit der Systeme
gelegt werden. In einem solchen Umfeld muß daher eine perfektions-orientierte
Arbeit der Systementwickler und Rechenzentrumsmitarbeiter selbstverständlich
sein.

In dieser Grundhaltung liegt auf Dauer allerdings die Gefahr, schwerfällig
zu werden und damit die Benutzer-Akzeptanz zu verlieren. Insbesondere jüngere
aufstrebende Sparten sind diesbezüglich verständlicherweise hochsensibel.

Unser DV-Management hat die strategische Bedeutung einer den unterschiedlichen Anforderungen individuell angepaßten Systementwicklungs-Methodik erkannt, ohne die grundsätzlichen Software-Engineering-Aspekte aus den Augen zu verlieren: Für die Realisierung komplexer Großvorhaben werden daher wesentlich andere Regeln angewandt als beispielsweise für mittlere und kleinere Anwendungen außerhalb der Großsystem-Umgebung.

Eine Besonderheit für unsere Quelle-EDV besteht auch darin, daß viele der physischen und informativen Vorgänge zu integrierten Systemen zusammengefügt worden sind. Sie können nicht mehr in herkömmlicher Weise sequentiell oder isoliert weiterentwickelt und eingesetzt werden.

Wir müssen berücksichtigen, daß unsere Kunden unsere Informations- und Logistik-Systeme als umfassenden Service in ganzheitlichen Vorgängen erleben und daß sie jede wesentliche Systemveränderung unmittelbar wahrnehmen. Dementsprechend muß bei der Fortentwicklung dieser Systeme die ressort-übergreifende Gestaltung von Daten und Ablaufprozessen aus Kundensicht im Vordergrund stehen. Dieser Aspekt hat bei uns ganz besonders große Bedeutung.

Wenn ich sage: "...ressort-übergreifend aus Kundensicht ...", dann bedeutet das in bezug auf die Fortentwicklung der Systeme, die einen hohen Integrations- und Reifegrad erreicht haben, daß die Zielsetzungen zahlreicher Unternehmensbereiche harmonisiert werden müssen.

Durch die Integration ist ressort-übergreifende Infrastruktur entstanden. In einem Unternehmen wie Quelle darf die EDV daher längst nicht mehr in relativ isolierten Kooperationen mit einzelnen Unternehmensbereichen die Systeme weiterentwickeln. Dies muß durch einen relativ breit angelegten Managementprozeß abgesichert werden, innerhalb dessen sich der EDV-Chef als Informationsmanager intensiv für den Konsens aller betroffenen Unternehmensbereiche engagiert.

Ich komme nun zum dritten Abschnitt ...

3. Datenverarbeitung und Unternehmens-Strategie

Wir legen das von unserer EDV zu realisierende Aufgabenspektrum seit 20 Jahren im Top-Management, d.h. heute in einer Vorstandskommission Datenverarbeitung fest. Darin sind fünf von insgesamt sieben Vorstandsressorts der Quelle-Gruppe durch das jeweilige Vorstandsmitglied einschließlich des Vorstandsvorsitzenden und zwei Ressorts durch einen Direktor vertreten.

Die Kommission tagt zweimal im Jahr und konzentriert sich auf die Steuerung des Anwendungs-Portfolios. Außerdem wird der Kommission das EDV-Budget als Vorabinformation für die Entscheidung im Budgetierungsprozeß für das Gesamtunternehmen vorgelegt und erläutert.

Der Portfolio-Entscheidung vorgeschaltet ist jeweils ein Vorschlag des Direktionsbereichs Organisation und Datenverarbeitung hinsichtlich der zu beschliessenden Netto-Kapazität der Systementwicklung, unterteilt nach Eigenentwicklung und Fremdkapazität.

Dem Kapazitäts-Vorschlag für neue Projektaufgaben liegt die Evaluierung jedes einzelnen Projektvorhabens nach strategischen und wirtschaftlichen Gesichtspunkten zugrunde.

Auf der Basis dieser Vorklärung, in der die Datenverarbeitung unter anderem die DV-strategischen Gesichtspunkte der Datenstrukturierung und Prozeßgestaltung vertritt, erfolgt im nächsten Schritt die unternehmens-strategische und betriebswirtschaftliche Bewertung des Vorhabens.

Bei dieser Einordnung wirken der oder die beantragenden Fachbereiche, die Direktionsbereiche Datenverarbeitung, Controlling und Unternehmens-Strategie zusammen. Der Vorstandskommission werden dementsprechend nur Projekte vorgestellt, die in bezug auf strategische Bedeutung, technische Abgrenzung, Realisierungsaufwand und Wirtschaftlichkeitserwartung bewertet sind. Dabei kommt es im Vorfeld keineswegs immer zum Konsens in bezug auf die Einschätzung der unternehmens-strategischen Bedeutung, so daß manchmal die erste Aufgabe der Vorstands-Kommission darin besteht, die strategische Bewertung endgültig vorzunehmen.

So sieht nach aktuellem Stand die Kapazitäts-Zuordnung für neue Projektaufgaben bei Quelle aus: 75% unserer Entwicklungs-Kapazität werden in strategisch und wirtschaftlich hochwertige Projekte gesteuert. (Bild 3)

Unser Entscheidungsprozeß mag auf den ersten Blick etwas kompliziert und vielleicht sogar bürokratisch erscheinen, ich darf Ihnen aber versichern, meine sehr verehrten Damen und Herren, daß diese Prozedur auf denkbar einfache Weise abgewogene sachgerechte Entscheidungen auf Vorstandsebene sicherstellt.

Der Aufwand des Gesamt-Vorstands für die anwendungs-strategische Steuerung unserer Datenverarbeitung erfordert nicht mehr als zwei halbe Tage pro Jahr.

Ich kann jedem größeren Anwender von Datenverarbeitung aus meiner Erfahrung nur dringend empfehlen, solche oder ähnliche Prozeduren zu entwickeln und in einen routinemäßigen Top-Management-Prozeß zu führen.

Nach meiner Auffassung läßt sich auf diese Weise die Bündigkeit zwischen Unternehmens-Strategie und EDV-Strategie einfach und wirksam herstellen. Ohne diese Bündigkeit, meine sehr verehrten Damen und Herren, können Sie letztlich nicht auf Dauer zu einem zufriedenstellenden Einsatz der Datenverarbeitung im Unternehmen kommen. Insofern ist diese Verfahrensfrage viel mehr strategisch als bürokratisch.

Wo Planungs- und Entscheidungsprozesse dieser oder ähnlicher Art wirksam werden, entsteht in relativ kurzer Zeit ein gutes Gespür des Top- und Geschäftsbereichs-Managements für die strategischen Einsatzmöglichkeiten der EDV. Gleichzeitig entwickelt sich das Verständnis des Datenverarbeitungs-Managements für die Belange von Top-Management und Sparten-Management.

Wenn zugleich die technische und organisatorische Beherrschung der Datenverarbeitung auf entsprechendem Niveau gesichert ist, sind die optimalen Voraussetzungen für die erfolgreiche Nutzung der EDV für die Unternehmensstrategie erfüllt.

Ich komme nun zu meinem vierten Punkt "Grundregeln der EDV-Politik bei Quelle".

4. Grundregeln der EDV-Politik bei Quelle

Insbesondere im tertiären Sektor steigt die Zahl der großen und auch kleineren Unternehmen, deren Unternehmenserfolg unmittelbar von der Beherrschung komplexer EDV-Systeme abhängt.

Verstehen Sie mich bitte nicht falsch: Ich bin weit davon entfernt, etwa für ein Primat der EDV im Funktionsgefüge von Handels- oder Dienstleistungsunternehmen zu plädieren. Aber man muß erkennen, daß in Unternehmen wie Luftfahrt-Gesellschaften und Großversendern, Banken und Versicherungen eine gut funktionierende Datenverarbeitung von existenzieller Bedeutung ist. Für Unternehmen dieser Art ist der Markterfolg auf Dauer nur mit einer Datenverarbeitung hoher Qualität zu erreichen. Dafür müssen meines Erachtens einige <u>Grundregeln</u> kompromißlos erfüllt werden. Für das Beispiel Quelle lassen sie sich wie folgt zusammenfassen: (Bild 4)

1. Die Portfolio-Steuerung der großen DV-Vorhaben muß Aufgabe des Gesamtvorstands sein.

2. Die Datenverarbeitung muß von einem EDV-erfahrenen Mitglied des Vorstands vertreten werden.

3. Der EDV-Bereich muß fundierte Kenntnisse der Geschäftssysteme des Unternehmens haben.

4. Die EDV-Nutzer müssen sich über eigene EDV-erfahrene Mitarbeiter eigenes DV-Wissen verfügbar machen.

5. Die Entwicklung von Systemen muß in allen Phasen Team-Arbeit zwischen Fachbereichen und EDV-Bereich sein.

6. Das EDV-Management muß ressort-übergreifend Datenstrukturen und -Prozesse gestalten.

7. Alle EDV-Leistungen müssen in "endprodukt"-bezogener Preisstellung kalkuliert und verrechnet werden.

8. Für alle Anwendungssysteme müssen konkrete Leistungs-Vereinbarungen (Verfügbarkeiten, Kosten, Antwortzeiten, Termine) bestehen.

9. Die System-Technik im Entwicklungsprozeß (also der Einsatz von Verfahren, Methoden, Techniken und Tools) muß im EDV-Bereich hohen Stellenrang haben.

10. Dezentrale und individuelle Datenverarbeitung, also auch der Einsatz von Personal-Computern, müssen in klar definiertem Rahmen kontrolliert gefördert werden.

11. Komplexe Datenverarbeitung muß personen- und hersteller-unabhängig sein.

12. Das DV-Management muß sich gegen <u>Unter</u>versorgung und <u>Über</u>versorgung mit Informationen engagieren.

Wir bei Quelle befolgen diese Regeln seit Jahren mit großer Konsequenz. Wir sind überzeugt davon, daß diese EDV-Politik ein wesentlicher Erfolgsfaktor unserer Unternehmens-Strategie ist.

QUELLE-GRUPPE 1987

HANDELSUMSATZ	9.200 MIO DM
HANDELSUMSATZ INLAND	8.000 MIO DM
VERSANDUMSATZ INLAND	4.900 MIO DM

GROSSVERSANDHAUS QUELLE 1987

DIREKTUMSATZ MIT VERSANDKUNDEN	4.300 MIO DM
AKTIVE VERSANDKUNDEN	11.000 TSD
RECHNUNGSKUNDEN MIT INDIVIDUELLER KREDITLINIE	5.500 TSD
SELEKTIERTE WERBE-IMPULSE "DIRECT MAIL"	140.000 TSD

ANGEBOTENE ARTIKEL-POSITIONEN	220 TSD
VERSANDBESTELLUNGEN	24.000 TSD
- DAVON TELEFONISCH ONLINE COMPUTER-UNTERSTÜTZT	9.500 TSD
IM "MENSCH/MASCHINE"-DIALOG	6.000 TSD
SCHRIFTLICH	8.500 TSD
TAGESDURCHSCHNITT DER 4 SPITZEN-WOCHEN	160 TSD
DURCHSCHNITT DER 20 SPITZEN-TAGE	180 TSD
ARTIKELVERSAND IM SPITZENMONAT	12.000 TSD

BUCHUNGSPOSTEN IN DER KUNDENBUCHHALTUNG	80.000 TSD

STATIONÄRE VERKAUFS-/SERVICE-EINHEITEN MIT COMPUTER-VERBINDUNG	300 STÜCK

DATENVERARBEITUNG QUELLE

(NUR ZENTRALBEREICH: CA. 75% DER GRUPPE)

ZENTRALE COMPUTER (100 MIPS)	5 STÜCK
HAUPTSPEICHER	400 MEGA-BYTE
DIREKTZUGRIFFSSPEICHER (PLATTEN)	300 GIGA-BYTE
PROGRAMMLÄUFE (STEPS)	2,7 MIO
PROGRAMM/OPERATING-FEHLER MIT AUSSENWIRKUNG	56 STÜCK
ONLINE-TRANSAKTIONEN	550 MIO
BATCH-TRANSAKTIONEN	100 MIO
DRUCK-AUSGABE (BLATT)	350 MIO
MIKROFILM-AUSGABE (SEITEN)	350 MIO
TERMINALS PERMANENT ONLINE	7.500 STÜCK
TERMINALS TEMPORÄR ONLINE	4.500 STÜCK
DFÜ-LEITUNGEN (DATEX-L, DATEX-P, HFD, TELEFON)	1.250 STÜCK
SYSTEMVERFÜGBARKEIT (Ø 12 GRÖSSTE SYSTEME)	99 %
TRANSAKTIONSVERFÜGBARKEIT	98 %
DEZENTRALE COMPUTER	100 STÜCK
PERSONAL-COMPUTER	600 STÜCK
MITARBEITER SYSTEMENTWICKLUNG	320 PERSONEN
MITARBEITER DV-BETRIEB	180 PERSONEN
BUDGET	120 MIO DM

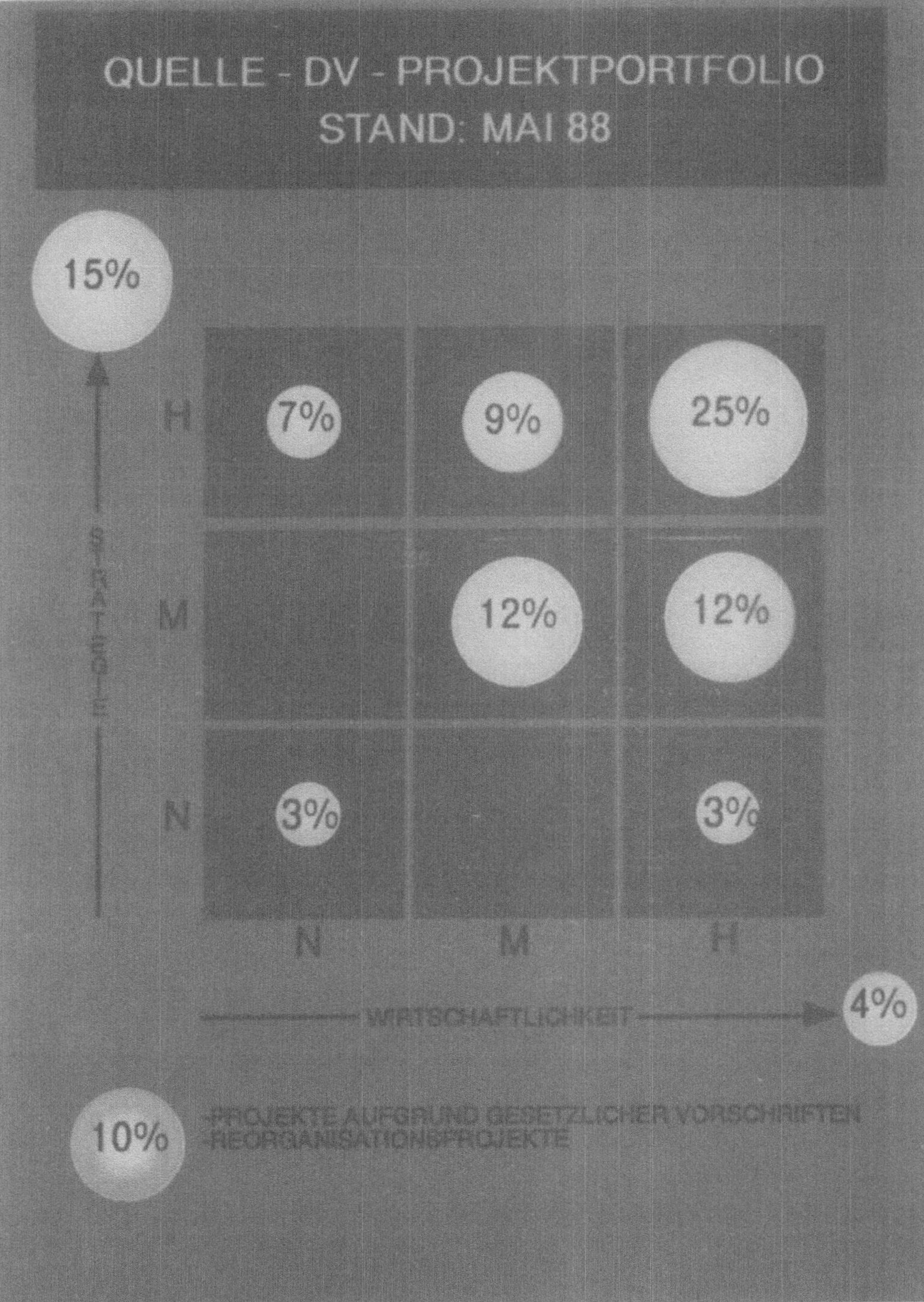
QUELLE - DV - PROJEKTPORTFOLIO
STAND: MAI 88
15%
STRATEGIE
H
M
N
7%
9%
25%
12%
12%
3%
3%
N
M
H
WIRTSCHAFTLICHKEIT
4%
10%
PROJEKTE AUFGRUND GESETZLICHER VORSCHRIFTEN
REORGANISATIONSPROJEKTE

GRUNDREGELN DER EDV-POLITIK BEI QUELLE

1. GESAMTVORSTAND STEUERT EDV-PORTFOLIO

2. EDV-MANN IM VORSTAND

3. FUNDIERTE GESCHÄFTSKENNTNISSE IM EDV-BEREICH

4. FUNDIERTE EDV-KENNTNISSE IN DEN FACHBEREICHEN

5. SYSTEMENTWICKLUNG IST RESSORT-ÜBERGREIFENDE TEAMARBEIT

6. RESSORT-ÜBERGREIFENDE ZUSTÄNDIGKEIT
   FÜR DATEN-STRUKTUREN UND -PROZESSE

7. TRANSPARENTE EDV-VERRECHNUNG

8. DEFINIERTE EDV-LEISTUNGEN

9. HOHER STELLENWERT FÜR SYSTEMTECHNIK

10. DEZENTRALE UND INDIVIDUELLE EDV KONTROLLIERT GEFÖRDERT

11. PERSONEN- UND HERSTELLER-UNABHÄNGIGKEIT IN DER EDV

12. ENGAGEMENT FÜR ANGEMESSENE INFORMATIONS-VERSORGUNG

Nutzungsbilanz aus der Sicht eines Versicherungsunternehmens

J. Boetius

Unter der Überschrift "Nutzungsbilanz moderner Informations- und Kommunikationssysteme aus der Sicht eines Versicherungsunternehmens" werde ich Ihnen zunächst unsere Ausgangssituation auf diesem Feld darstellen, daraus Ziele für den Einsatz von Informations- und Kommunikationssystemen ableiten und Wege aufzeigen, auf denen wir die Ziele erreichen wollen; danach werde ich aktuelle Probleme beleuchten, mit denen wir uns dabei auseinanderzusetzen haben.

1   Ausgangssituation

Zunächst zur Ausgangssituation: Informations- und Kommunikationssysteme sind für ein Versicherungsunternehmen von strategischer Bedeutung - vielleicht noch mehr als für Unternehmen aus dem produzierenden Sektor, weil hier ausschließlich immaterielle Produkte entwickelt und verkauft werden und die überwiegend langfristigen Vertragsbeziehungen mit den Kunden ständigen Bewegungen unterworfen sind.

1.1   In welchem Ausmaß die Funktionsfähigkeit von der Zuverlässigkeit der Informations- und Kommunikationssysteme abhängt, kommt darin zum Ausdruck, daß im Innendienst der Allianz Gruppe im Inland 65 % aller Arbeitsplätze mit Terminals ausgestattet sind: Bereits kurze Zeit nach Ausfall der DV-Unterstützung haben unsere Mitarbeiter nur noch wenig Möglichkeiten, sinnvoll zu arbeiten.

1.2 Auch die <u>Handlungsfähigkeit</u> eines Versicherungs-
    unternehmens wird durch Informations- und Kommunika-
    tionssysteme stark beeinflußt. Sie repräsentieren
    einen sehr gewichtigen und damit auch schwerfälligen
    Faktor: Die Projekt-Portfolios und -Investitionen sind
    überwiegend langfristig angelegt und wenig flexibel,
    das Personal- und Kostenvolumen ist beachtlich. Im
    vergangenen Jahr waren 9 % aller Beschäftigten in der
    deutschen Versicherungswirtschaft DV-Personal, der
    entsprechende Etat macht 2,5 Mrd. DM aus.

1.3 Entscheidend ist die Frage der <u>Wettbewerbsfähigkeit</u>.
    Der deutsche Versicherungsmarkt ist nahezu ausge-
    schöpft; der gemeinsame Binnenmarkt der europäischen
    Gemeinschaft - Stichwort: Dienstleistungsfreiheit -
    und die Aufweichung der traditionellen Branchengrenzen
    - Stichwort: Finanzdienstleistungen - werden zu einer
    weiteren Intensivierung des Wettbewerbs führen. Da
    zudem die Produktdifferenzierung in der Versicherungs-
    wirtschaft durch das Genehmigungsverfahren für Tarife
    und Bedingungen im Breitengeschäft und durch das
    Fehlen eines Patent- oder Gebrauchsmusterschutzes
    immer schwieriger wird, gewinnen andere Differen-
    zierungsmöglichkeiten an Gewicht.

2   <u>Ziele für Informations- und Kommunikationssysteme
    und Schritte zu ihrer Erreichung</u>
    Damit sind die vorrangigen Ziele, unter denen
    Informations- und Kommunikationssysteme in einem
    Versicherungsunternehmen konzipiert, entwickelt und
    betrieben werden, genannt:
    -    Gewährleistung der Funktionsfähigkeit
    -    Erhaltung der Handlungsfähigkeit
    -    Stärkung der Wettbewerbsfähigkeit.

2.1 <u>Gewährleistung der Funktionsfähigkeit</u>
    Der verstärkte Einsatz von Methoden und Techniken der
    Qualitätssicherung soll sicherstellen, daß nur noch

besonders geprüfte Hardware- und Software-Komponenten
eingesetzt werden. Wenn dennoch einzelne Komponenten
ausfallen, muß das Backup-Konzept kurzfristigen Ersatz
ermöglichen:

- Bei Programmfehlern müssen ältere Programm-
  varianten noch bereitstehen.

- Recovery-Verfahren müssen bei Datenfehlern auf
  alte Bestände zugreifen und die seither erfolgten
  Änderungen nachvollziehen können.

- Ersatzmöglichkeiten für Hardware werden durch
  geplante Redundanz bei Endgeräten, Leitungen,
  zentralen Anlagen und Rechenzentren geschaffen.

2.2 Erhaltung der Handlungsfähigkeit

Um die Einschränkung der Handlungsfähigkeit auf ein
vertretbares Maß zu begrenzen, verfolgen wir vor allem
drei Ansätze:

- Die Informations- und Kommunikationsstrategie ist
  mit der Geschäftsstrategie abzustimmen; das
  bedeutet nicht, daß sie der Geschäftsstrategie
  nur zu folgen hat, sondern bedingt eine wechsel-
  seitige Beeinflussung von Zielen und Handlungs-
  spielräumen zwischen beiden Strategiebildungs-
  prozessen. Aus dieser Abstimmung leiten sich
  unmittelbar Konsequenzen für die Bewertung und
  Priorisierung von Projekten ab, so daß das reine
  Renditestreben gegenüber einer größeren Band-
  breite an geschäftspolitischen Zielvorstellungen
  in den Hintergrund tritt.

- Ein weiterer Schritt ist die Einführung eines
  Informations- und Kommunikations-Controllings,
  das sich auch auf Leistungen, Termine, Kosten und
  Nutzen der Projekte erstreckt. Die Konzeption des
  Projektmanagements, bei uns seit langem durch
  Kollegial- und Konsensprinzip bestimmt, muß sich
  daran ausrichten. Daraus folgen nun strafferes

Berichtswesen, Vereinbarung von "Meilensteinen"
für Projekt-Reviews und ein System fein aufeinander abgestimmter Verantwortlichkeiten, das
stärker auf Personen als auf Gremien abstellt.

- Schließlich gilt es, den Engpaß der Anwendungsentwicklung zu beheben oder doch wenigstens
erträglich zu gestalten. Unsere Anstrengungen auf
diesem Feld konzentrieren sich auf gezielte
Personalentwicklung und den verstärkten Einsatz
von Standard-Software für geeignete Anwendungs-
bereiche; da Auftraggeber und Anwendungsentwick-
ler - aus ihrer Interessenlage betrachtet keineswegs unbegründet - gegenüber dem Einsatz von
Standard-Software oft eine sehr reservierte
Haltung einnehmen, setzt dies besonders gründ-
liche Arbeit bei der Analyse von Anwenderbedarf
und Umgebungsbedingungen voraus und stellt - ich
verweise auf meine Bemerkungen zum Ziel "Gewährleistung der Funktionsfähigkeit" - hohe Anforderungen an die Qualität von Produkt und Hersteller. Daneben setzen wir große Erwartungen in die
Verbesserung der Arbeitsbedingungen in der
Anwendungsentwicklung - hier ist insbesondere an
Methoden und Werkzeuge zur Projektentwicklung und
Qualitätssicherung und an die Antwortzeiten im
Anwendungsentwicklungsdialog zu denken.

2.3 Stärkung der Wettbewerbsfähigkeit

Die Stärkung der Wettbewerbsfähigkeit wird schon seit
Jahren auf drei verschiedenen Feldern angestrebt:

Da die Möglichkeiten der Produktdifferenzierung, wie
gesagt, begrenzt sind, streben wir Wettbewerbsvorteile
durch Kundendienst an.

- Dabei geht es im Beratungswettbewerb um die
Frage, wer den Kunden bzw. Interessenten schneller und fundierter berät; weil die Kunden und

Interessenten - das trifft schon im Breitenge-
schäft zu, viel mehr noch aber im Großkundenge-
schäft - mehr Überblick über den engeren Markt
haben, können sie besser noch als früher Spreu
von Weizen unterscheiden.

- Der <u>Selektionswettbewerb</u> entscheidet darüber, wer
  schnell und sicher "gute" bzw. "schlechte"
  Risiken identifiziert. Gute Risiken in diesem
  Sinne sind solche, die im Laufe der Zeit wenig
  Schadenaufwand verursachen; sie werden benötigt,
  um einen Ausgleich für die zwangsläufig auch im
  Bestand befindlichen schlechten Risiken herzustellen.
- Der <u>Dispositionswettbewerb</u> dreht sich um die
  Frage, wie schnell und sicher Entscheidungen
  gefällt werden - zum Abschluß eines Vertrags und
  zur Regulierung im Schadenfall.
- Im <u>Reaktionswettbewerb</u> gewinnt, wer schneller und
  richtiger auf Veränderungen im Markt reagiert.
- Der <u>internationale Wettbewerb</u> schließlich ist
  geprägt durch die multinationalen Verbindungen
  der Industriekunden einerseits und der Versicherungsunternehmen andererseits und durch die
  Effizienz des Know-how-Transfers: Wer kann
  schneller und treffender zu einer gesamtheitlichen Sicht des Kunden gelangen, seine internationalen Bezüge berücksichtigen und in
  Betreuungs- und Deckungskonzepte einbauen? Wer
  ist schneller in der Lage, Entwicklungen, die
  sich international andeuten oder schon aus-
  breiten, zu identifizieren und umzusetzen?

Die angesprochenen Fragen betreffen sehr viele Aufga-
benbereiche in einem Versicherungsunternehmen. Hier
gilt es, die Entscheidungsgrundlagen und damit die
Entscheidungsfähigkeit im Rahmen der Befugnisse eines
jeden Arbeitsplatzes durch optimale, d. h. auf die
individuellen Bedürfnisse zugeschnittene

informationstechnische Unterstützung weiter zu verbessern. Mit dieser Herausforderung verbinden sich hohe Ansprüche an die Qualität der Datenbasen, Sammlung und Speicherung von Erfahrungen und Expertise, Auswertungsmöglichkeiten sowie Verarbeitungs- und Übertragungsgeschwindigkeiten.

Der zweite Ansatz zur Stärkung der Wettbewerbsfähigkeit geht von der Besonderheit aus, daß das Produkt Versicherungsschutz zum Kunden gebracht werden muß; im Vordergrund stehen hier neben den schon angesprochenen Aspekten des Beratungs- und Selektionswettbewerbs, für die eine geeignete Wissensbasis zu schaffen ist, Instrumente, die die Vertriebsproduktivität verstärken: Damit der Versicherungsvertreter wirkungsvoll beraten und akquirieren kann, muß er auf den Gebieten Agenturverwaltung, Besuchsplanung und Gesprächsvorbereitung unterstützt und entlastet werden.
Da, wie die Erfahrung zeigt, ein selbständiger Vertreter oft eine andere Persönlichkeitsstruktur aufweist als ein Angestellter im Innendienst, sind besondere Ansprüche an die Benutzerorientierung von Vertriebs-Informationssystemen zu stellen.

Die Verwaltungsrationalisierung im Innendienst schließlich hat die Projekt-Portfolios der vergangenen Jahrzehnte dominiert; in der Zwischenzeit konnten hier so überzeugende Erfolge errungen werden, daß dieser Aspekt zu einem eher selbstverständlichen Abfallprodukt degeneriert ist.

3   Aktuelle Probleme
Ich komme nun zum dritten Abschnitt meines Referats, in dem ich Ihnen aktuelle Probleme vorstellen will, mit denen wir auf dem Weg der Zielerreichung konfrontiert werden.

3.1 Akzeptanz, Einführung, Wirtschaftlichkeit

Aus heutiger Sicht stellen Akzeptanz, Einführung und
Wirtschaftlichkeit keine schwerwiegenden Probleme mehr
dar: Die Konzentration auf bedarfsbezogene Systeme und
damit der Verzicht auf technische Spielzeuge und
Prestigeobjekte sichert eine breite Akzeptanz. Unnöti-
gen Schwierigkeiten bei der Systemeinführung beugt die
Einbindung der späteren Benutzer in die Prozesse der
Projektdefinition, -bewertung und -realisierung vor.
Die - quantifizierbare - Wirtschaftlichkeit von
Informations- und Kommunikationssystemen ist zwar
nicht ihr alleiniges Ziel, aber nach unseren Erfahrungen zumeist doch gegeben; als besonders wichtig hat
sich in diesem Zusammenhang ein konsequentes "Nutzen-
inkasso" erwiesen, d. h. die Verpflichtung der Auftraggeber, die im Projektantrag versprochenen Nutzef-
fekte auch tatsächlich zu realisieren.

3.2 Wissensbasierte Systeme (Expertensysteme)

Neuland betreten wir demgegenüber bei einem Vorhaben,
das uns dabei unterstützen soll, im Beratungs-,
Selektions-, Dispositions- und Reaktionswettbewerb
erfolgreich zu sein und zu bleiben, - dem Vorhaben,
die in vielen Köpfen und Akten vorhandene Expertise zu
erschließen, zu erhalten und breit verfügbar zu
machen. Dazu müssen wir Wege finden, das Expertenwissen zu erheben (Knowledge Acquisition) und in
"Wissensbanken" einzubringen und die Pflege und
Weiterentwicklung des Wissens zu gewährleisten. Offene
Fragen betreffen die Verteilung und Verfügbarmachung
von Expertensystemen und - besonders schwierig - die
Akzeptanz fremden Wissens durch die potentiellen
Benutzer, die sich ja mit Recht ebenfalls als Experten
verstehen. Der Entwicklungsstand in der Praxis ist
noch sehr unreif und geht nicht über erste Pilot-
versuche in ganz bescheidenem Umfang hinaus.

3.3 <u>Tragbare Intelligenz für den Außendienst</u>
DV-Unterstützung für den Außendienst muß sowohl
drinnen, d.h. für die Agenturverwaltung, als auch
draußen beim Kunden nutzbar sein. Das führt zu z.T.
widersprüchlichen Anforderungen: Ein System für die
Agenturverwaltung muß vom Hardware-Profil her vor
allem komfortabel sein - ich denke hier an ergonomisch
anspruchsvolle Bildschirme und Tastaturen und an
hochwertige Druckqualität - und bei Bedarf zu einem
Mehrplatzsystem ausgebaut werden können; zum Einsatz
beim Kunden eignen sich nur besonders leichte und
handliche Geräte, die sog. Laptop- oder Aktentaschen-
Computer. Weiterhin müssen die Systeme kommunikations-
fähig sein, einmal innerhalb eines PC-Netzwerks als
Mehrplatz-Agentursystem, zum anderen über öffentliche
Netze - und zwar zur Daten- und Programmauffrischung
von der bzw. zur Zentrale über das Datennetz der Post,
nötigenfalls auch vom Kunden aus über das Fernmeldenetz. Zum Entwicklungsstand: Erste Anwendungen arbeiten bereits, die offenen Probleme sind allerdings noch
zahlreich.

3.4 <u>Nichtkodierte Informationen (NCI)</u>
Wenn wir von nichtkodierter Information sprechen,
denken wir vor allem an unsere Eingangspost, ein
anderes Beispiel sind Sprachinformationen - beides
Informationen, die nach heutigem Stand der Technik von
Informations- und Kommunikationssystemen nur erfaßt,
gespeichert und wieder ausgegeben, nicht aber verarbeitet werden können. Wir streben an, durch das
Einbeziehen von nichtkodierten Informationen in
bestehende oder neu zu konzipierende Systeme den nach
Einführung von Mikroverfilmung und Speicherbuchführung
nächsten Schub zur Bewältigung der Papierflut einzuleiten. Gegenwärtig werden erste Versuche mit
Scanning-Technik unternommen. Die besonders hohen
Anforderungen an Speicherplatzbedarf - möglicherweise
bringt uns hier die Laser-Technik mit leistungsfähigen

und preiswerten optischen Speicherplatten weiter -,
Leitungskapazität und Auflösungsvermögen der Bildschirme sind dafür verantwortlich, daß die Wirtschaft-
lichkeitsschwelle noch nicht absehbar ist.

3.5 Grenzen der Hardware

Leitungs-, Speicher- und vor allem Rechnerkapazität
werfen aber auch schon für konventionelle Anwendungen
die Frage auf, wann die Grenzen der Hardware erreicht
sind. Die Hardware-Architekturen haben über Jahrzehnte
hinweg die Architektur der Anwendungen maßgeblich
beeinflußt. Wenn jetzt Grenzen ihrer Leistungsfähigkeit erreicht sein sollten, müßten die Anwendungskonzeptionen sich völlig neu orientieren; bei einem
Investitionsvolumen von Mann-Jahrtausenden in Anwendungssystemen, bei den bekannt begrenzten
Anwendungsentwicklungs-Kapazitäten und bei den sich
weiter verkürzenden Lebenszyklen der Hardware ist das
ein kostspieliges und besonders riskantes Unterfangen.
Ein zusätzliches Problem resultiert daraus, daß der
Miniaturisierungsprozeß sich zu verlangsamen scheint:
Der Raumbedarf für Rechenzentren, der aus dem gegenwärtig immensen Wachstum an Rechner- und Speicherbe-
darf resultiert, entwickelt sich anders als der Bedarf
an allgemeinen Büroräumen; daraus müssen wir Konsequenzen für künftige Neubauten ziehen.

3.6 Forschung und Entwicklung

Aus der strategischen Bedeutung von Informations- und
Kommunikationssystemen läßt sich die Empfehlung
ableiten, in nennenswertem Umfang in Forschung und
Entwicklung auf dem Gebiet neuer Anwendungsformen, für
die ich Ihnen einige Beispiele genannt habe, zu
investieren. Dabei geht es uns weniger um die Grundlagenforschung, die wir besser bei den darauf spezia-
lisierten Hochschulinstituten und in den Forschungs-
und Entwicklungslabors der Industrie aufgehoben
wissen, als darum, ganz praktisch und möglichst

frühzeitig Anwendungsprototypen in Pilotstudien zu
erproben. Die Lerneffekte, die Forscher, Entwickler
und potentielle Anwender aus diesem Prozeß für die
Konzeption künftiger Systeme erzielen können, sind
ungeachtet des Aufwands beachtlich. Wenn der Forschung
und Entwicklung auf diesem Sektor aber eine solche
Bedeutung zukommt, ist es betriebswirtschaftlich
zwingend, über das dazu einzusetzende Personal- und
Sachmittelbudget explizit zu entscheiden und es einem
Controlling zu unterwerfen.

3.7 Die Herstellerfrage

Eine Risikoanalyse zeigt, daß der Anwender von den
Herstellern von Informations- und Kommunikations-
systemkomponenten in gewissem Grade abhängig ist;
damit gewinnt die Frage der Herstellerwahl eine ganz
neue Dimension. Für uns ist es von entscheidender
Bedeutung, eine Planungssicherheit über Systemarchi-
tekturen und Anwendungskonzeptionen zu erreichen und
gleichzeitig die Vertrauensbasis zu schaffen für einen
offenen Informationsaustausch, wenn möglich bis hin
zur Initiierung gemeinsamer Pilotstudien in einem so
frühen Entwicklungsstadium, daß die Überlegungen bzw.
Erfahrungen des Anwenders noch Einfluß auf die weitere
Entwicklungsrichtung nehmen können. Deshalb werden
mehr als früher solche Hersteller Bedeutung haben, die
nicht nur gute und preiswerte Produkte liefern,
sondern auch zeigen, daß sie sich auf die angesprochenen Bedürfnisse der Anwender einstellen wollen und
können.

Der Einfluß neuer Informationstechnik auf Management und Organisation einer Großbank

D. Köllhöfer

A. <u>Vorbemerkung</u>

Gestatten Sie mir bitte eine Vorbemerkung zu machen, die
fast eine Binsenwahrheit enthält, nämlich:

Die <u>Organisationspolitik einer Unternehmung</u> kann niemals
ein Eigenleben führen, sondern sie ist Teil der <u>Unter-
nehmenspolitik als Ganzes</u>. Wer also über die Bedeutung
des Einsatzes moderner Informationstechnik für die Unternehmung "Bank" sprechen will, muß wenigstens in groben
Umrissen das Umfeld skizzieren, in dem die deutsche Kreditwirtschaft heute lebt, - ein Umfeld, das schon seit geraumer
Zeit stark <u>im Umbruch</u> und durch <u>harten Wettbewerb</u> geprägt
ist. Dazu nur einige wenige <u>Schlaglichter</u>:

(1) In der Bundesrepublik gibt es ein dichtes <u>Bankstellen-
netz</u> mit annähernd 45.000 Instituten und Niederlassungen.
Damit entfallen auf <u>eine Kontostelle</u> im Schnitt knapp
1.400 Einwohner, im internationalen Vergleich die
niedrigste Zahl: USA   } weit über 2.000;
Japan
BRD: 1.370
USA: 2.310
Japan: 2.780.

Dabei konkurrieren die <u>privaten Banken untereinander</u>,
und sie konkurrieren zugleich mit dem <u>Sparkassen-</u>
und <u>Genossenschaftssektor</u>. Denn die traditionellen
Unterschiede in der Geschäftspolitik der verschiedenen
Bankengruppen haben sich bis zur Gegenwart zunehmend
verwischt. Sie gibt es eigentlich nicht mehr.

(2) Hinzu kommt eine in den letzten 20 Jahren kontinuierlich
ansteigende Zahl von <u>Auslandsbanken</u>. Nach Angaben des
Bundesverbandes deutscher Banken waren im April 1986
mehr als 275 ausländische Kreditinstitute aus 45 Ländern

mit rund 500 Zweigstellen, Repräsentanzen, Tochter-
und Beteiligungsgesellschaften in der Bundesrepublik
vertreten - vor 20 Jahren waren es erst 31 Bankstellen.
Sie setzen natürlich alles daran, ihre Marktposition
zu verbessern und wollen nicht nur ihre heimische
Kundschaft im deutschen Ausland bankmäßig betreuen,
sondern natürlich auch mit deutschen Kunden Geschäfte
machen.

(3) Des weiteren erwähne ich das heftige Werben sog. non-
oder near-banks um den vermögenden Privatkunden. Ich
denke an Kartenorganisationen, Finanzierungsinstitutionen
von Handels- und Industrieunternehmungen und nicht
zuletzt an die Post, die diesem Geschäft durch Schaffung
eines eigenen Unternehmensbereiches Postbank erst recht
Rechnung tragen will.

Und last not least,

(4) den Kunden von einst, der gewissermaßen gottergeben
akzeptiert, was immer seine Bank sagt oder tut, gibt
es nicht mehr. Aus Sparern sind renditebewußte Anleger
geworden, aus Kreditnehmern kühle Rechner mit hell-
wachen Sinnen für Konkurrenzangebote. Ihnen allen ist
eine hohe und kritische Erwartungshaltung bezüglich
Produktangebot, Beratung und Service gemeinsam.

Ich kann nicht alle Fakten aufzählen, sondern will nur
noch mit dem Hinweis auf das Thema "Finanzinnovationen"
und den europäischen Binnenmarkt diese grobe Situations-
analyse abrunden. Der Wettbewerb zwischen den Banken wird
auf dem Produktsektor ausgetragen und erfordert aber
besten Service, d.h. vor allem sachkundige und umfassende
Beratung. Dies wiederum setzt aktuelle Informationen als
Grundlage für richtige unternehmerische Entscheidungen
einerseits und hervorragend ausgebildete engagierte Mitarbeiter andererseits voraus, die gute Informationen

auch in Geschäft umzusetzen vermögen. Kurz: Es geht um
das Dienstleistungsangebot, um Beratung, Service und immer
wieder um Informationen, ihre Verarbeitung, Aufbereitung
und Umsetzung. Und es liegt auf der Hand, daß hierfür
moderne Technik eine conditio sine qua non ist. Bestimmte
Vorhaben setzen einfach moderne Technik voraus, sind ohne
diese nicht realisierbar. Andererseits darf nicht übersehen
werden, daß erst der technische Fortschritt neue geschäftliche Möglichkeiten eröffnet hat. Zahlreiche Markt- und
Unternehmensveränderungen sind durch ihn initiiert und
bewirkt worden.

B. Dafür ist im Bereich der Kreditwirtschaft das Privatkundengeschäft ein eindrucksvolles Beispiel. Es hat sich aus dem
sog. Massen- oder Mengengeschäft der späten 50er Jahre
entwickelt und ist heute eine tragende Säule des Bank-
geschäfts. Ausgangspunkt der gesamten Entwicklung war die
bargeldlose Lohn- und Gehaltszahlung, für die intensiv
geworben wurde, - mit Erfolg, wie die damals sprunghaft
und bis heute steigenden Postenzahlen bewiesen haben und
noch beweisen. Eine Bank wäre ohne Hilfe des Computers,
der die Buchungsarbeiten übernahm, damit nicht fertig
geworden; denn der Einsatz von Mitarbeitern für die recht
eintönigen Routinearbeiten wäre sehr schnell an seine
Grenzen gestoßen, ganz abgesehen von der Raumfrage, die
nicht vernünftig zu lösen gewesen wäre. Es ist müßig,
heute rückblickend darüber zu spekulieren, was gewesen
wäre, wenn ... Eines aber dürfte unbestritten sein, ein
Privatkundengeschäft heutiger Prägung mit seiner Produkt-
vielfalt, mit seinen Anforderungen hinsichtlich Service,
Beratung und rationeller Abwicklung wäre mit konventionellen
Methoden schlicht gesagt nicht durchführbar.

Entscheidend für diese Entwicklung waren natürlich geschäfts-
politische Überlegungen der Banken, diese neue Dienst-
leistungssparte erfolgreich auszubauen; denn die Nachfrage
seitens dieses neu entdeckten Kundenkreises war ja da.
Voraussetzung war jedoch eine grundlegende Neuorientierung
des Schaltergeschäfts, das bislang spartenbezogen organisiert war. Zum einen mußten wir Banken davon wegkommen,
daß der gleiche Kunde am Schalter 1 eine Sparbuchabhebung
tätigt, sich dann am Schalter 2 anstellt, um einen Dauerauftrag zu erteilen und am Schalter 3 einen Pfandbrief
kauft. Das war gewiß nicht eben kundenfreundlich. Die
andere sehr wichtige Überlegung zielte darauf ab, durch
eine kundenbezogene und nicht mehr primär spartenbezogene
Organisation der Bank, den Kunden umfassender und intensiver
beraten zu können - zu seinem Vorteil und damit auch zu
unserem.

Und ein Weiteres sollte erreicht werden: Ein Kunde, der
nur eine Abhebung tätigt, einen Dauerauftrag ändern oder
Sorten kaufen will, also keine persönliche Beratung sucht,
möchte keine langen Wartezeiten in Kauf nehmen. Wer aber
einen Kredit benötigt oder Geld anlegen will, möchte dies
nicht unter Zeitdruck tun. Auf dieser Erkenntnis basiert
die Schaffung von Schnellservice einerseits und Beratungs-
zonen andererseits.

(1) All diese Planvorhaben ließen sich allerdings erst realisie-
     ren, als dank technischen Fortschritts Datenfernverarbeitung
     und Datenterminals verfügbar waren. Damit konnte problemlos
     auf zentral gespeicherte und zudem aktuelle Informationen
     zugegriffen werden, wie z.B. auf den augenblicklichen
     Kontostand oder das Depot. Informationen waren jetzt am
     Arbeitsplatz verfügbar, eben dort, wo sie benötigt wurden.
     Die herkömmliche Datenverarbeitung, die ursprünglich rein
     buchhalterisch ausgerichtet war, vollzog den Wandel zur
     Informationsverarbeitung. Es war die Zeit, als große und

leistungsfähige Informationssysteme installiert wurden.
Als Beispiel erwähne ich das System CREDIS in meinem Haus,
ein Online-System für Mitarbeiter im Firmenkundengeschäft.
Zu deren Aufgaben gehören Kundenbesuche, Aufbereitung
von Bilanzzahlen, Kreditbearbeitung u.ä. Vor Einführung
von CREDIS waren zwar bereits 35 % der benötigten Daten
EDV-gespeichert, mußten aber bei jedem neuen Kreditantrag
erst aus verschiedenen Unterlagen zusammengetragen oder
telefonisch beschafft werden. Weitere 50 % der Daten mußten
aus Akten immer wieder, zum größten Teil unverändert,
übernommen werden. Alle Informationen stehen jetzt aber
aktuell am Bildschirm zur Verfügung und können für die
Beratung oder zur Vorbereitung von Kundenbesuchen abgefragt
sowie in Form eines vorlagereifen Kreditantrages vom
Computer in Sekunden ausgedruckt werden.

Als weiteres Beispiel erwähne ich ein Devisenhandels-Online-
System, das den Abschluß von Devisentransaktionen ohne
die früher erforderlichen telefonischen oder fernschrift-
lichen Rückfragen erlaubt. Der Händler sieht auf einen
Blick seine neuen Positionen, das Kontrahentenobligo und
den neuen Durchschnittskurs. Er kann erfolgreicher und
mit geringerem Risiko agieren.

(2) Gegenwärtig findet ein weiterer Wandel in der Beziehung
    zwischen Kunde und Bank statt, den man unter die Überschrift
    Electronic Banking setzen kann. Zum Begriff: Electronic
    Banking bedeutet einmal, bestimmte Bankdienste elektronisch
    in Anspruch nehmen zu können, also ohne Zwischenschaltung
    von Papier in irgendeiner Form. Zum anderen aber, und
    das war dem Kreditwesen bis dato weitgehend fremd, liegt
    dem Electronic Banking die Überlegung zugrunde, solche
    Leistungen zu automatisieren und rund um die Uhr anzubieten,
    die eine persönliche Bedienung oder Beratung nicht voraus-
    setzen. Der Kunde kann entscheiden, ob überhaupt und wenn ja,

zu welchem Zeitpunkt er davon Gebrauch machen will.
Electronic Banking heißt deshalb vor allem Selbstbedienung
im Sinne eines zusätzlichen Service-Angebotes, allerdings
nicht im Sinne einer Alternative zum herkömmlichen Bankgeschäft, kein "entweder - oder", sondern ein "sowohl -
als auch". Diese Überlegungen finden gegenwärtig ihren
Niederschlag in den Einrichtungen eigener Selbstbedienungs-
zonen, die für den Kunden auch außerhalb der üblichen
Schalteröffnungszeiten zugänglich sind.

a) Den Anfang machten seinerzeit Geldausgabeautomaten, die
   - anfangs selbst innerhalb des Kreditgewerbes mit Skepsis
   bedacht - heute als selbstverständlicher Service akzeptiert
   werden. 1987 wurden gut 220 Mio Abhebungen mit einem Volumen
   von insgesamt 60 Mrd.DM über rund 4000 Geldausgabeautomaten
   des deutschen Kreditgewerbes getätigt. Die Tendenz ist
   nach wie vor steigend, sowohl was die Installation weiterer
   Geräte als auch ihre Frequentierung betrifft.

b) Ich erwähne des weiteren Kontoauszugsdrucker und die durch
   BTX gebotenen Möglichkeiten, die derzeit zwar noch kaum
   von Privatkunden, dagegen mit deutlich steigender Tendenz
   von Firmenkunden genutzt werden. Diese werden in die Lage
   versetzt, aktuelle Kontodaten jederzeit abzurufen und
   umgehend durch elektronische Auftragserteilung an die
   Bank disponieren zu können. Man spricht in diesem Zusammenhang von Cash-Management-Systemen, die von einigen Banken
   auch für weltweit operierende Kunden angeboten werden.

Ziel weiterer Aktivitäten der Banken ist es, die elektronischen Kommunikationsmöglichkeiten so zu entwickeln,
daß die angebotenen Leistungen von unseren Kunden unmittelbar in deren eigene EDV Eingang finden. Dies ist gemeint,
wenn neuerdings vom "computerintegrated banking" gesprochen
wird.

Ich will zur Rolle der Technik für die Beziehungen der
Bank zu ihren Kunden abschließend noch einmal ganz klar
feststellen: es geht nicht darum, das Bankgeschäft zu
revolutionieren, sondern dieses auf sich ändernde Marktgegebenheiten auszurichten. Bedingungslose Technikgläubigkeit
wäre dabei jedoch genau so fehl am Platz wie blinde Technik-
feindlichkeit. Wer ohne Berücksichtigung von Kundenbedürf-
nissen und deren Akzeptanz technisiert, riskiert teuer
zu stehen kommende Fehlinvestitionen. Wer aber die sinn-
volle Nutzung des technischen Fortschritts verschläft
oder ablehnt, riskiert, vom Marktgeschehen abgekoppelt
zu werden und sich eines Tages auf einem Abstellgleis
wiederzufinden. Wer nicht mit der Z e i t geht, g e h t
mit der Zeit.

So und nicht anders ist die Erweiterung der herkömmlichen
Angebotspalette um elektronische Dienstleistungen zu sehen.
Und nur unter diesen Voraussetzungen, wenn der Markt danach
verlangt, wäre auch die automatische Zweigstelle denkbar.
Das ist es, worauf es entscheidend ankommt. Der Markt
gibt der Technik eine Chance, umgekehrt aber auch die
Technik der geschäftlichen Innovation.

Ich habe versucht die Veränderungen zu umreißen, die
durch moderne Technik in den Beziehungen der Bank zu ihren
K u n d e n möglich wurden oder initiiert worden sind.

c) Dies ist natürlich nur e i n Aspekt. Auch im sog. back-
office-Bereich, in den Stabs- und Fachabteilungen wurden
Bildschirme installiert, wurde Routine auf den Computer
übertragen und wurden Arbeitsabläufe durch schnelle Zugriffsmöglichkeiten zu leistungsfähigen Informationssystemen
rationeller gestaltet. Gegenwärtig nutzt z.B. bereits
jeder zweite Mitarbeiter in meinem Haus einen Bildschirm,
er gehört sozusagen zu unserem Büroalltag. In zunehmendem
Maße werden aber auch Personal-Computer installiert. Mit
ihnen begann eine neue Dimension der Informationsverarbeitung:
die individuelle Datenverarbeitung. Personal-Computer
sind, wie Sie wissen, vollwertige und sehr leistungsstarke
Computer-Systeme, die direkt am Arbeitsplatz eines Mitarbeiters aufgestellt und auch von "EDV-Laien" programmiert
werden können. Dadurch lassen sie sich bedürfnisgerecht
- individuell - für Problemlösungen einsetzen, die aus
Kapazitäts- oder Kostengründen über eine Großanlage nicht
realisierbar sind. Trotz der an anderer Stelle erwähnten
Informationssysteme besteht häufig ein ganz individueller
Informationsbedarf, der nunmehr besser gedeckt werden
kann. Der PC ist dabei, die Bürolandschaft auch insofern
zu verändern, als er verschiedene Funktionen integrieren
kann: Zugriffsmöglichkeiten zu zentral gespeicherten
Informationen, individuelle Datenverarbeitung, Textverarbeitung und elektronische Kommunikation. Man hat in
den 70er Jahren Prognosen gewagt, daß spätestens im
Jahr 2000 in den Büros der Industrienationen kein alter
Bürostein mehr auf dem anderen stehen wird. Wer unmittelbar miterlebt, mit welch atemberaubendem Tempo technischer
Fortschritt in unserer Branche Einzug gehalten hat und
immer neue Anwendungsmöglichkeiten eröffnet, für den
erscheinen solche Aussagen durchaus nicht als wirklich-
keitsfremde Utopie.

Banken handeln mit Geld, Kapital und Kredit, verarbeitet
werden aber die daraus resultierenden Informationen. Man
kann deshalb auch sagen, daß das Bankgeschäft auf dem
Erfassen, Verarbeiten und Interpretieren von Informationen
beruht. Und es ist nun einmal eine Erfahrungsregel, daß,
wer gut informiert ist, Wissen besitzt, das ihn in die Lage
versetzt, sicherer aufzutreten und entscheidungsfreudiger
sowie aktiver zu handeln. Dies gilt für die operative
Ebene, und hier vor allem für das Kundengeschäft, sachgerechte und aktuelle Informationen benötigt aber auch
die Entscheidungsebene. In einer Zeit verschärften Wettbewerbs und laufend sich ändernder Marktgegebenheiten
kommt ihnen zunehmendes Gewicht für richtige strategische
Entscheidungen des Managements bei der Steuerung, Lenkung
und Überwachung der grundsätzlichen Geschäftspolitik zu.
Einfacher ausgedrückt: Wir müssen wissen,

    wo Geld verdient wird
    wo welche Kosten anfallen
    wo welcher Umsatz bzw. welches Volumen
       erzielt wird.

Dies sind Grundfragen einer langfristig angelegten strategischen Planung, deren Ziel es ist, die Potentiale der Bank
nicht nur zur Behauptung der Marktposition zu nutzen,
sondern vor allem in effektive Wettbewerbsvorteile um-
zuwandeln.

Im Mittelpunkt einer solchen Planung muß wiederum der
Kunde und das Produkt stehen. Und deshalb kommt es entscheidend darauf an, die Bedarfsstruktur der Kunden zu
ermitteln, um das entsprechende Produkt- und Dienstleistungsangebot vorzuhalten. Dafür werden systematisierte, zukunfts-
gerichtete und entscheidungsrelevante Informationen für
das Management benötigt. Dies setzt den Wandel der historisch
bedingt buchhaltungsorientierten Denkweise zu zukunfts-
und aktionsorientiertem Handeln, setzt den Ausbau des
herkömmlichen Rechnungswesens zum Controlling voraus.

Mit anderen Worten: Nicht allein die globale Entwicklung von Konten-, Posten-, Umsatz- oder Volumenszahlen ist interessant, sondern bestehende Zusammenhänge, wie z.B.

Erfolgsbeitrag bestimmter Produkte oder Produktgruppen,
Inanspruchnahme bestimmter Produkte durch die Kunden,
Erfolgsbeitrag des einzelnen Kunden bzw.
einer Kundengruppe,
Ertragstruktur von Niederlassungen und Geschäfts-
bereichen und ähnliches mehr.

Keine Frage, daß die notwendigen Basisdaten nur über die EDV zu gewinnen sind. Die Analyse kann daraus wichtige Entscheidungsgrundlagen für die künftige Produkt-, Preis- und Wettbewerbspolitik, für das Auftreten und Verhalten der Bank im Markt gewinnen.

Die daraus abzuleitenden geschäftspolitischen Zielsetzungen lassen sich in Vorgaben für Geschäftsbereiche und Nieder- lassungen sowie für den Mitarbeiter, der das Geschäft machen soll, umsetzen; denn dazu braucht er Orientierungs- daten und Informationen.

Nun ist es aber allein mit einer solchen Ausrichtung der Geschäftspolitik nicht getan. Wenn die Erkenntnis richtig ist, daß im Zentrum aller Bankaktivitäten der Kunde mit seinen Bedürfnissen steht, dann muß die bestehende Aufbau- organisation, die teils geographisch, teils sparten- orientiert ist, ebenfalls entsprechend angepaßt, d.h. kundenorientiert ausgerichtet werden. Das Ziel dieser Neuausrichtung kann mit größerer Marktnähe, verbesserter Ergebnistransparenz und intensiverem Risiko-Management umschrieben werden. Äußeres Zeichen ist die Bildung von Profit-Centren in Form von regional geführten Nieder- lassungsbereichen mit zentraler Steuerung von Marketing- vorgaben.

Ich möchte meine Ausführungen zum Stand und zur Rolle der
Technik in einer Großbank abschließend zusammenfassen.
Mein Ziel war es, die Schwerpunkte des Technikeinsatzes
in einer Großbank herauszuarbeiten und anhand einiger
weniger Beispiele die Veränderungen zu skizzieren, die
durch den Computer möglich bzw. bewirkt wurden:
ursprünglich schnelle Buchungsmaschine, später effizientes
Informations- und Service-System und künftig auch ein
effizienteres Steuerungssystem der Unternehmung Bank.
Sichtbaren Ausdruck fand diese Entwicklung darin, daß die
ehemals durch ihre unförmigen Tresen verstellten Schalter-
hallen entrümpelt und kunden- sowie servicefreundlich
organisiert werden konnten. Ich behaupte, daß erst diese
Technik entscheidend zur Überwindung der Scheu des Privatkunden beitrug, eine Bank zu betreten und ihre Dienste
in Anspruch zu nehmen. Und künftig wird moderne Technik
zusätzlich und verstärkt als strategisches Planungsinstrument
fungieren. Dies aber hat zwangsläufig Konsequenzen für die
Aufbauorganisation, die ebenfalls den entscheidenden Schritt
von der Sparten- zur Kundenbezogenheit nachvollziehen
muß.

Ich habe zu Beginn festgestellt, und es ist wohl auch
immer wieder durchgeklungen: Wir nutzen moderne Technik
nicht um ihrer selbst willen oder weil man sich damit
ein fortschrittliches Image zulegen kann. Deshalb ist
nochmals zu unterstreichen: Wir dürfen uns nie zum Popanz
der Technik machen lassen; denn - wie ich sagte - Bank-
technik ist nicht gleich Bankgeschäft. Technik ist für
das Bankgeschäft von heute und morgen immer eine conditio
sine qua non, der entscheidende Produktionsfaktor im
Dienstleistungsunternehmen Bank aber ist und bleibt der
Mensch. Solange Banken mit Geld, Kredit und Kapital handeln,
werden Begriffe wie Vertrauen, Betreuung, persönliches
Gespräch immanenter Bestandteil des Bankgeschäftes bleiben.
Auch in Zukunft!

Die beste Logistik und ein sehr gut funktionierendes Informationsmanagement verwandeln sich in kostenträchtige Fehlinvestitionen, wenn Menschen fehlen, die damit sachkundig umgehen können. Information per se nützt nämlich wenig, wenn sie nicht richtig interpretiert und zur Entscheidungsreife aufbereitet wird. Die Zukunft gehört jenen, die in der Lage sind, Informationen in optimale geschäftliche Erfolge umzusetzen, oder anders ausgedrückt, die Möglichkeiten moderner Technik erfolgreich zu nutzen. Strukturwandel, Innovationen und technischer Fortschritt verstärken auch bei den Banken immer mehr den Trend zum höher qualifizierten Mitarbeiter. Der Mitarbeiter nicht erst des Jahres 2000 muß moderne Technik akzeptieren und soweit beherrschen, daß er sie zur Entlastung von Routinearbeiten und im direkten Kundenkontakt zur Steigerung seiner Beratungsqualität effizient einsetzen kann.

Wir Banken stehen vor gewaltigen Herausforderungen. Sie haben das Gute an sich, daß der Herausgeforderte angehalten wird, seinen Standort zu überdenken und sich auf seine Kraft zu besinnen. Die Banken von heute werden in der Welt von morgen vor allem dann bestehen, wenn sie sich darauf zurückbesinnen, was die früheren Bankiers einmal waren, nämlich die alles umfassenden Berater und Finanziers ihrer Klientel. Die optimale Integration der Produktionsfaktoren Mensch und Technik ist dafür eine wichtige Voraussetzung.

Business Restructuring with Information Technology in Japan

B. Yamada

1. Grand Transformation in Japan

The economic and industrial structure in Japan has been undergoing an unprecedented change. I think it is safe for us to call such comprehensive change a "Grand Transformation".

(1) Changes In Business Environment and Corporate Strategies

(Fig 1-1)

Three major changes in the business environment are; appreciation of the Yen, deregulation, and an abundant consumer market. To cope with these changes, companies have been emphasizing globalization as their overseas strategy, alliance and M&A(Merger & Acquisition) as the inter-industrial strategy, and rationalization and competitive advantage as the market strategy.

(2) Impact of Appreciated Yen and Globalization (Fig 1-2)

The results of the G5 meeting (a meeting of finance ministers and governors of central banks of five industrialized economies) in Sept. 1985 triggered the rapid appreciation of the Yen. The dollar which used to be worth ¥237 (2.84DM) has plummeted to about ¥120 (1.5DM). The dollar was devalued, therefore, against the Yen by 50%. The expensive Yen contributed to improving Japan's trade balance, and its trade surplus has continued to improve. Meanwhile, there has been a remarkable increase in importing of manufactured goods, including textiles and home appliances from NICs(Newly Industrialized Countries), office equipment from the United States, and automobiles from EC countries. Recently, the import ratio of manufactured goods registered a record 50%. Import of European luxury cars, including Mercedes Benz, Porsche, and BMW, has doubled.

Appreciation of the Yen induced low interest rates, which encouraged investors to invest directly overseas. Promotion of international division of labor through local production and local procurement of materials is now considered the nucleus of corporate strategies.

International information networks have been developing by leaps and bounds.

(3) Liberalization of Telecommunication and New Business

(Fig 1-4)

Opening of the Japanese market was strongly called for to help iron out trade conflicts. Accordingly, the finance market was liberalized in 1984, and the liberalization of telecommunications took place in the following year. In 1986, the so-called Maekawa Report was issued, suggesting structural changes to the Japanese economy. The government has also shifted its policies to create a more domestic demand-led economy rather than the conventional export-dependent economy.

Privatization of Nippon Telegraph and Telephone, NTT, was a significant step toward liberalization, and 11 New Common Carriers(NCC) were established so far. Teleway Japan Co., Ltd. by Toyota Motor Co. laid cables along the expressways. Japan Railway Co.(JR) has been taking the initiative to lay cables along railways for creating the service network of Japan Telecom Co. Tokyo Telecommunication Co., Inc.(TTnet) utilizes the power distribution network of Tokyo Electric Power Co., Ltd. Daini Denden Inc.(DDI) takes advantage of a radio system. In each case of these new businesses, existing resources have been adeptly used. Each NCC is joined by several hundred companies.

NCC's advanced into telephone service in major cities by joining hands with NTT in Sept. 1987. Subscribers are said to enjoy a 20% cut in telephone charges, but the service area is still limited.

Value-Added Network(VAN) businesses, which I will touch upon later, have been developing rapidly in Japan. Many strategic tie-ups among companies are being created, hoping that such networking will create new information-related business opportunities.

The information industry is expected to be the leading industry of Japan in the 21st century. The promising future of the information industry has been inviting many companies to participate in this field.

(4) Abundant Consumer Market and Market Strategy (Fig 1-1)

Japan's high economic growth brought about an affluent society. Abundant products offered in the consumer market have become increasingly similar in their performance and quality due to state-of-the-art manufacturing technology. Manufacturers have had to, therefore, offer products with higher value-added by providing quality service and software. For example, TV's, VTR's, and cameras are virtually identical in their basic functions and quality levels. Producers have been trying to make difference in design and timely introduction of new models a competitive advantage.

The same is true with the market of personal computers(PC). PC manufacturers are competing over how many PC software packages can be accommodated by each model. Furthermore, they are exposed to the challenges of new comers to the market, including Matsushita Electric Co., Ltd.(Panasonic) and Canon Inc.

Business restructuring is the imminent task for a company to grow continuously into the 21st century. Strategic utilization of Information Technology(I/T) is the key to success in this restructuring.

2. New Development Stage of I/T Utilization (New Era)
—Extension of Networks—

(1)Overview of Modern Information & Communication Systems

(Fig 2-1)

Utilization of I/T apparently entered a new era after 1985.

Several conspicuous developments feature today's Information and Communication systems. First, hardware and software technology, which is capable of processing Japanese, has progressed remarkably. PC's and Word Processors promoted end user computing. Incidentally, the vocation of Japanese typist is no longer viable. Extended networks contributed to the general expansion of development of data processing and communications. From a management point of view, the effectiveness-oriented SIS(Strategic Information System) has been given priority over efficiency-oriented DP(Data Processing).

(2) Increase in Computer Users in Japan (Fig 2-2)

96% of big businesses and 41% of small and medium-sized businesses in Japan have already been using computers. Shipment of computers increased from 51,000 units in 1980 to 168,000 units in 1985. The total number of units, therefore, increased by three times in 5 years. Small-and-mini sized office computers registered spectacular growth. This extensive usage of computers is attributable to the development of Japanese word-processing technology since around 1980.

Input/output is possible in 27 alphabets, 7,000 Japanese phonemes and Chinese characters. Thanks to this development, more and more people are now comfortable using computers, and many small and medium sized businesses are encouraged to introduce computers into their firms. As a result, office automation is progressing at a remarkable speed. The intra-company on-line ratio is nearly 50% at present. The inter-company on-line ratio is steadily increasing, too.

Japanese word processors have spread widely among households. Many people print season's greetings and address change notices by word processors. Children get very excited over electronic games. 11.6 million family computers(FC) have already been sold. Also a FC with an adapter is sometimes used as a tool for home securities exchange.

The number of computer users is expected to increase further because of the extension of networks. It is estimated that computers in use will more than double in the next five years.

(3) Expansion of Telecommunication Infrastructure (Fig 2-3)

NTT plays a major role in expanding the telecommunication infrastructure. It continues to dominate the telecommunications market even after its privatization in 1985. Currently digital transmission accounts for about 20% of the backbone lines. Digital data transmission, facsimile, and videotex services are available in most of the 654 cities in the nation.

Integrated Services Digital Network(ISDN) started to

function in Tokyo, Osaka, and Nagoya, in April 1988, and will be expanded to 27 cities by March 1989.

According to NTT, 26% of its switching systems will be digital by March, 1989, 40% by 1990, 100% by the year 2000. The expansion of ISDN depends upon the availability of inexpensive terminals and better application software.

(4) Progress in VAN Service (Fig 2-4)

Nearly 500 companies have launched VAN businesses by leasing cables of NTT and other common carriers. The total sales of VAN services has already exceeded 3.3 billion dollars. NTT's sales accounts for 40%, and it is by far the biggest VAN company so far in Japan.

More than half of VAN service companies have started out as computing service companies, and later offered a part of in-company operation for VAN service. VAN business, however, has not been always successful.

On the other hand, distribution and manufacturing industries positively use VAN for accepting and dispatching orders, because these industries have been increasingly market-oriented.

(5) Progress in Office Automation (Fig 2-5)

Office Automation(OA) will soon graduate from the present level of streamlining individual clerical tasks (mainly processing of documents) to fully integrated OA which is capable of decision making support, electronic mail and data retrieval. Corporate reorganization and employee education will pave the way to realize integrated OA systems. A rich variety of powerful and user-friendly application software programs must be developed as soon as possible. From the strategic point of view, future OA systems should improve employee capability, and not merely concentrate on labor-saving.

(6) Progress in Factory Automation (Fig 2-6)

The third stage of factory innovation is dawning in Japan. Small-volume multi-product manufacturing methods have advanced substantially since around 1975 by the introduction of Numerically-Controlled(NC) machines and robots. However, as I have earlier mentioned, the appreciated Yen has eroded the cost competitiveness of Japanese products.

Drastic increases in productivity and value-added, including new materials development, are strongly called for. Furthermore, structural changes in consumption made the introduction of Computer-Integrated Manufacturing(CIM) -- an epoch-making system directly linking consumers and manufacturing lines -- a must for a company. Computer-Aided Design/Computer-Aided Manufacturing (CAD/CAM) systems have been rapidly prevailing among companies since around 1985. High-tech businesses are keenly interested in the MAP(Manufacturing Automation Protocol), but their feasibility studies are still in a trial stage. In 1987, FANUC started a full-scale operation of CIM for the first time in Japan. Their pioneering attempt is being closely watched by many influential analysts.

(7) Progress in Store Automation (Fig 2-7)

Introduction of Point of Sales(POS) systems started in Japan in 1972, and the specification of commodity codes was established in 1978. Initially, the usage of POS and commodity codes was minimal. We had to wait until a few years ago to see them widely used. Farsighted, large scale retailers installed POS and demonstrated that it was capable of purchasing goods just in time; of reducing inventory drastically; of improving profitability; of grasping emerging or waning demands in order to prepare variety of stock in a selective manner; and of accumulating and analyzing information for efficient new product planning. 50% of department stores and gas stations and 40% of large scale retailers are now equipped with POS. A convenience store chain, Seven-Eleven, developed a most sophisticated POS system. As the figure indicates, their inventory was cut by 35% by just-in-time purchasing, and sales are up by 20% by understanding emerging and waning demands. As a result, their gross profit increased by 3% after the installation of POS.

3. Case Study of Network System

I would like to briefly introduce the attitude of Japanese top management toward information systems, then I would like to present three actual cases of new networks.

(1) Survey on Opinions among Top Executives (Fig 3-1, Fig 3-2)
—I/T Contribution to Management: Degree and Area—

According to a survey conducted by Nikkei Computer magazine in 1987, nearly 100% of the top managers of 1,100 major companies felt that there would be a sizeable difference in performance between the companies which strategically use information systems and others which do not. The subjects were the presidents of 1,100 companies whose stocks are listed on the Tokyo Stock Exchange. The same managers said that they would take advantage of information systems for providing better service for their customers.

Asked in which aspect(s) systems are contributing to corporate performance, many presidents replied that systems can, first of all, save labor, and secondly can improve work efficiency, and thirdly can support managers.

Asked what they expect of systems in the future, they said, first, sophisticated service, and, secondly, support for top managers in decision making, and thirdly, marketing support. These changes in priority attest to the top managers' intention to use systems for strategic purposes.

As for investment in computers, 38% of the managers said that their companies allocate between 1% and 3% of sales volume. 83% of the companies plan to increase investment into computers in the future.

(2) Japanese Banks Developing into Information-oriented Industries

a) Computer Networks of Banks (Fig 3-3)

Banks have promoted computerization most positively in Japan. Bank on-line systems began around 1965. On-line service expanded rapidly since then in order to save labor and to improve customer service. At present, a comprehensive domestic exchange network, joined by all banks, is completed. And customers can use the ATM's and CD's of any bank. Furthermore, banks are developing an EFT(Electronic Funds Transfer) network system for customers (companies, retailers, individuals), and extensive electronic settlement networks are in place.

Banks will continue to invest heavily in computers because they are aware of the strategic significance of improving information service to customers.

b) Retail Banking Service (Fig 3-4)

Debit cards play a key role in retail banking service in Japan. 140 million debit cards are now in use. The average Japanese has 1.1 debit cards. Almost all salaried workers have contracted with their banks to automatically transfer their monthly pay to their accounts. They withdraw necessary cash for shopping and other purposes from CD's and ATM's, using their debit cards. Utility charges (telephone, power, gas, etc.) are usually deducted automatically from bank accounts, according to payment contracts.

Many housewives use debit cards just as cash or to get cash. Their husbands no longer hand their wives their monthly wages. A saying in Japan now is, "A good husband is a healthy husband who is hardly home."

c) Streamlining Banking by Computers (Fig 3-5)

Total funds of city banks have grown 4.3 times in the last decade, and the number of branch offices has grown 1.3 times. The number of employees, however, dropped to 85%, thanks to positive investment in computers.

Five leading banks in Japan spent an average $290 million dollars for computers in 1986, which was twice as much as what it was 10 years ago. This amount, however, accounted for only 0.11% of their total assets. As compared to the average computer-related expenses of the seven biggest commercial banks in the U.S. in 1985, a Japanese leading bank spent only 70% in terms of the absolute amount, and 25% in terms of the ratio against total assets. The Japanese banks should, therefore, step up their investment in computers in order to compete with foreign banks on an equal footing. Several international networks have been emerging to globalize banking business, and major Japanese banks started to invest in the project.

(3) JIT Method Is Consistently Applied from Parts Procurement
    to Sales with "Toyota VAN"

a) Post Kanban Method (Fig 3-6)

Toyota Motor Co., Ltd. is a mammoth company, boasting total sales of $45.6 billion, total production of 3.7 million units; 1.8 million units of which are for the domestic market. It employs 65 thousand people.

Toyota's production system is noted for thorough cost reduction, which is expressed as, "squeezing water out of dry towels." The famous so-called "Kanban Method" has boosted the company's performance. Kanban Method, in short, tries to eliminate wasteful inventory by supplying materials and parts to the production lines "just-in-time."

Major and minor model changes of automobiles frequently take place in Japan. At present, Toyota employs about 20,000 specifications, including those for engines, bodies, and grades of cars. 10,000 specifications are referred to only once a month. A staggering 210,000 different kinds of materials and parts are required to assemble Toyota's diversified models.

Against this backdrop, Toyota continues to produce, in principle, by estimation. In addition, Toyota has been trying to provide better service for its customers by shortening the delivery period. The company will continue searching for further cost reduction by reducing total lead time.

b) Reduction of Total Lead Time (Fig 3-7)

Fig 3-7 explains Toyota's production scheme from receipt of order to delivery. Toyota cars are sold in Japan through about 300 dealers and about 4,000 sales offices. Each outlet is entrusted with the sales of specific models in its specific sales territory.

On the manufacturing side, different models roll off the same production line. Just the necessary amount of parts and materials are supplied at the specified time by 36,000 suppliers, according to the Kanban Method.

Toyota maps out a monthly production plan for the next three months, based on the monthly sales report submitted by dealers.

The daily production plan is elaborated by compiling statistics of orders issued by dealers every ten days.

A dealer usually sells from stock and places orders by predicting future sales. Recently, however, customer needs have been increasingly diversified, and manufacturers must often comply with requests for specification changes even after orders are placed. Such market information should be incorporated into the daily production plan without any delay. In 1986, dealers, sales offices, and production departments were linked on-line with "Toyota VAN", which is an automobile ordering system.

After introducing Toyota VAN, requests for specification changes are complied with until 4 days prior to shipment from the factory. Formerly it was 6 days. Also dealers have significantly reduced the average delivery time from 18 to 14 days.

16 day's worth of inventory shrank to 15 day's worth of stock. A terminal at each dealer displays data upon request, including when the ordered car is produced and where the car is being transported. Thus, shorter delivery times and upgraded customer service are the major benefit of introducing VAN.

Toyota is in the process of expanding networks with parts suppliers. When the "Electronic Kanban Method" is completed in the future, the production lead time is expected to further decline.

(4) Revolution in the Delivery Service by Network
(Yamato Transportation)

a) Innovative Door-to-Door Delivery Service (Fig 3-8)

Traditional moving and delivery service businesses were startled at a very ambitious challenge by Yamato Transport Co., Ltd., which was a company of medium standing, in 1976. Until this time, person-to-person package delivery was possible only by the state-run railways under the control of the Ministry of Transport or the postal package delivery of the Ministry of Posts and Telecommunications. Yamato Transport Co. held to three principles and started to take down the barriers of red-tapeism. Their three principles are;
1. Service by private companies creates new markets;
2. Computer-controlled delivery system makes the overnight

delivery possible; and

3. The company should create a nationwide network to provide inexpensive but quality service.

The innovative door-to-door delivery service is called "TAKUHAI" in Japanese.

Japanese D-T-D delivery service industry handled only 57 million packages in 1980, but Yamato's quality service boosted the number to more than 600 million at present. Meanwhile, the market for postal package delivery hardly grew. Yamato's sales was $5.6 million in 1980, but increased by 3.8 times and registered $21 million in 1987. The number of packages handled in the same period soared from 33 million to 290 million pieces, or 8.8 times. Yamato occupies a 40% share in the market, and is far ahead of the former "giant" businesses.

b) Outline of New NEKO System (Fig 3-9)

Fig 3-9 illustrates the outline of the NEKO(New Economical Kindly Online-system). Incidentally, NEKO means cat in Japanese and Yamato's logo uses cats. The NEKO system started to function in 1980 and was improved in 1984 by adding new functions. In 1987, their "Transportation Control System" was completed. The catch phrase of the system is, "Door-to-Door, overnight delivery to any place in Japan; Just give us a ring."

Let me explain about the features of the system.

Yamato's 12,000 sales drivers carry handy terminals. When a local office receives a call from a customer, within 10 minutes it sends collection instructions through MCA radio. A nearby wagon rushes to the customer's address and picks up the package.

Then, the sales driver inputs his/her I.D. code, his/her shop code, and wagon code, using a magnetic card. At the same time, the sales driver refers to the bar code attached to each package and inputs the type of the package as well as the codes of the sending and delivering offices.

2,000 PC's installed at 900 local offices receive information sent by sales drivers and transfer it to the computer center for data registration.

1,200 large size trucks are equipped with 400 MHz mobile radio receivers. 28 check points along express ways monitor the traveling conditions of trucks by detecting their radio signals.

In the event of bad weather or traffic accidents, control centers instruct trucks to make detours.

When delivery is completed, the sales driver reports it to the control center via a local office using a bar code. Incompleted deliveries, due to change of address or absence of the designated receivers, are also reported in the same manner. Thanks to this NEKO system, Yamato established "Just-in-Time" delivery service which can flexibly respond to customers' requests.

c) Revolution in Delivery Service (Fig 3-10)

Yamato's challenge has had a profound impact on the delivery business in Japan. It created a revolutionary delivery service, combining delivery service network, VAN, and bill collection service for customers (catalogue sales retailers). Indeed, this network changed the rules of the game and the structure of the delivery industry. Now, everyone realizes that an information network is a most powerful weapon in the widespread business battle field.

4. Future Issues and Perspective (Fig 4-1)

In order for technical progress to contribute to the social and economic development on a global scale, legal and environmental conditions should be improved and vulnerability of systems should be ironed out. Another vital issue to be addressed is how to prevent the anticipated software crisis stemming from a shortage in development capacity. According to MITI(Ministry of International Trade and Industry), Japan will be -- without any change of the present situation -- short 970,000 system engineers and programmers by the year 2000.

Deregulation, which I have earlier mentioned, and re-evaluation of legislation pertaining to the information society are essential for preparing a solid foundation of further growth. For example, there should be a preliminary agreement on who should be held accountable and how much the compensation should be in case of an accident in the process of EFT(Electronic Funds Transfer). A new law on EFT will be enacted in the next fiscal year in Japan. OSI(Open Systems Interconnection) is expected to play a key role in promoting standardization.

As for measures to overcome system vulnerability, preparation of back-up data and systems are emphasized in Japan to maintain security against crimes and major earthquakes.

Improvement in software development productivity and an expansion in the number of software developers are indispensable for the new era. The Japanese banking system, which I discussed earlier, compiled 10 million program lines, and was the fruit of the joint efforts of hundreds of people. These people weave a fabric of know how and intelligence. Engineering gigantic systems will be, therefore, an important task to be tussled with.

None of these "must do's" can be achieved without international cooperation. I firmly believe, if we, who are engaged in Information Technology, jointly address these outstanding issues by deepening mutual understanding, we can eventually create an affluent and congenial global society.

Fig 1-1 Recent Changes in Business Environment and Corporate Strategies

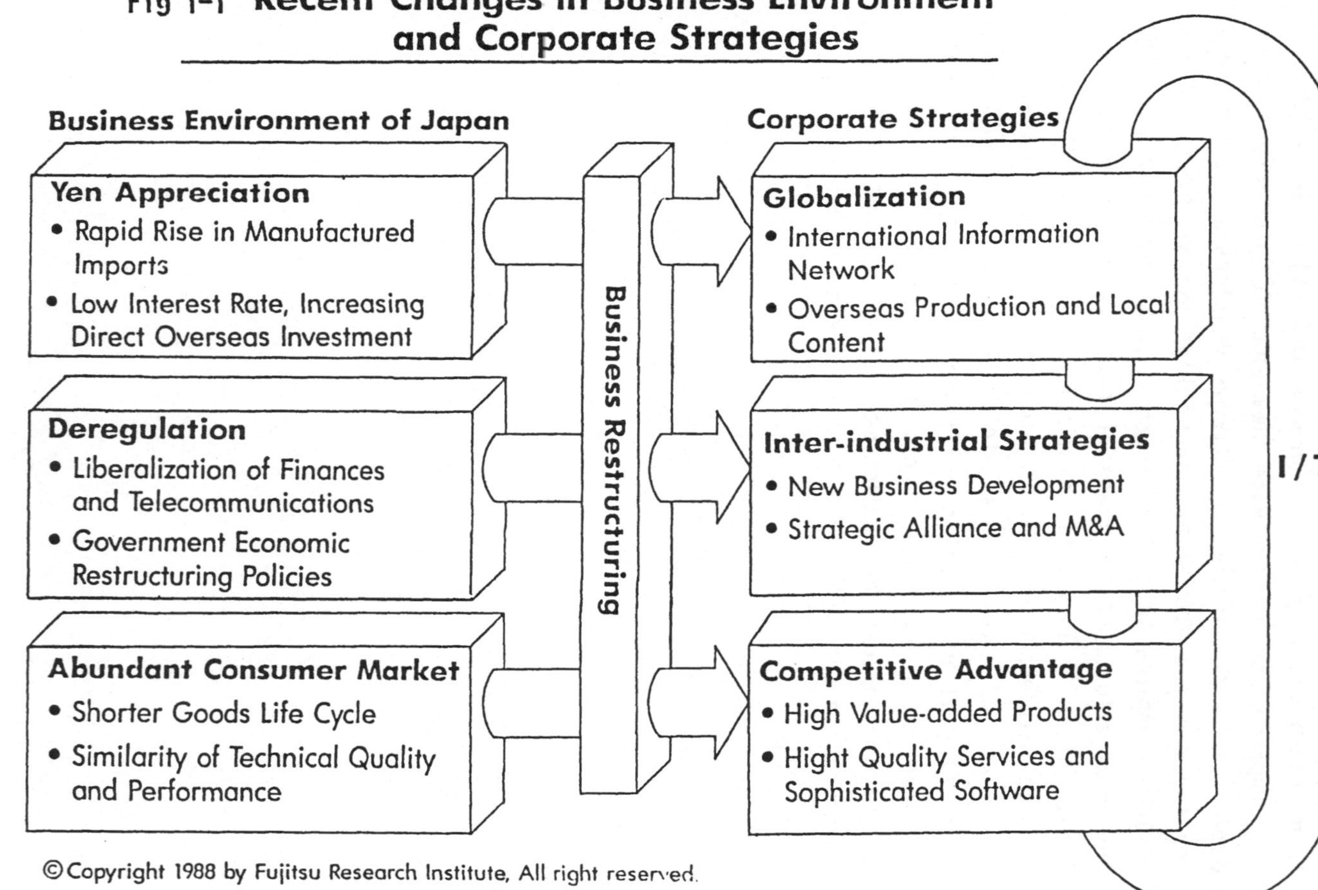

Fig 1-2 Impact of Appreciated Yen and Globalization

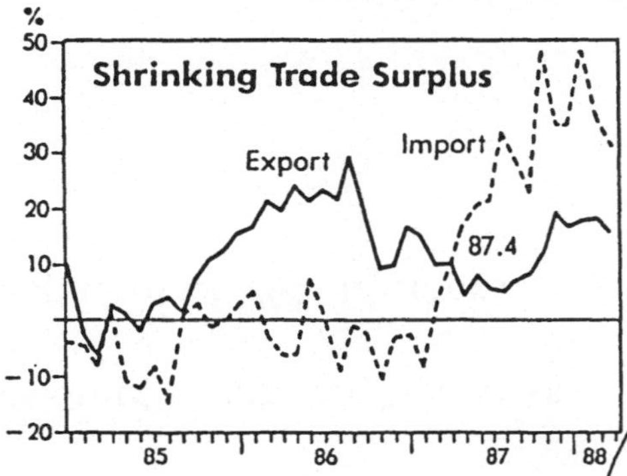

	Import	Export	
1985	130,031	182,634	($Mil.)
1986	125,343	215,130	
1987	162,037	238,053	

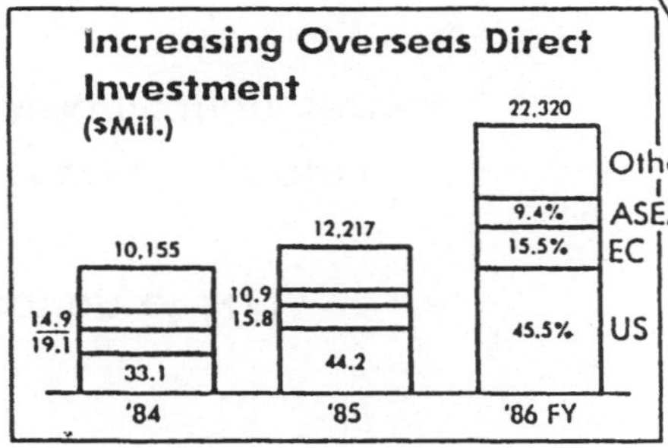

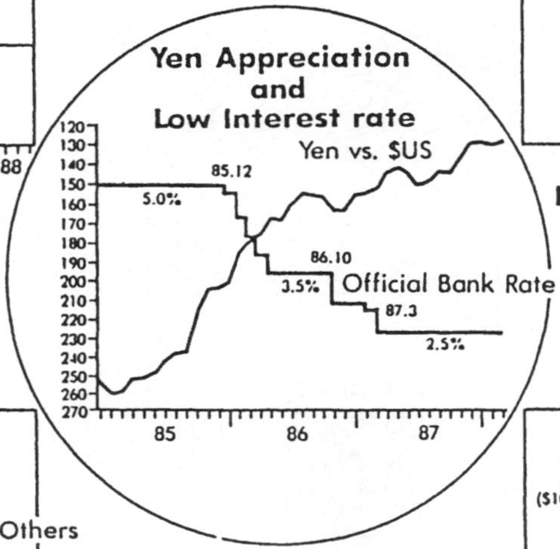

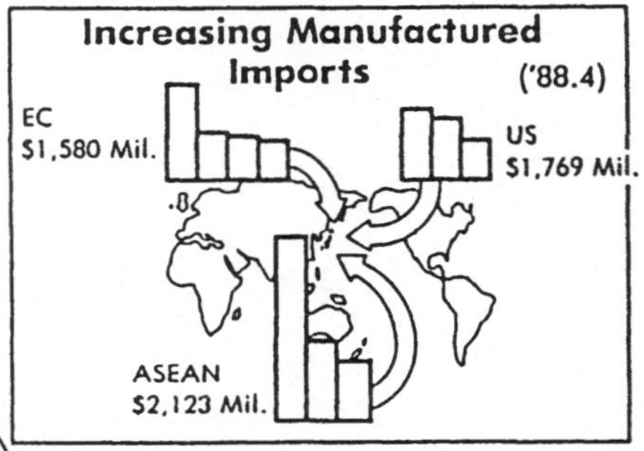

Ratio of Manufactured Imports

1985	31.5%
1986	40.1%
1987	45.6%

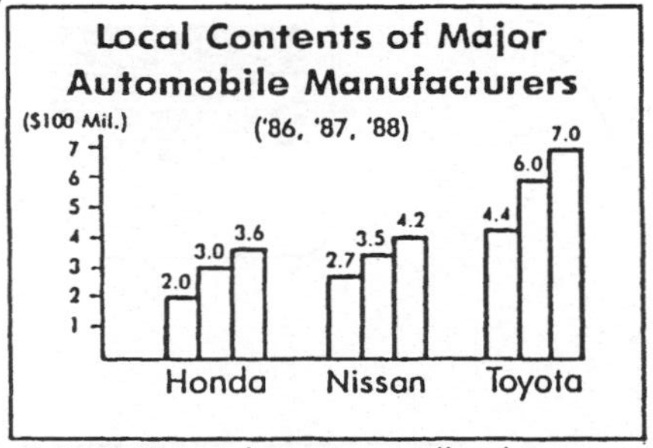

Fig 1-3 Liberalization of Telecommunication and New Business

- Privatization of NTT

- Legalization of Private
  Telecommunication Service

- Extension of Computer Networks

- Development of VAN Business

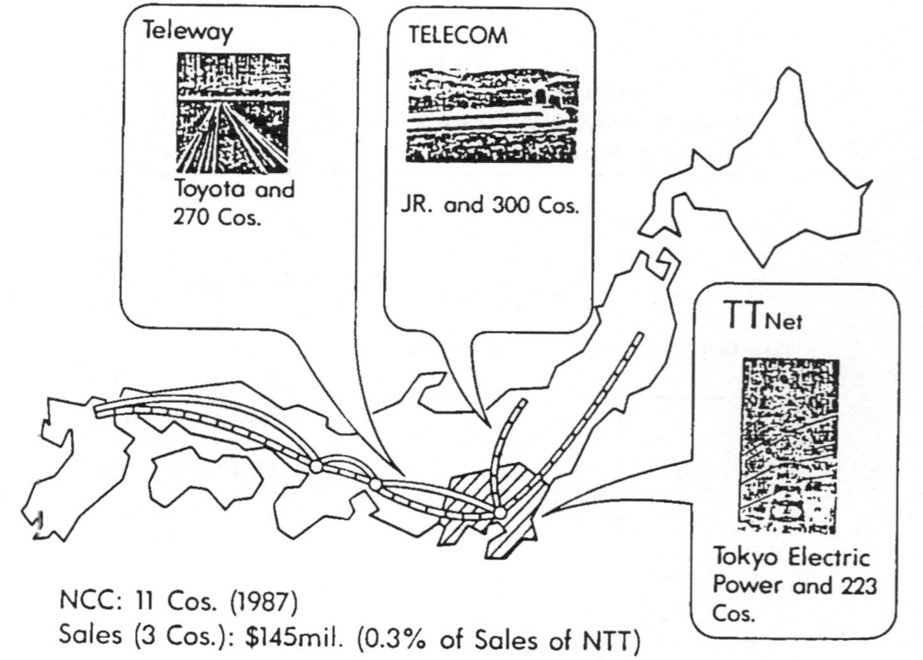

NTT: Nippon Telephone and Telegraph Co.

Fig 1-4 Manufacturing Companies' Participation in Information-oriented Businesses

(1982.9 ~ 1987.9)

Classification	No. of Participants / Total No. of Co.	%	Participating Areas		
			Electronic Components	Peripherals, Software	VAN Service
Foods, Textiles	33 / 92	36%	16	13	14
Chemicals, Petroleum	49 / 115	43%	39	12	13
Steels, Metals	32 / 69	46%	31	6	5
Industrial Machinery	20 / 66	30%	5	14	6
Transportation Machinery	18 / 60	30%	12	5	4
Others	38 / 89	43%	26	17	14
Total	190 / 554	34%	129	67	56

[Source: FRI]

151

Fig 2-1 Overview of Modern Information & Communication Systems

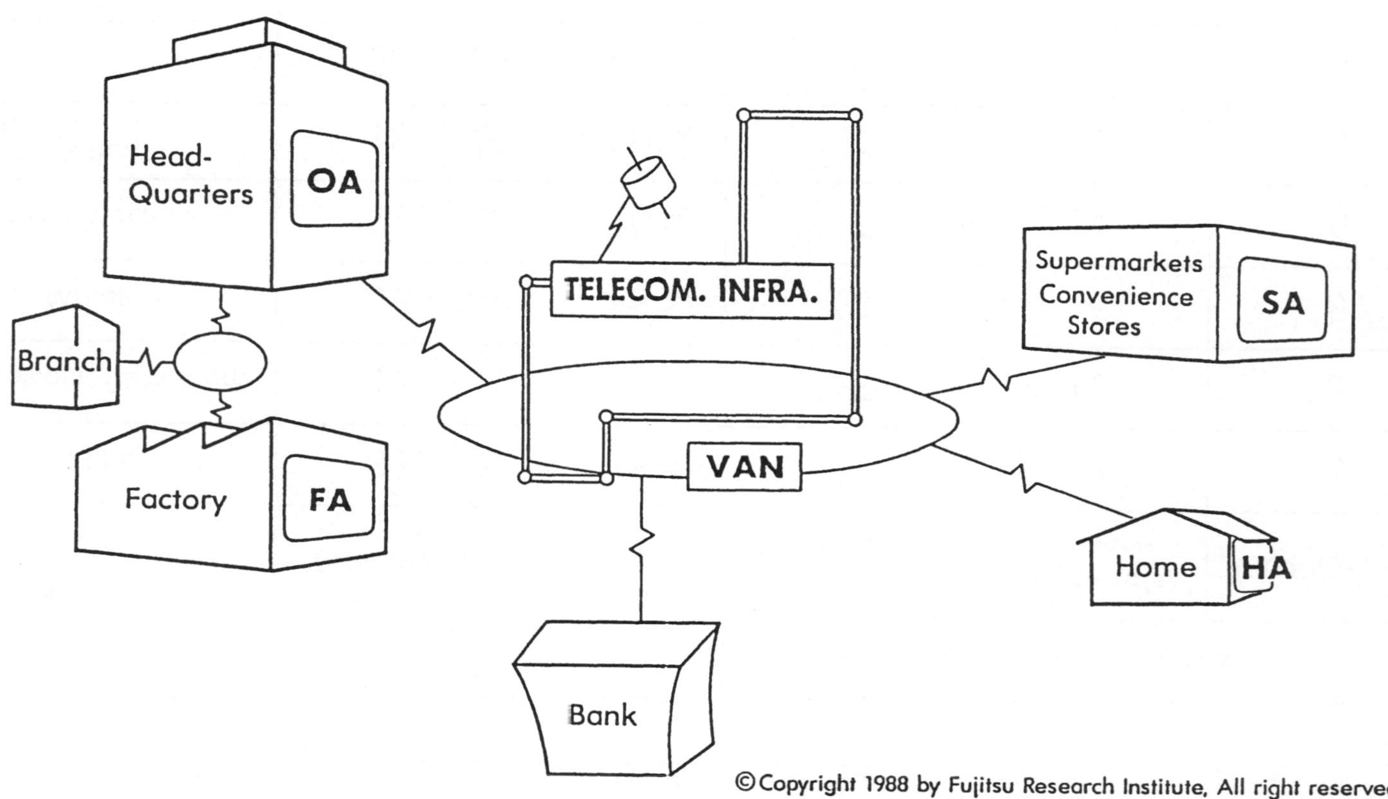

Fig 2-2 Increase in Computer Users in Japan

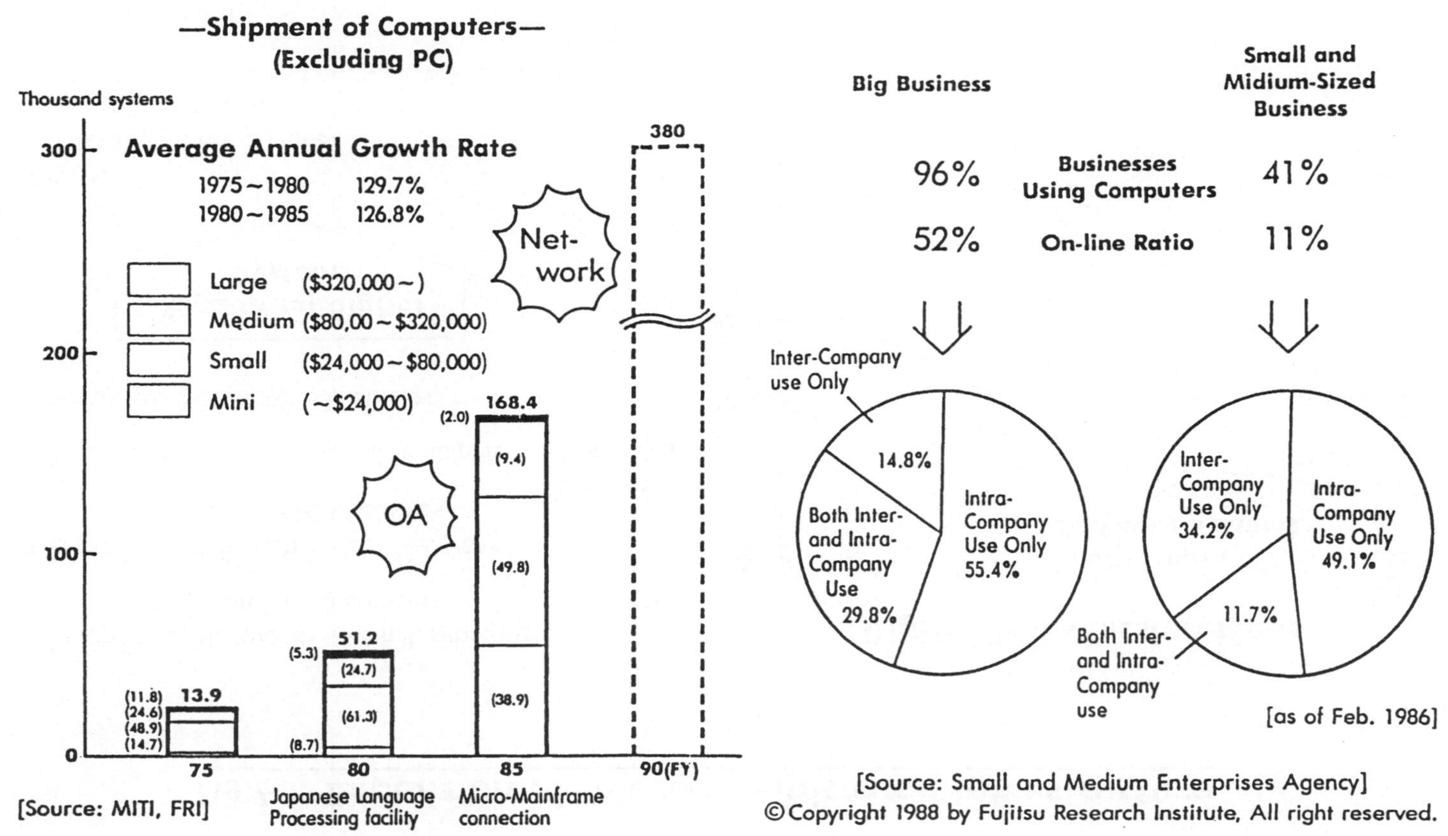

Fig 2-3 Expansion of Telecommunication Infrastructure

- Telephone Network: 46.8 mil. subscribers
  (1 unit for 2.5 persons)

- Digital Data Transmission Network:
  33,000 institutes

- Facsimile Network: 1.4 mil. terminals

- Videotex Network: 30,000 users

Most of 654 cities

Expediting Digital Systems

- ISDN
  - '88.4.19   Start (3 cities)
  - ~'89.3   Expansion (27 cities)
  - '89.4~   Service Elaboration (Wide Band, Packet)

- Digital Switching Systems
  Digital Ratio: 26% ('89.3), 40% ('90), 100% (2000)

- Digital Transmission Lines

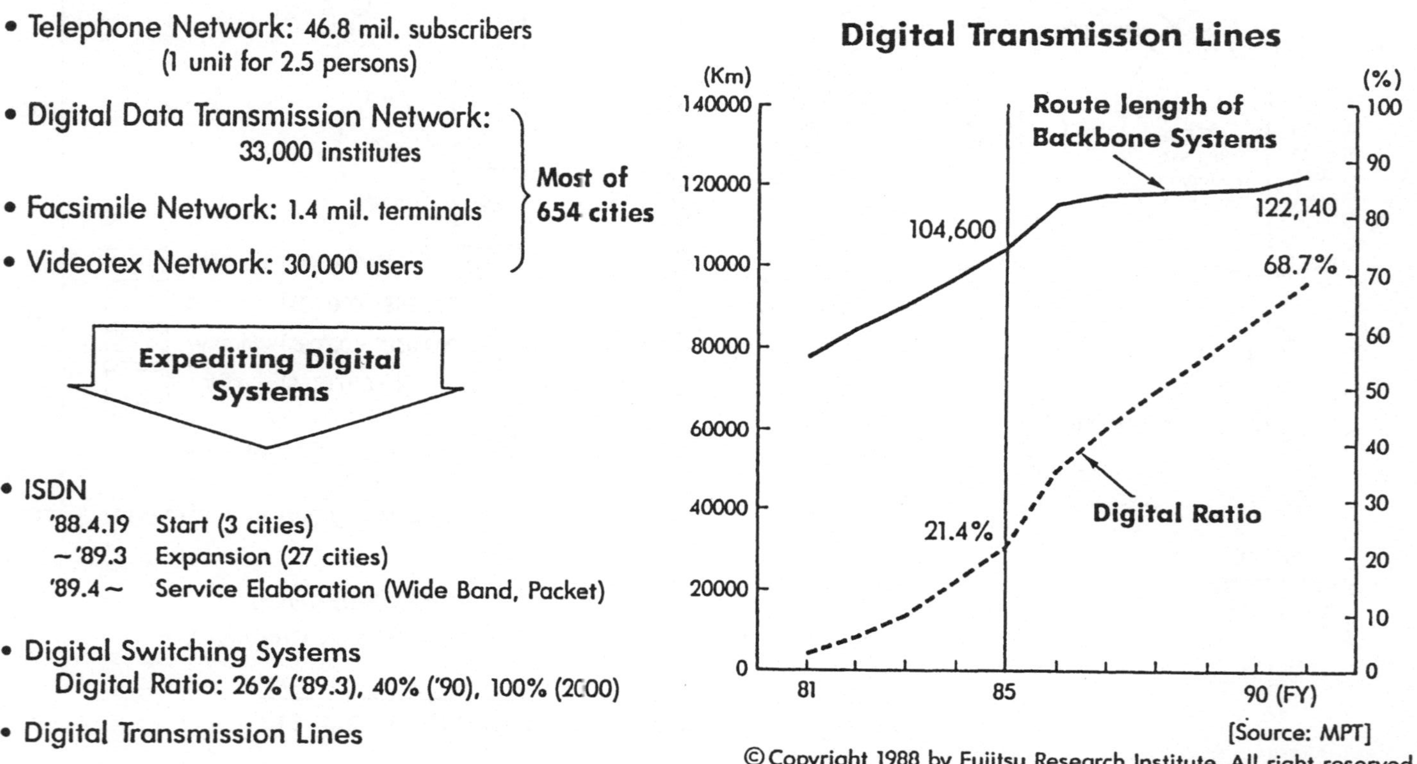

Fig 2-4 Progress in VAN Service

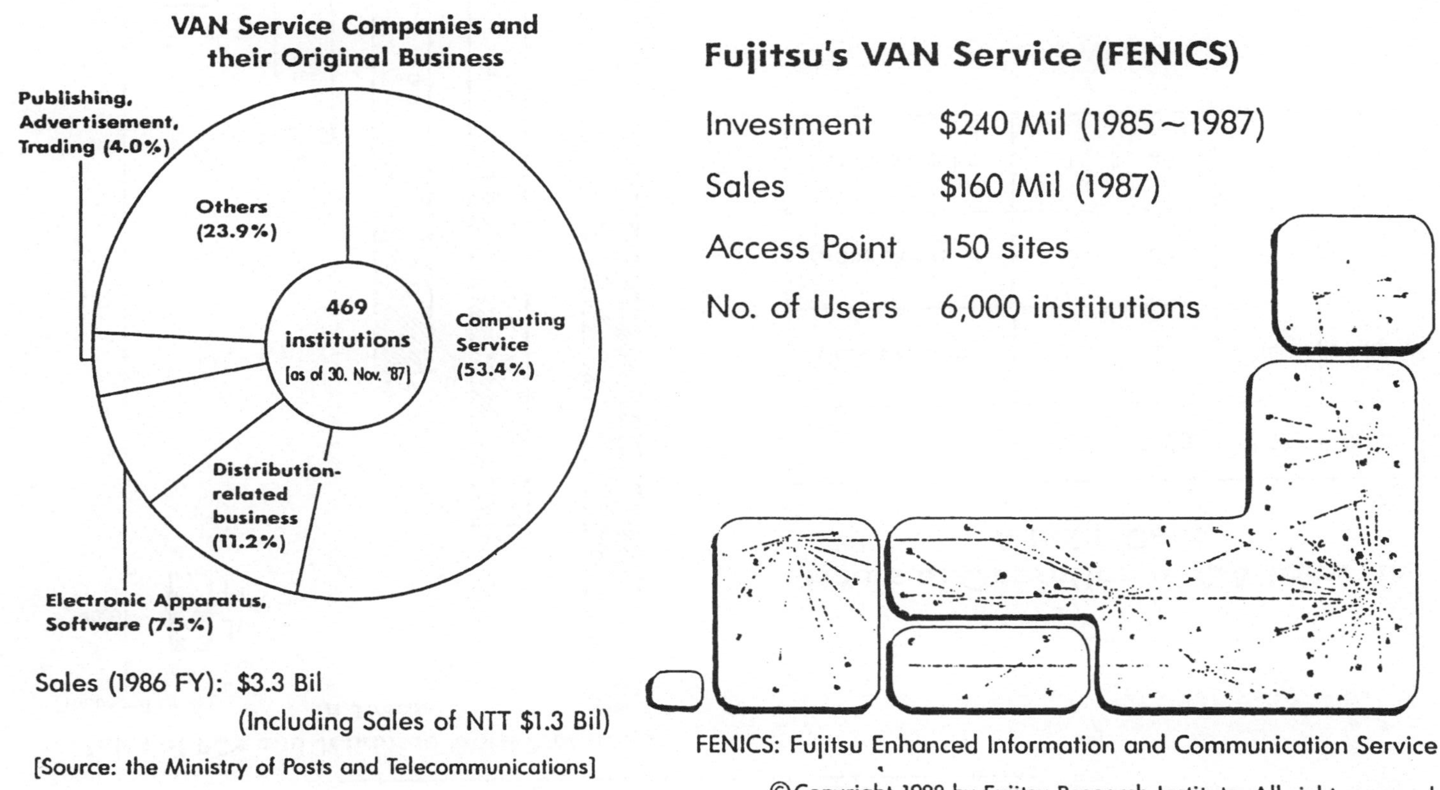

Fig 2-5 Progress in Office Automation

Sales of PC's and Japanese Word Processors in Japan

Hours of Operation of OA Eqmt. in Admin. Dept.

	1983	1990	1995	2000 (%)
Management	18	25	34	40
Male clerks	25	38	47	55
Female clerks	34	46	57	66

Fig 2-6 Progress in Factory Automation

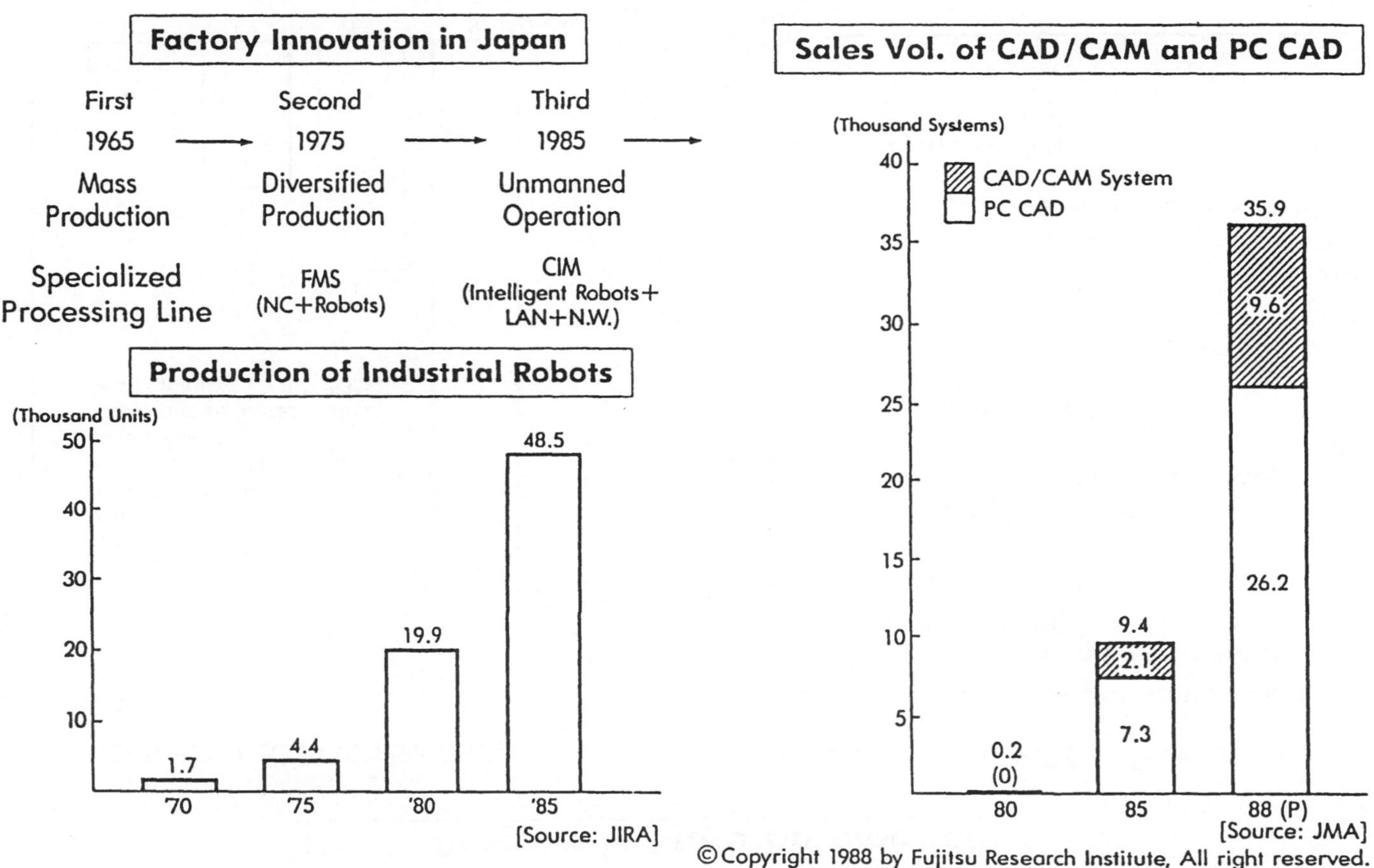

Fig 2-7 Progress in Store Automation

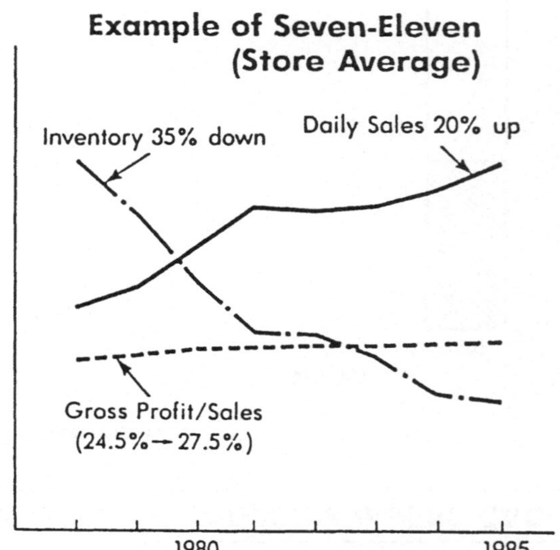

Utilization of POS Information

- Just in Time, To Cut Distribution Cost
- To Acquire Information on Emerging or Waning Demands
- New Product Planning

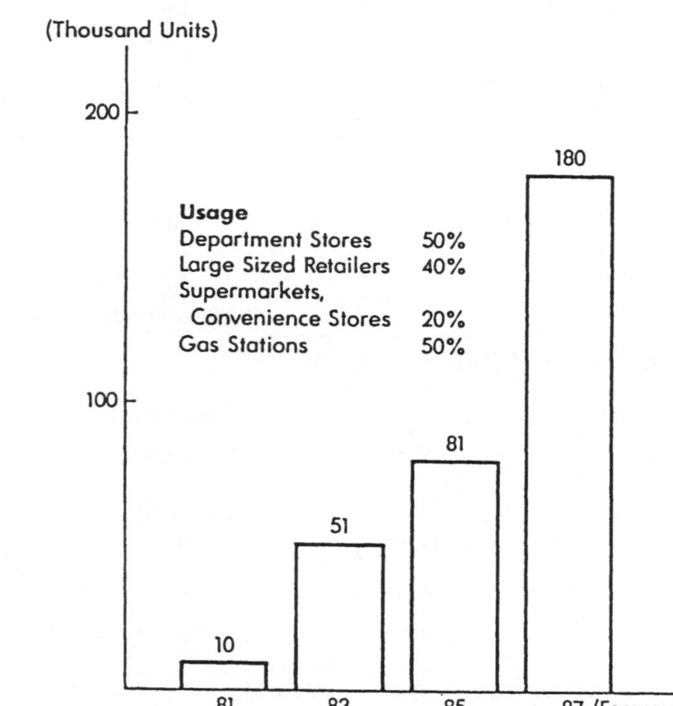

Fig 3-1 Survey on Opinions among Top Executives

—I/T Contribution to Management: Degree and Area—

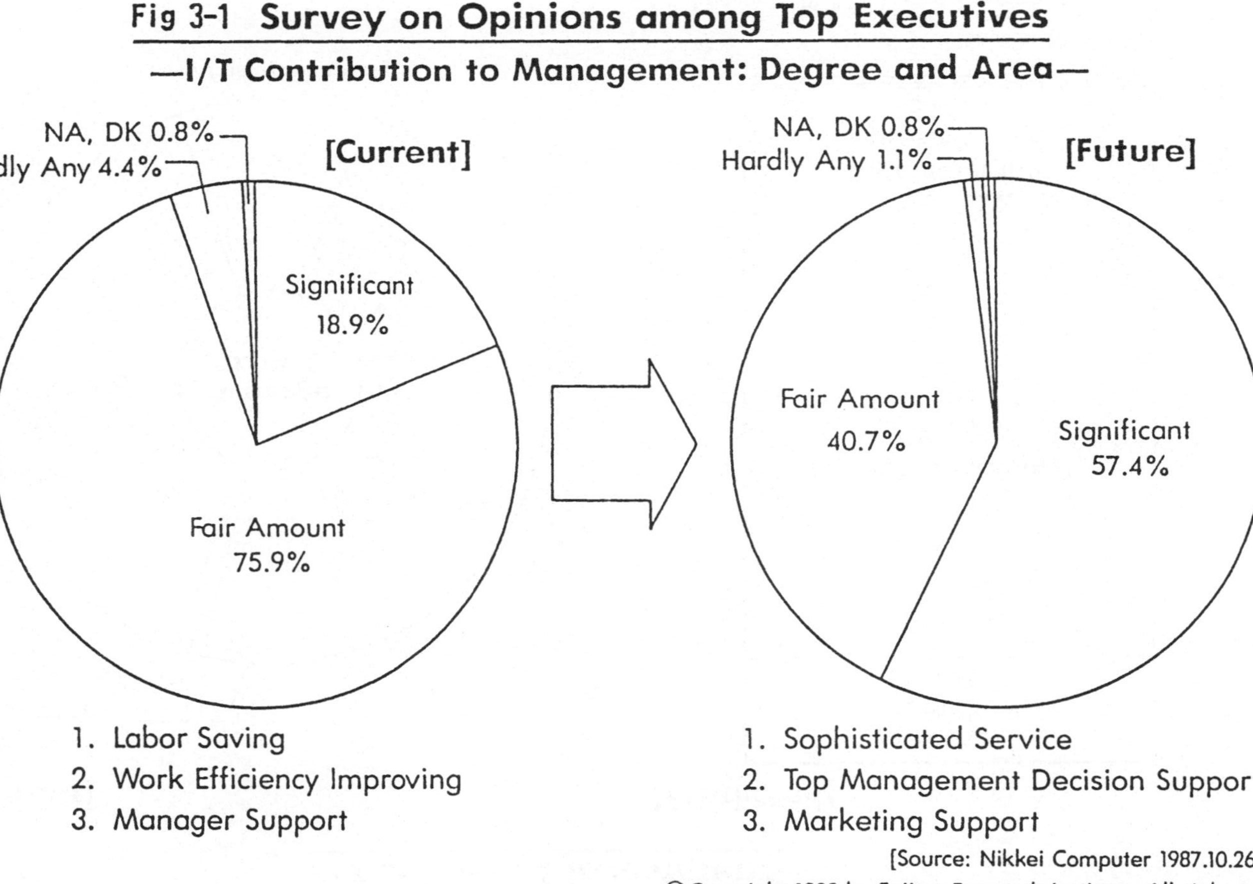

[Source: Nikkei Computer 1987.10.26]

Fig 3-2 —I/T Investment—

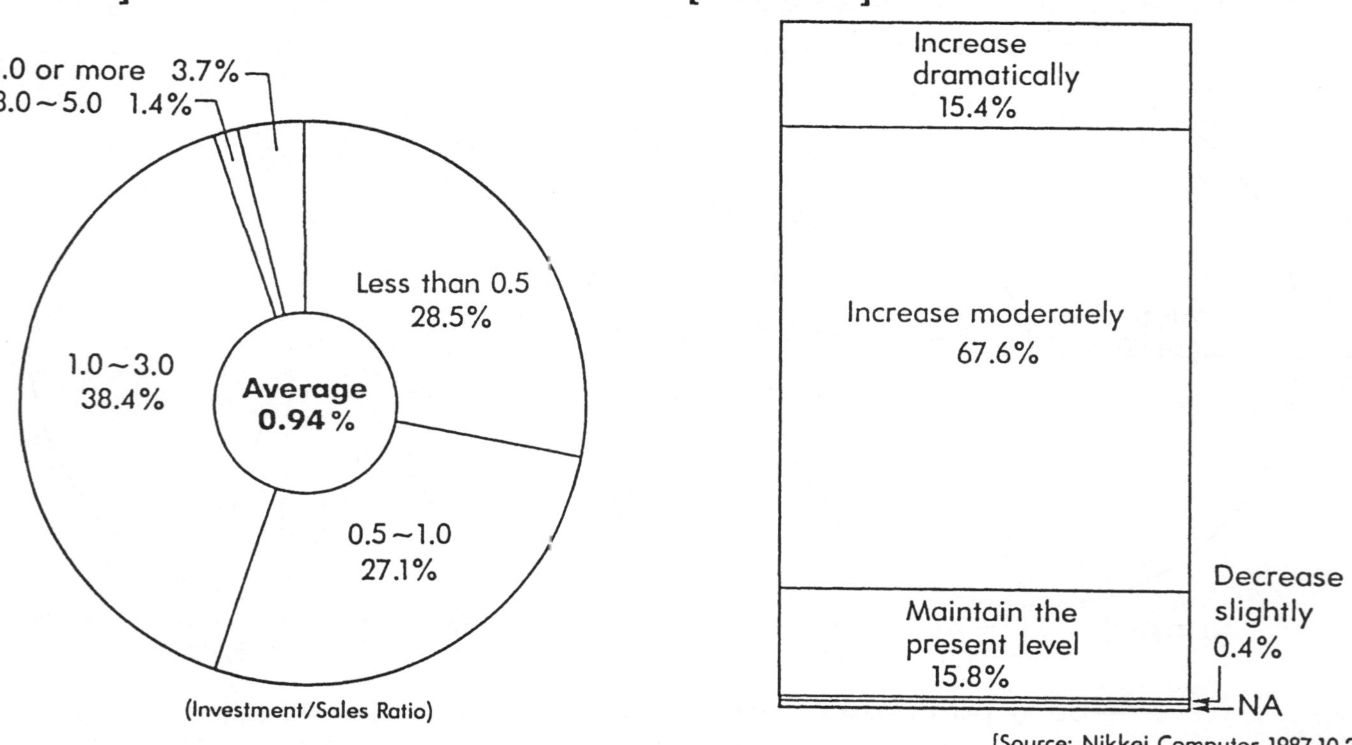

[Source: Nikkei Computer 1987.10.26]

Fig 3-3 Japanese Banks Developing into Information-oriented Industries

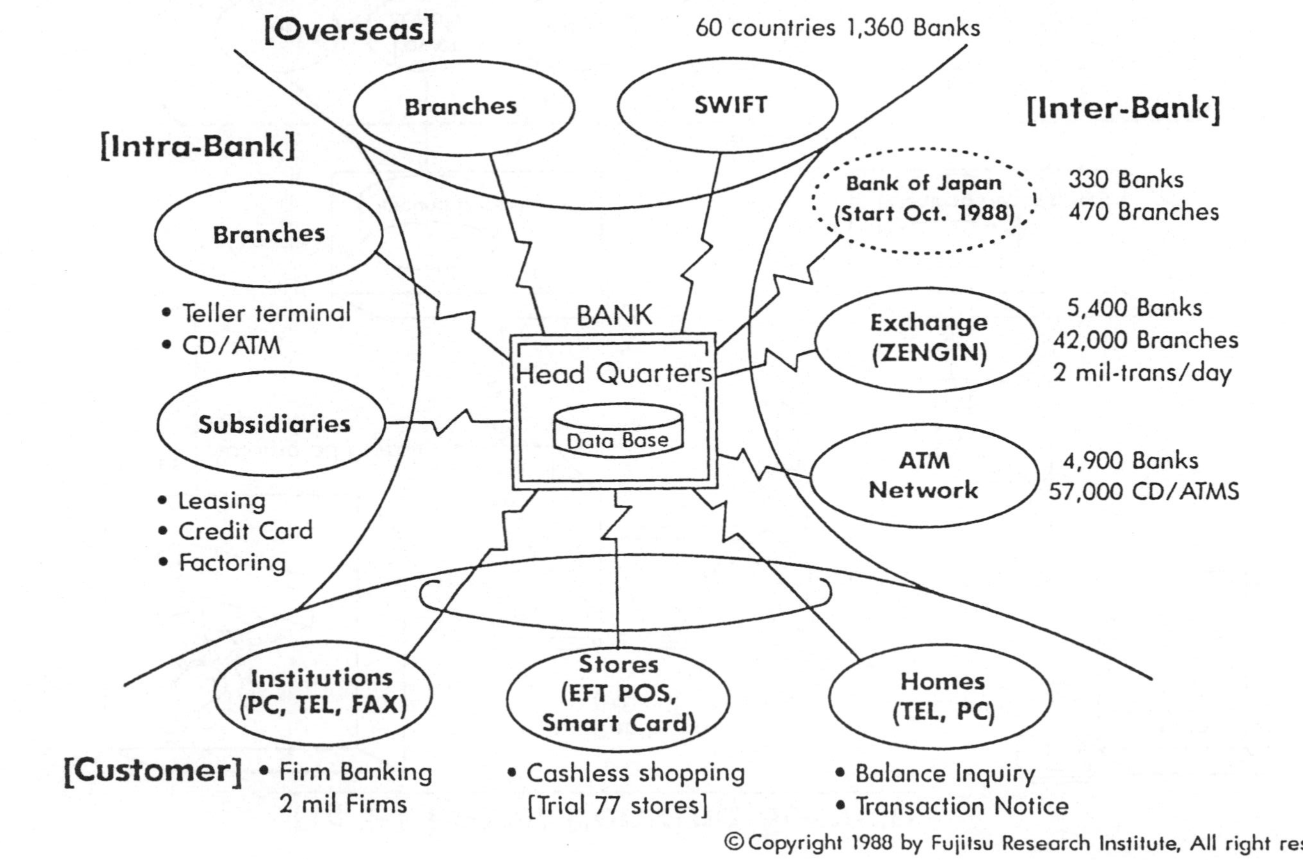

Fig 3-4 Retail Banking Service

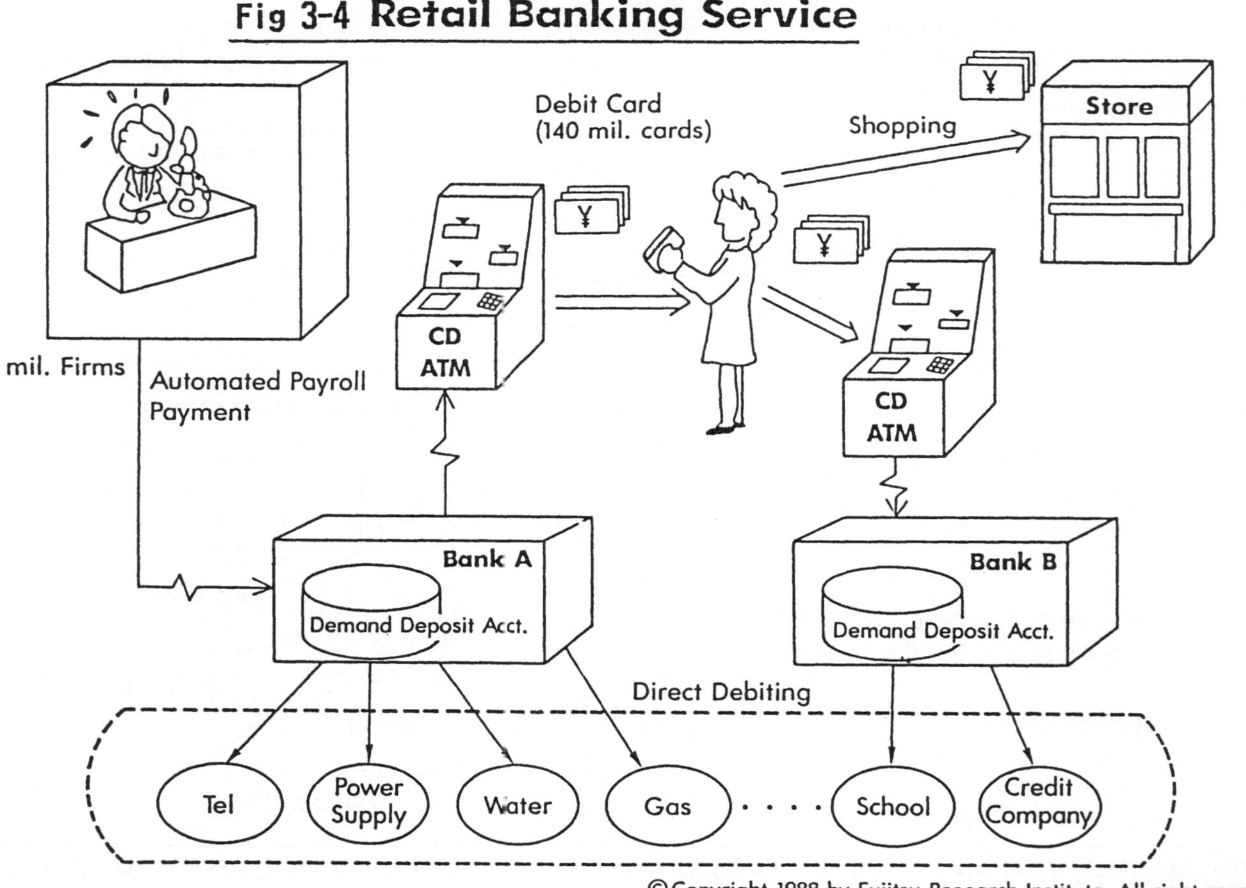

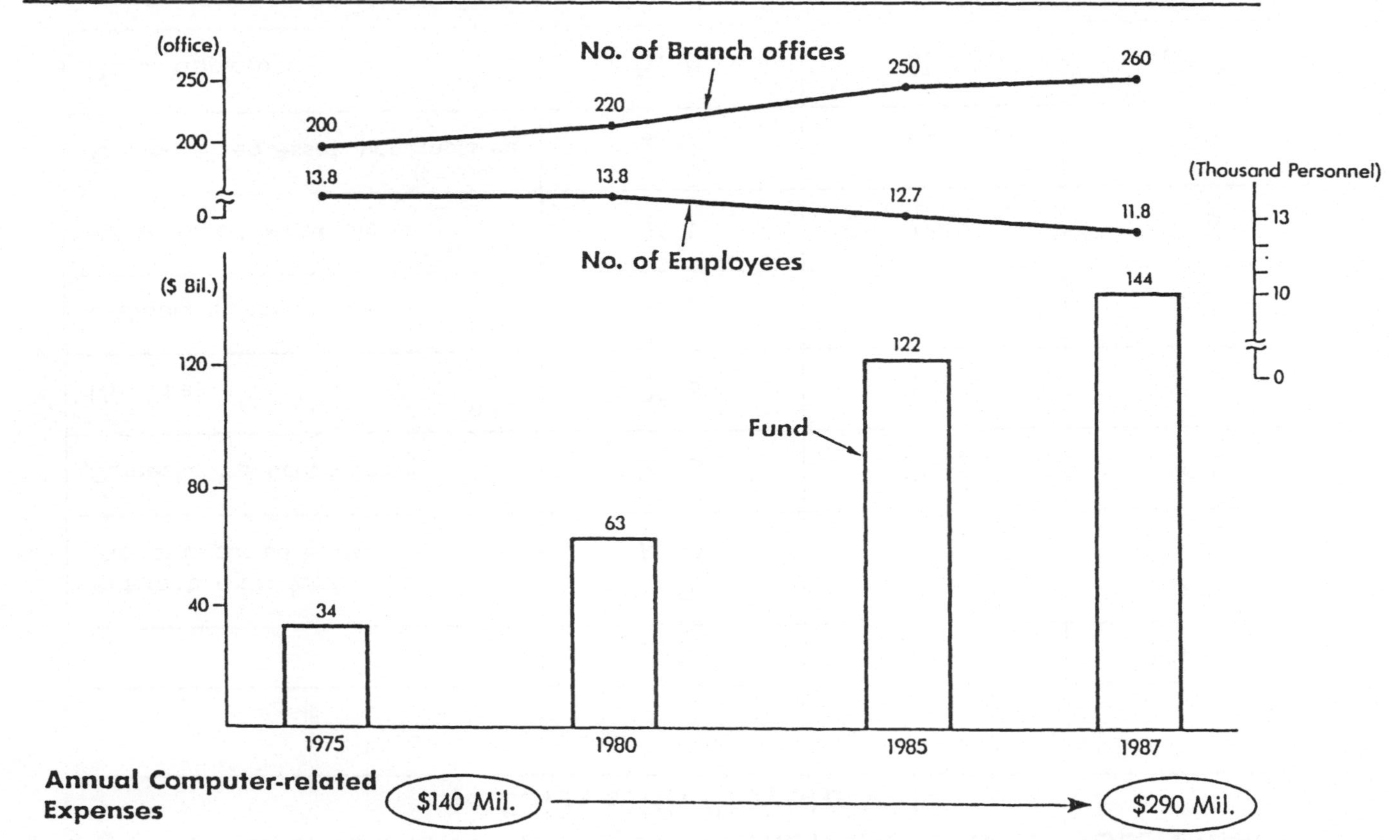

Fig 3-5 Operation Scale of City Bank (Average of 13 Banks)
(office)
250
200
0
No. of Branch offices
200
220
250
260
13.8
13.8
12.7
11.8
No. of Employees
(Thousand Personnel)
13
10
0
($ Bil.)
120
80
40
34
63
122
144
Fund
1975
1980
1985
1987
Annual Computer-related Expenses
$140 Mil.
$290 Mil.

Fig 3-6 JIT Method Is Consistently Applied from Parts Procurement to Sales with "Toyota VAN"

	1983.6	1985.6	1987.6
Automobile Production (No. of Exported Units) (Mil.)	3.2 (1.6)	3.5 (1.9)	3.7 (1.9)
Domestic Production Share (%)	29.5	30.6	29.8
Net Sales ($ Bil.)	37.4	46.3	45.6
Ordinary Income ($ Bil.)	4.6	5.2	3.2
Value Added per Employee ($ Thousand)	124	150	118
Tangible Fixed Assets per Employee ($ Thousand)	250	266	304
No. of Employees (Thousand)	57.8	61.7	64.8

Fig 3-7 Reduction of Total Lead Time

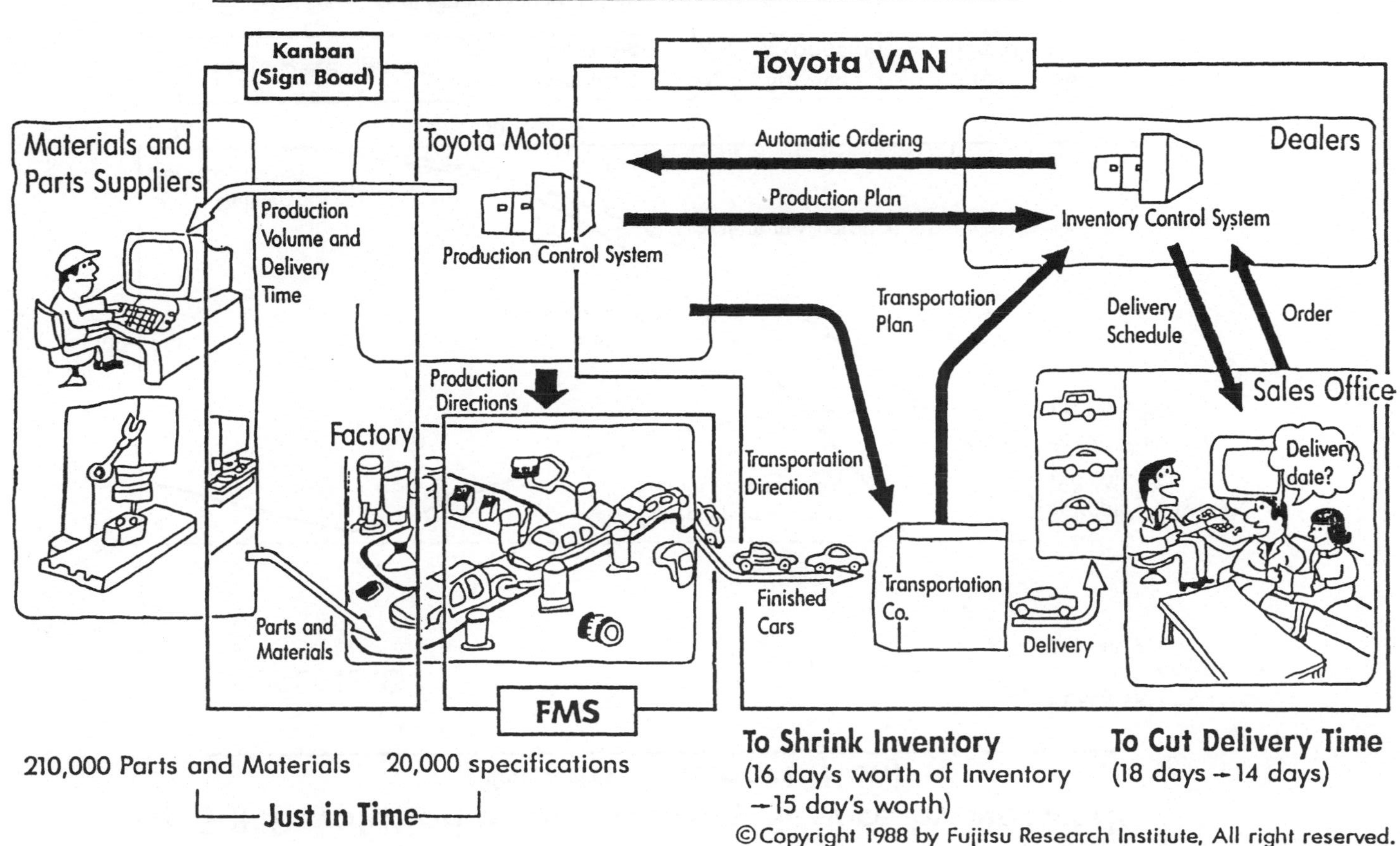

Fig 3-8 Revolution in the Delivery Service by Network
(Yamato Transportation)

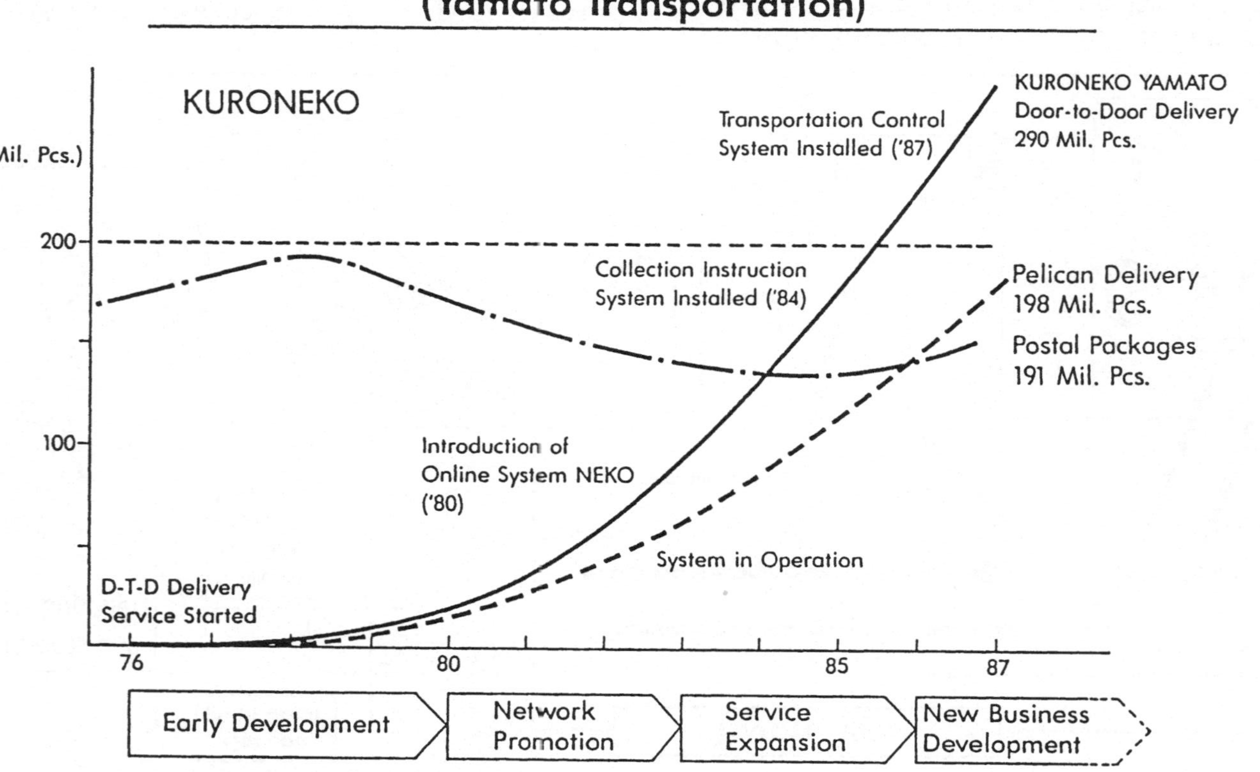

Fig 3-9 Outline of New NEKO System

Collection Instruction System

- MCA Radio
  (180,000 local agents)
- Handy Terminals
  (12,000 Sales Drivers)
- 2,000 PC's at 900 Local Offices

Transportation Control System

- Mobile Communications Systems (400 MHz)
  1200 Trucks Equipped with Radio
  28 Check Points along Expressways

Delivery System

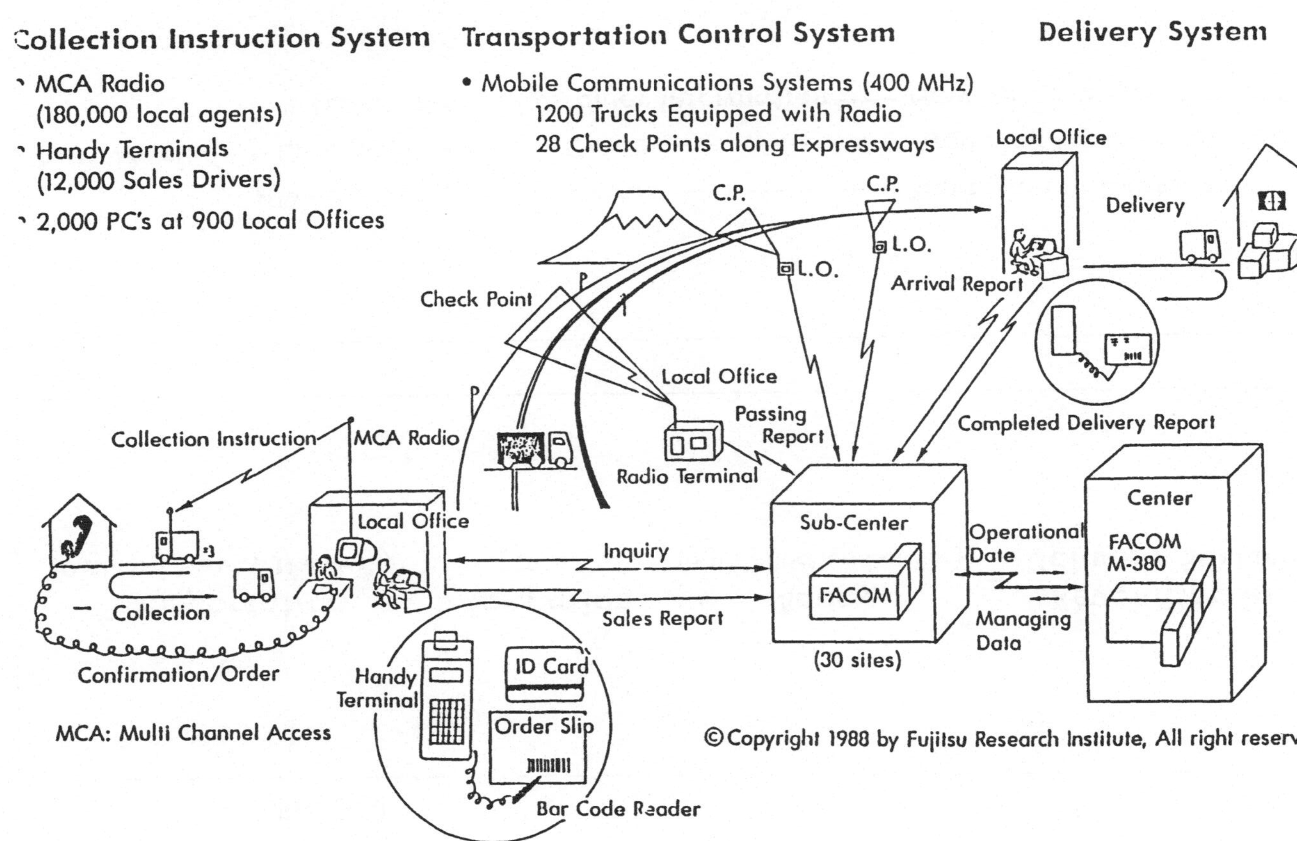

MCA: Multi Channel Access

Fig 3-10

Transportation + Information + Money ⇒ Revolution in Delivery Serivce
(Delivery Service Network)   (VAN)   (Bill Collection Service)
Network → New Service for Customers → Expansion of Demand
Network → Changes in Rules of Game → Acquiring Competitive Edge
Network → Accumulation of Customer Information → New Business Development

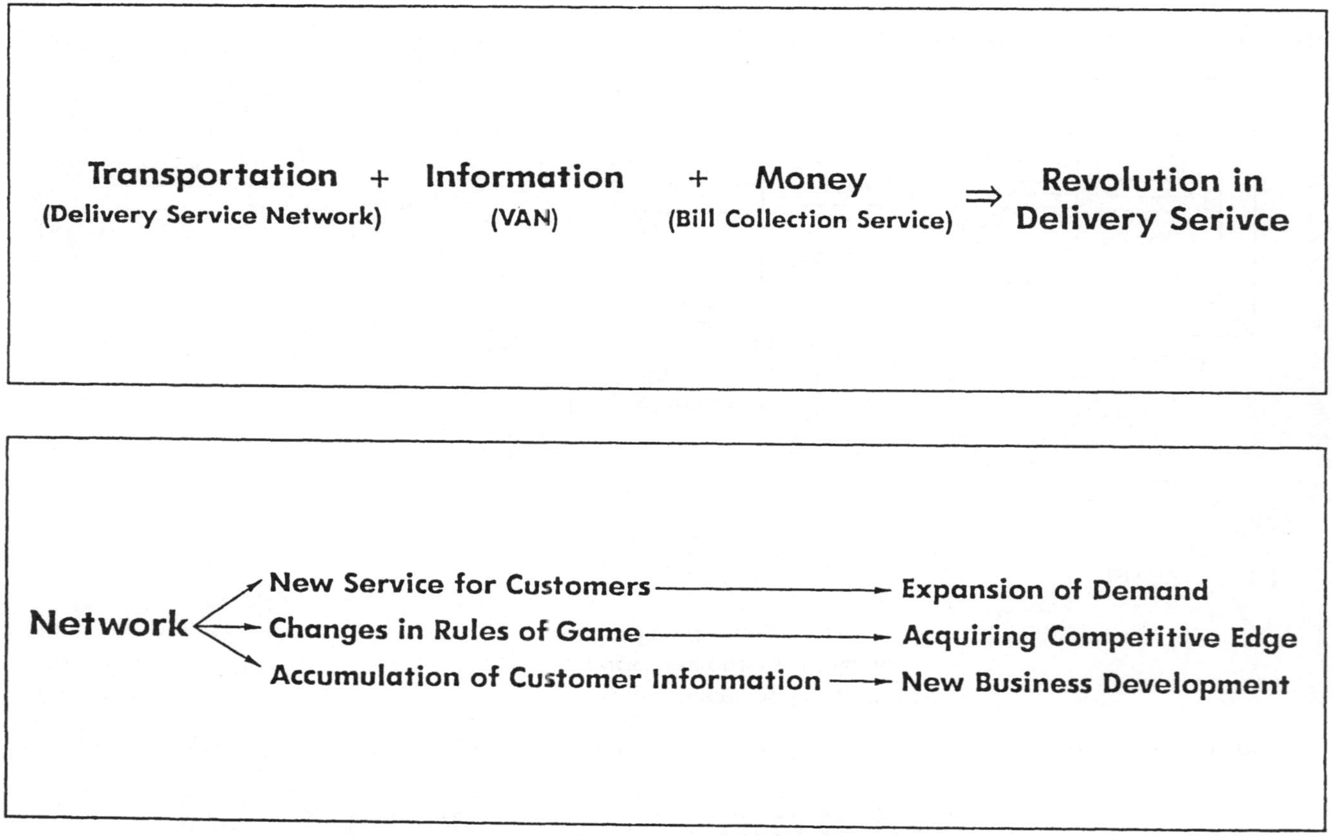

Fig 4-1 Future Issues and Perspective

Preparing Legal and Environmental Ground

- Reevaluation of Legislation
- Standardization
- Protection of Intellectual Property

Overcoming Vulnerability of Systems

- Security Maintenance
- Protection of Privacy

Overcoming Software Crisis

- Increasing Software Productivity
- Increasing System Engineers

The Usefulness of Modern Information Technology from the User's Viewpoint: A Report on the U.S. Experience

J. Diebold

Good afternoon. It is a pleasure to be here, on what
is the second occasion that I have had the honor to
address a Munchner Kreis meeting. I first came to this
city when I was 10 years old, and I have always loved coming
back. It is a very fine place to be.

Computer and communications technologies have brought
fundamental changes in businesses. Generally, when one
speaks of information technology and its applications,
the focus of corporate and policy leaders to date has been
the internal uses of technology within the organization,
whether it be a corporation or government agency.

However, there are also important changes external
to the corporation: Information technology and its
applications are increasingly part of societal
infrastructure systems linking consumers, businesses,
government agencies and other institutions.

The new environment will change the way in which
businesses will inter-relate with each other -- from
suppliers to distributors to customers. Many companies
will find that the nature or definition of their business
is being revised. And the new technological options will
raise profound questions about the way we organize and
staff our businesses, the way we make investment
decisions, and the way we plan for the future.

I have been asked to comment on the U.S. experience
and some of the current issues that relate to this field
of information technology. There are five areas I will
address:

1. A general overview of the information technology
   industry and the level of business investment in
   information technology.

2. The new information environment, and developments we
   must think about in the period ahead.

3. Changes in the 1990's on the supply side of the
   industry, based on my firm's own model of structural
   change.

4. Some implications of these changes for users.

5. Concluding comments on the challenges facing all of
   us, especially users, on investment decisons that
   must be made regarding IT.

I. A Report on the U.S. experience.

One of the most widely discussed impacts of information technology on users is its effect on productivity.

The most recent U.S government figures on investment levels in information technology were released a few weeks ago by the Office for Technology Assessment. For various technical reasons, I think its numbers are inflated, but they state that 40% of U.S. plant and equipment expenditure went into information technology in 1987 -- double the 1978 share.

Another U.S. government agency, the Bureau of Economic Analysis, reports that in 1987, U.S. businesses invested 33% of total capital spending on information technology in 1988 dollars (42% in 1982 dollars), and this figure is probably more accurate. This amounted to $101 billion spent on information technology, including office computing, communications, instruments, and photocopy equipment.

Whatever the precise figures may be, at this stage in the 30-year history of this field, if a third or more of capital investment in the U.S. is going into information technology, that is a significant portion.

In addition, of the increase on new plant and equipment investment -- and we had a sharp increase last year -- 60% was accounted for by information technology. The qualitative nature of the investment is even more important: By nature, it will change materially the structure of all our institutions.

Despite these enormous investments in information technology, the payoff in terms of U.S. productivity seems to be elusive. It is probably ill-advised to try to address in less than a day the issue of the impact of information technology on productivity. One question consistently put forward is that if we are investing so heavily in information technology, why is. it that our rate of increase in productivity is so poor?

The U.S. productivity rate is still higher than any other country in terms of the actual output per person. However, the productivity GROWTH rate lags behind that of Japan, Britain and many other countries.

Expressed in 1988 dollars per person employed, in 1987, U.S. productivity ranks as follows with these other nations:

    U.S. $38,896
    Canada 37,150
    Netherlands .. 33,715
    Italy 33,259

```
France  .......  33,171
Belgium ......  32,007
Japan   .......  27,508
```

In terms of the productivity GROWTH rate, expressed
as a percentage change over 1979-1987, the U.S. lags
behind several countries:

```
U.S. ......... 0.8%
Canada ....... 1.0
Japan ........ 2.8
France ....... 1.9
Italy ........ 1.9
W.Germany .... 1.5
Italy ........ 1.9
UK ........... 1.8
Netherlands .. 0.2
```

U.S. productivity in 1987 alone was up 0.9% over
1986.

In manufacturing, the U.S. productivity growth has
been quite good -- 3.5% last year. But the largest
proportion of information technology investment goes into
the service sector, and here productivity growth figures
are flat. And in retail and finance, productivity has
plunged. Grocery store productivity has dropped 16% since
the early 1970's.

One of the U.S.'s top business magazines, FORTUNE, proclaimed in a 1986 cover story called "The Puny Payoff from Office Computers" that office technology has actually done nothing to improve white-collar productivity; despite billions of dollars in investment in office computers, productivity figures were reportedly unchanged over the past 20 years (FORTUNE, May 26, 1986).

Reports such as these overlook the fact that computers change fundamentally the way we work and the way we do business. One cannot compare the productivity figures of the precomputer days to today, because the computer allows us to do entirely different things. Insurers can offer a wider range of insurance and financial products. A company like American Express can offer an enormous variety of highly personalized services, including travel services, loans, shopping, and personal recordkeeping.

Today one could not run a bank, or an airline, or any number of companies without a computer. Without automation, the productivity figures would have declined -- because of the additional services now provided by businesses. Productivity therefore becomes hard to measure.

Another reason why expectations about office automation were not met is because "islands of automation" were created to satisfy specific needs that were formerly handled by computer-generated reports or manual systems. Those islands were layered ON TOP OF computer-generated reporting or Pmanual systems -- and did not replace them.

The payoff from OA, therefore, was not realized -- NOT because of flaws in the OA systems, but because of failure to eliminate previous duplicative systems, as well as failure to integrate these islands into a cohesive whole.

And the so-called "puny payoff" raises a basic question: How do you measure puny? Many if not most of the applications of OA are in areas where the payoff is "soft" -- not quantifiable -- because office computers support managers, professionals, engineers, accountants, market research and other knowledge workers in decision support and in discretionary tasks. The machines do not displace labor, but provide support to high-priced labor.

Are the benefits in these areas "puny," or are managers' expectations inappropriate? If computers let high-paid people do more, the company is not adding high-priced labor and is saving money in this way.

We simply do not have good data on the relationship between our investment in information technology and productivity. What we do know is what our friend from Fujitsu just made clear in his presentation: Technology is changing the way in which businesses operate and

interrelate. Much of what I have to say today relates to
that fact.

THE STATISTICS ON U.S. COMPUTING

The following are some figures on aggregate numbers
of computers in the U.S.:

-- 30,000 installed mainframes.

-- 300,000 minicomputers.

-- About 10 million microcomputers/PC's.

According to the "1988 U.S. Industrial Outlook"
published by U.S. Dept of Commerce, the U.S. computer
equipment and hardware industry has seen shipments rise
10% in 1988 to $63.3 billion, a slight recovery from a
2-year slump.

Total employment in the U.S. computer industry
declined 4% to 332 million in 1987, with the number of
production workers declining at 9% to 105 million.

Exports were up, stimulated by a weakened dollar.
Mainframe exports were up 30% in 1987, while peripherals
exports were up 20%. The lower dollar did not hurt
imports, however. Unit imports were up 20% and would have
been higher if 100% tariffs had not been in effect on
Japanese laptop and desktop computers.

The value of all U.S. imports for 1988 are projected to be $18.1 billion; exports are projected at $20.9 billion.

About 280 supercomputers, with a value of $3 billion, were in use in 1987. U.S. suppliers manufactured 80% of these and Japan produced the remainder.

U.S. mainframe shipments rose 5% to nearly $10 billion in 1987. Spending patterns are favoring smaller systems.

Shipments of microcomputers, or PC's (priced under $15,000) in the U.S. exceeded $7 billion and 4 million units Pin 1987. For 1988, shipments are projected at $8 billion, up 14%. Of this, the business/professional sector accounts for 60%. Sales to the home user market dropped 10% to 2 million units in 1987. Scientific and educational markets remained strong.

The growth of networking has paralleled the growth of PC's. The local-area network market grew 50% in 1987.

The U.S. is the world leader in software. The U.S. software industry grew 3 times faster than the hardware industry in 1987. Worldwide revenues of U.S. software firms rose 23% to $31 billion in 1987. Of this, $4 billion was revenues for U.S.-made packaged software for

PC's. $7.2 billion was for packaged software for
mainframes.

Employment in U.S. software industry reached 235,000
by mid-1987, up 10% from mid-1986. R&D expenditures in the
U.S. software industry equaled 10% of revenues in 1986.
Software ranked third out of 12 electronics industry
segments in the sample, behind semiconductor and test
equipment Pmanufacturers, in percentage of revenues
allocated to R&D (Source: Electronics Business magazine).

II. The changing information environment.

When I founded my company, in 1954, it was the first
year that a computer had been applied to business use. In
that decade, the big question was whether a large company
could use a computer. By the 1960's companies were
experimenting in using one computer per division or
subsidiary. Then in the 1970's it was one computer per
department. Now in the 1980's we have one computer per
person -- and in some cases, two or three computers per
person, with one PC in the office or laboratory, one at
home, and a portable machine for traveling. Many
businesses have tens of thousands of PC's. The
proliferation has been substantial.

At the same time, there has been a qualitative
change in information systems. We began with computers
as a centralized activity. Today it is highly

decentralized, with perhaps a centralized MIS policy group.

We began with the motive power coming from MIS. Today the driving force is the end user.

We began with a small number of specialized people dealing with technology. Today large numbers of nontechnical people are dealing with the technology and getting maximum use of it.

We began with a period when a company could comfortably say, "This is our investment level in information technology." Today more than half of corporate investment in the technology is not even on the books. It is distributed so widely in user budgets and bought so many different ways that virtually none of the statistics on computer expenditures are valid.

We began with managing computers as a technological development; now in many leading-edge companies it is managed in an entrepreneurial way.

The computer systems manager has gone from being a wholesaler to a retailer of information. As a result, we are entering a phase of much more complex managerial and organizational questions.

We began with no public policy problems to speak of.
Today the field is rife with public policy problems:
privacy laws, intellectual property rights, ownership of
data, health questions related to video terminals, etc.
Many businesses are beginning to direct their public
affairs officers to focus on political lobbying efforts
to change laws that will be important to the future of
their business. In banking, for example, people like
Walter Wriston, who ran Citibank for 16 years, realized
early on that computers would change the definition of a
bank, and they put lobbying effort into changing the laws
that restricted branch banking to allow what today is the
structure of banking industry.

We are now entering a period when profound managerial
issues are being raised as a result of the technology. The
information environment of the 1990's and beyond will
affect the very core of business management and strategy.
Let me now describe how our own firm arrived at its view
of the future.

PA CONCEPTUAL MODEL.

To understand the new information environment, The
Diebold Group, Inc., recently developed an unusual,
proprietary conceptual model of the future of the
information technology industry, to be used in guiding us
in the conduct of our regular consulting assignments --
about two-thirds of which are with users and about

one-third of which are with the suppliers: the PTT's, the information service companies, and equipment manufacturers. While individual consulting projects are always proprietary to individual companies, we felt it was desirable to base our client recommendations on a common foundation, particularly in a period of enormous structural change in the information technology industry.

Our most compelling findings had to do not with the suppliers of information technology, but the USERS. Some of the findings below help give a flavor of this emerging information environment.

Where technological forecasts usually go wrong is in the assumption that a new technology will be used, simply because the capability exists. However, one needs to reach a certain density, a certain critical mass, before certain other things can happen. For example, in the '70's, local-area networks were highly feasible, a lot of people were building businesses assuming they were going to happen. They didn't happen, not until the mid-'80s, because the degree of DISSEMINATION of personal computers was not sufficient to have local-area networks really be meaningful and widespread.

The following developments have been technologically possible for some time, but had not happened yet, because the necessary preconditions are only now coming into existence:

-- New Communication Paths.

Today we can communicate with other people and with machines. Tomorrow, we will see communication between and among people, machines, buildings, and a host of inanimate objects. Buildings will "talk" to other buildings, or with trucks; home appliances will communicate with other appliances; vehicles will talk to roads and to other vehicles, all without human intervention.

We have one client in the shipping business that uses a satellite communications system to link all 50,000 of its vehicles, allowing for constant rescheduling and redeployment. This changes the competitive characteristics of that business in an important way.

Increasing amounts of information technology is embedded in products through chips, allowing communication from one machine tool to another machine tool, or from a home appliance to a maintenance organization or to a remote diagnostic computer.

We will undoubtedly have more experiments such as the one in Baden Wurtemberg, West Germany, the government experiment on vehicle and highway interrelationship. Consider that we now have some 60 million automobiles

in the U.S. with computer chips in them, the more
recent ones having a handful of chips and the ones in
the production and planning stage with many more --
more computing capacity, in fact, than in PC's.
Electronics now represents 25-30% of a car's value.

Whether they're coming out of Stuttgart or Tokyo or
Detroit, the new cars for the early 1990's may have
two or three master computers, each with the power
of IBM's latest PC, handling 6 million operations
per second. By the year 2000, computers could
account for as much as 30% of the cost of producing
a car. As we begin to see communication vehicle to
vehicle, and from road to vehicle, it creates a very
different kind of environment in which to do
business.

For example, as electronic road maps begin to appear
on computer screens in automobiles, it will create a
new advertising vehicle for the restaurants, hotels
and filling stations that will want to appear on
those maps. Vehicle maintenance can be accomplished
remotely. Business relationships start subtly to
change. And as we go through the 1990's, this
information environment becomes a significant
development.

-- Information Infrastructure Services.

This will be a large industry segment involving massive projects. In many countries, common carriers and information services will converge and evolve into this segment. These services will be provided by third parties rather than the users and facilitate other activities in the economy.

Infrastructure services will will include basic ISDN services, database services, transaction-based services including videotex, remote maintenance, nonlocalized monitoring and control systems, educational uses, and entertainment. Software will be a critical element in the development of these services.

An example would be a highway traffic control and collision avoidance system -- and here Europe is far ahead of the States. A case in point is PROMETHEUS, the $875 million, seven-year research effort started by Daimler-Benz, and now under the auspices of EUREKA. Nearly all of Europe's car makers, 70 universities and 140 high-tech companies are taking part, jointly developing technology and setting Europe-wide standards. The system would combine sensors embedded in roads with on-board "autoguide" systems that would suggest optimum routes, warn of road trouble, detect oncoming vehicles, and allow

car-to-car communication. These systems might
include a heads-up display, or HUD, allowing the
images to hover in front of the driver so
that he won't have to divert his attention from the
road to a computer screen. One plan envisions "auto
trains" -- cars linked electronically into strings
spaced at 100-foot intervals, to be guided between
cities at 80 mph.

While Japan's MITI has been pursuing a chaotic array
of its own highway systems, the U.S. is barely past
the idea stage. A few states in the U.S. --
California, Michigan and Texas -- have tried to drum
up support for a Prometheus-like project and have
funded a $200,000 study by the National
Academy of Sciences, but practical experiments have
been limited. And with the U.S.'s traditional
adversarial relationship between government and
industry, delays in creating the necessary highway
infrastructure -- requiring government investment in
road technology in cooperation with auto industry
developments -- may put the U.S. many years
behind Europe and Japan, countries in which
public/private cooperation is much stronger.

Pharmaceutical companies may benefit from an
industry network linked with the government review
agencies. An important new drug can take more than a
decade to develop and can tie up on the order of

$100 million in development costs. If a company can shorten that process by a couple of years through a continuous linkage between the laboratory and the various government regulatory agencies of 40 or 50 governments where it expects to market the drug, it has a very great incentive for establishing a government/business infrastructure system for continuous interchange of data.

Home information services, including remote medical diagnoses, and educational uses of information services will be far more compelling, and at a fraction of the cost we now see today. By one estimate, communications in the 1990's will cost 1/20th of what it costs today, making possible a great variety of sophisticated services such as interactive videotex combining color, 3-D motion picture and sound.

Infrastructure systems -- and they are innumerable -- are going to be a very, very important part of the information technology scene in the 1990's. They may be government/business systems or other kinds of societal infrastructure systems that are now gradually coming into existence, and the individual company has the decision of whether to take part, and whether to take a leading role.

-- Electronic Data Interchange (EDI).

Organizations will increasingly exchange data, voice
and image transmissions directly, and eventually even
transfer funds electronically without an
intermediary. Since most businesses that can use a
mainframe have a mainframe, the saturation level is
at a point where EDI becomes a reality.

And in certain industries, EDI is beginning to be a
requirement for doing business. For example, if you
are a supplier in the automotive industry today in
the States, you have to be linked to buyers through
an EDI system. It's simply the only way that any of
the buyers will do business with you. That is
beginning to create a new characteristic in the
business landscape -- a evelopment outside of the
enterprise that materially influences the enterprise.

-- New Marketing Processes.

Half of the retail outlets in the States now have
scanning devices to read bar codes on products. The
currently large arsenal of point-of-sale
technologies, including bar-code scanning, already
gives retailers and manufacturers a wealth of data
on consumer buying habits. Distributors can know
precisely what combination of things are bought at
what moment, and in what store, in which area. This

massive amount of detailed information collected at the store checkout counter is shifting the balance of power from packaged good companies to distributors, and general advertising in newspapers and electronic media is being replaced by in-store promotions. Instead of spending $600 million last year on general advertising, one of the major food companies in the States shifted over $200 million of that to local promotional expenditures, because of information gleaned from the bar codes and the point-of-sale technology. As more sophisticated analyses and wider uses are made of this market data, we will see further changes in marketing.

In addition, compound document processing -- allowing the manipulation of image, data and even voice files on a single computer screen -- will expand the marketing channels available to businesses. Electronic kiosks in stores and shopping centers will allow consumers to shop for anything from real estate to furniture, and see full-color moving pictures combined with drawings, floor plans, etc.

Home videotex will be another important conduit for new forms of information and transaction-based services. As consumers grow accustomed to this environment, their behavior changes will further influence marketing processes.

III. Changes in the 1990's: The supplier side.

Our conceptual model of the evolving information technology industry shows a number of important trends on the supplier side of the ledger, all of which will have dramatic consequences for users:

1. Coalescence and obsolescence.

Our conceptual model shows much of the information technology industry as we know it coalescing into a single new industry segment, which we call Business Systems, by the year 2000. Other segments will disappear, and entirely new segments will emerge -- such as Product-Embedded Processors.

2. Users of Information Systems Are Becoming Suppliers.

Companies that have been traditionally seen as users of information technology are increasingly becoming suppliers of information products and services, to the point of selling computer hardware and components. For example:

-- McKesson Corp., a wholesale distributor of pharmaceutical and other products in the U.S., is now also a supplier of information technology, providing hand-held scanners and virtually any computer equipment and software to client

drugstores. It also sells market data gleaned from
its computers to industry analysts.

-- In recent weeks, four European airlines -- SwissAir,
Alitalia, British Airways and KLM -- along with
USAir in the U.S., paid half a billion dollars to
Allegis for a 50 percent interest in United
Airlines's Apollo reservation system. The price was
based not on the equipment or software involved,
but on the system's value as a marketing weapon.

-- American Airlines has demonstrated that the airline
business has become an information business:
one-third of the net profit of the American Airlines
parent company comes from the sale of information --
something between 10 and 20 percent of the assets
producing one-third of the net profit.

The definition of industries is being changed as a
result of technology: a very, very fundamental
development.

3. Dual market structure.

The information technology industry is dividing into
two sectors: large multinational companies dealing in
COMMODITY PRODUCTS on the one hand, and small, knowledge-
intensive entrepreneurial companies on the other. The
mid-sized company is increasingly squeezed out of the

picture. This is a trend that extends to industries other than information technology industries as well.

4. New consumer products/new growth opportunities.

A new industry sector will be formed around entirely new consumer products that do not currently exist. These stretch the imagination, from devices implanted in the human body -- such as memory enhancers and muscle boosters -- to new communication devices. USER industries -- not the traditional suppliers of IT -- will no doubt be the source of many such innovations.

5. Rise of strategic alliances.

This trend is in part a response to the globalization of markets, and partly a way of coping with the dual market structure. It is also a way of meeting the demand for large-scale infrastructure projects. There is much confusion in this area.

In the automobile industry, the prospect of major highway infrastructure systems has spurred a growing overlap of automotive and aerospace businesses, as witnessed by the mergers of General Motors and Hughes Aircraft, Daimler-Benz and Dornier, and Chrysler and Gulfstream Aerospace.

Of course, the EC move to create a Europe without borders by 1992 -- referred to generally as the "internal market" or simply as "1992" -- is also spurring intense merger activity. It has been estimated that the potential economic gains from removing customs formalities, removing production barriers, exploiting economies of scale more fully, and intensifying competition by loosening monopolies and removing business inefficiencies could save an estimated $230 billion/year.

A great deal of very important structural is coming as a result of information technology. There will be a very large increase in strategic alliances and linkages of various kinds. And a number of things are happening as a result of the consolidation of industry segments.

IV. Implications for users.

Let us examine some of the broad implications of the changing information environment for the management and organization of user corporations in all industries:

1. In a multi-vendor environment, the task of integrating systems will be more challenging.

Information technology and its applications are increasingly part of large societal infrastructure systems linking consumers, businesses, government agencies and other institutions, and there are many sub-loops within those systems. The task of system integration becomes a hugely complex problem.

We are entering an era of networked computing. No single company will control the information infrastructure. Whether you are a user or a supplier, you have to develop a platform from which to host and attract that computing power outside the organization.

2. Industries that have traditionally invested little in R&D but are deeply affected by information technology may need to allocate increasing funds to technical research.

Information technology is making wholesale changes in the very definition of industries. To cite a single example, the U.S. newspaper industry, re-invests less than two-thousandths of one percent of sales in R&D -- compared with R&D expenditures totaling 2-3 percent of sales or more in other industries. Considering the enormous impacts of electronic publishing on newspapers, this is a very serious oversight.

3. As more and more information systems are designed to serve multiple organizations, serious questions are raised.

This is the promise -- and the challenge -- of EDI and new infrastructure services, as illustrated by my

pharmaceutical/government network example. But many
questions remain unresolved:

-- Which organization is responsible for developing
systems that link two or more organizations?

-- Which organization is responsible for maintaining
them?

-- Where within the organization do these development
and maintenance responsibilities lie?

-- The decision on whether to take part in an EDI
system is a crucial one. If a business or an
industry chooses not to participate in EDI, what
position should it take toward other companies'
developing such interconnections? Should it support
developing an infrastructure that may help its
clients -- but perhaps also its competitors?

4. When a use of information technology represents a
competitive weapon, companies will need to think
hard about which technologies they support -- and
which will benefit their competitors more than
themselves.

For example, electronic kiosks in shopping centers
may offer important marketing opportunities to some
retailers, but the same technology might hurt another

type of retailer, whose goods or services might not be
seen to best advantage on such kiosks. Companies offered
the opportunity of investing in a system of shopping-mall
kiosks should ask whether such a move would turn out to
be a better strategic weapon for their competition than
for themselves.

5. The extent of integration of business units, either
   forward or backward, may be decreased in some
   industries because of the capabilities presented by
   EDI and infrastructure services. Businesses may
   depend more heavily on suppliers and middlemen
   instead.

EDI will allow tighter controls on suppliers and
jobbers. In this case, companies might find it wiser to
free up precious capital that would go into vertical
integration, and ease the constraints of business cycles,
by relying on suppliers and middlemen instead. As EDI
comes into the automotive industry, for example, the
change in the role of suppliers and distributors can have
a big economic impact. This is an important example of
the extensive implications of information technology for
business strategy and for the national economy.

ORGANIZATIONAL ISSUES.

A basic issue is the question of building the human
resources within a user organization to be able to deal

effectively with these developments. These changes raise
serious questions not normally thought of as issues to be
resolved by MIS. Although they cover much broader areas of
business than MIS, they pose several questions for MIS as
well:

-- Who should be responsible for tracking how changes
   in the external information environment affect
   functions within the organization? Should it be the
   MIS department? Whether it be to MIS or to an
   end-user department, where the responsibility is
   assigned should be clear.

-- Does information technology call for a re-examination
   of the investment criteria used for making decisions
   about information systems?

   Traditional return-on-investment (ROI) criteria,
   based on displaced costs, may be appropriate for
   investment decisions involving routine operational
   applications of information technology. However,
   those same criteria may be inappropriate where the
   technology is a critical part of competitive
   strategy or where it is used experimentally. For
   example, if information technology is essential to a
   company's customer service function, that alone
   should be an investment criterion. However,
   once a strategic decision is made, traditional

investment guidelines may be helpful for selecting
from among competing implementation alternatives.

-- How should career paths be structured within the
organization, to develop staff with an understanding
of the information environment?

This is an important question for both top
management and MIS. Businesses still lack an
effective bridge between technological and business
skills.

Should senior executives be rotated with MIS
managers? Should MIS officers serve on corporate
committees for strategy and planning? Should there
be a Chief Information Officer in charge of
developing information resources?

While the answers to these questions are still
evolving, Psenior management needs to grapple with the
problem of developing an understanding and monitoring of
the information environment, and to bridge that with
business strategy and management.

V. Issues and Challenges

As already indicated, financial criteria for making
investment decisions in new technology can be critical.
Traditional return-on-investment (ROI) criteria, based on

displaced costs, may be appropriate for investment decisions involving routine operational applications of information technology. However, those same criteria may be inappropriate where the technology is a critical part of competitive strategy or where it is used experimentally.

Misuse of financial controls may be causing many companies to lose pay-off opportunities. Investment decisions based on traditional ROI criteria made sense when computers were developed to displace direct labor costs, control inventories or schedule equipment. However, today's systems are used to achieve strategic advantage in such areas as enhanced customer service, decision support, and shortened product life cycles. Here the benefits are "soft."

The ROI approach to strategic uses of technology is misapplied for two reasons:

-- ROI is not typically used for strategic decisions in other areas. Strategic decisions are made on the basis of business judgment and foresight, as a response to the marketplace, or to take advantage of perceived opportunities. However, once a strategic decision is made, an ROI approach can help to select from implementation alternatives.

-- In evaluating a system investment, there is an
   implicit assumption that there is no cost for doing
   nothing. However, the real comparison is rarely
   calculated: the cost and benefit of a new investment
   vs. the cost of lost opportunities and lost business
   momentum for NOT doing it.

A "new math" for productivity would point to the TIME
VALUE OF INFORMATION as the most precious resource to be
realized by information technology. This might be a top
manager's time -- freeing him up for other tasks -- or it
might be time saved in moving products off the factory
floor.

A case in point:

In 1982 a Rockwell International executive wanted to
invest $80,000 in a laser to etch numbers on radio
systems sold to the Pentagon. The company's financial
staff laughed him out of the meeting. A laser would
save only $4,000/year in direct labor costs. At that
rate it would take 20 years to recover the cost.

Three years later, the same executive produced data
showing that finished radios sat around the warehouse
waiting two weeks for an antique etching operation to
finish identity plates. The laser would do the job in
10 minutes, moving the shipments out faster, and
saving the company $200,000/year in holding costs.

The executive now wishes he had figured out sooner
how to quantify the nonlabor benefits of technology.
(Source: Business Week, June 6, 1988)

What alternative models might we turn to for fresh
insights into investment decisions? Here are some
possibilities::

-- Research and Development.

Many corporations routinely make critical investments
in areas where the payback is unclear. One example
of this is research and development (R&D).

-- Public Infrastructure.

Governments make big societal investments in
infrastructure of all kinds, from roads and bridges
to schools. One can anticipate an advantage in these
investments, but can an actual payback be calculated?
What can we learn from how these decisions are made,
from the assumptions used?

-- Human Resource Investments.

Human talent IS capital, although we do not account
for it that way. The accountants treat personnel as
a liability! Can we learn anything from taking a
fresh look at these areas?

-- Process Industries.

We are moving into an era in which we have increased
fixed costs. Here our accounting techniques get
into more and more trouble. Mining industries have
been living with this for a very long time and use
different approaches to management decisions and
management accounting.

-- Merger and Acquisition Strategy.

Xerox's acquisition of Diablo Printers would never
have been made if one only considered the roughly
three percent return. If it had been an internal
investment, no one would have made it. However,
the investment was done as an acquisition, where
different considerations apply.

OBSTACLES AND PROBLEMS.

Some important obstacles need to be overcome before
progress can be made in this area:

-- The need to recognize the strategic nature of
opportunities and of information technology
requirements. A computer system thought to be an
operational investment may in fact be a strategic
investment.

-- Assessing the scope of the business unit on which
the return measures ought to be calculated. One
cannot look at an investment in IT in terms of MIS
alone; one has to consider its corporatewide value.

-- Management accounting. To superimpose genuine
management accounting on the financial accounting
practices required for external reporting should no
longer be necessary in the age of the computer.
There is very little theoretical work being done on
this problem.

-- The high cost of standing still. Too often, cost
accounting systems assume that the status quo will
continue -- it doesn't. Meanwhile, the competition
is constantly leaping ahead.

-- Professional productivity. It is difficult to
measure impact of IT. Part of the value of the
systems is the fact that they don't just let us do
the same jobs better or faster -- they change the
job itself.

SOME QUESTIONS.

To avoid losing out on high-payoff opportunities,
SENIOR MANAGEMENT should ask:

-- Are current investment guidelines -- hurdle rates,
return on investment -- likely to stifle or
encourage the correct decisions in strategic
applications of technology?

-- Is there an effective process for evaluating system
opportunities -- one that distinguishes between
strategic decisions and the subsequent selection
from among options that best implement those
decisions?

Jim Riordan, the Vice Chairman of Mobil
and Chief Finance Officer, said, "No analytical
technique should be used in any strategic
decision." However, once the strategic decision
is made, one can then apply the analytical
techniques to help select the most desirable
options.

The trick is to know what is a strategic decision
and what isn't. For example, the company's
information system infrastructure can be very key
part of a strategic positioning of the company,
but normally it is not thought about in those
terms.

-- Is the current process for identifying opportunities
and system solutions valid, in light of the

high-payoff potential? How are priorities set? What
changes should be made?

-- Where does responsibility for spending decisions for
new systems reside? Is that appropriate?

-- What are the costs of inaction? How can managers
find ways of measuring the downside costs of the
status quo

-- the penalty for doing nothing? Will such measures
be useful in reducing what may be otherwise
unrealistic hurdle rates?

-- 'Leap of Faith': Sometimes an investment is made
simply because the manager believes in the future;
the decision is based on intuitive judgment, not
analytical technique. For decisions involving
intuitive judgment or a "leap of faith," how can
senior managers factor into the decision process
those intangible benefits of technology, in order
to reduce the level of uncertainty and the
precariousness of the leap of faith?

-- Do internal priorities for resource allocation of
people, dollars, and capacity squeeze out
competitive applications?

-- When are current accounting restraints valid? One
   still needs a sense of discipline, even for
   strategic decision making. One cannot go by
   intuition alone, but the question remains: "Which
   criteria are in, and which are out?"

-- In what cases does it make sense to position a
   corporation as a technological leader, and when is
   it better to be a follower?

-- How might investment criteria be different in the
   service industries, where competitive patterns can
   be more varied? Technology opens up the ability to
   create new services, as in the insurance and
   financial areas, quite quickly and at low cost. How
   does this change our assessment of the value of
   technology in these industries?

-- When does a competitor's strategic use of technology
   force the issue and require others to follow suit?
   One of the comments made by James Riordan, chief
   financial officer of Mobil, at a Diebold Group panel
   discussion was this: "If our competitor does it, we
   have to do it, too." It is that simple. No
   calculations are necessary. This applies to banks
   as well: automatic teller machines have never been a
   profitable undertaking, but simply because the
   competition is doing it, the investment must be
   made.

A second set of questions relate to things that we think MIS MANAGERS ought to be considering:

-- How can we develop properly focused strategic suggestions for MIS to offer to top managers, with adequate credibility?

-- How can MIS develop a management consensus on the proper allocation of scarce resources, to strike a balance between strategic and operational needs?

-- How can we shift the prevailing MIS focus from cost justification on a project-by-project basis or an application basis to a broader business perspective, in which technology investments fit into the big picture?

-- How do we treat investment in software -- to capitalize or to expense?

About 90 percent of internally developed system software and application software is expensed. In contrast, about two-thirds of the software purchased outside is capitalized. In the case of system software, it is 66 percent and in the case of application software 62 percent is capitalized.

THE NEED FOR NEW TECHNIQUES

Senior managers need to have a reasonable fix on the capital requirements for a major strategic repositioning. Even if one cannot apply analytical techniques in that area, managers need to assign some figures to a strategic plan, as it directly affects the ability to meet certain hurdle rates and certain returns on investment. Here we do need some new techniques.

As more and more users become suppliers, that, too, affects investment decisions. For example, General Foods collects vast quantities of market data on consumer trends through its point-of-sale technology in supermarkets. When a user of information technology discovers it is, in fact, in the information business itself, that materially changes its investment criteria.

The problem does not so much lie with the accounting techniques, but with when and how they are used. We need to ensure that they are used in an imaginative way. In the early days, very high discount rates were applied to the MIS area because people did not really know what to expect. Much lower discount rates are applied today, but we need to look at each specific case and encourage fresh thinking.

As the end user becomes the driving force behind technology decisions, and as the impetus for using the technology becomes a question of competitive advantage, the MIS officer needs to play an integral part in those business plans. No one is better positioned to determine the kind of information infrastructure investment that is needed.

And there is no substitute for the inspired, creative, intuitive jugment of a seasoned professional. This is because no measurement system can capture all the data. No company can be run completely "by the numbers." At the same time, managers can benefit from improved financial data as well as nonfinancial indicators of performance.

We need to strike a balance between the role of human judgment, on one hand, and the positive or negative impacts of accounting conventions. This balance between discipline and creativity is a focal point of our company's work on investment criteria.

EC VS. U.S. POLICY MOVES.

In the last year, the European Community (EC) response to market developments has quickened its pace considerably. A sign of the times was seen in the recent publication of a report by the West German government's commission ontelecommunications reform, led by Prof.

Eberhard Witte, advocating liberalization of the
Bundespost's services.

Last year the EC published its landmark Green Paper
on telecommunications, a policy document aimed at making a
genuinely open market for equipment and laying down
guidelines for the PTT's to prevent them from stifling new
services. Following extensive comment on the the Green
Paper, the EC is moving into gear with these steps:

-- A controversial attempt to abolish national monopoly
   systems controlling equipment.

-- Splitting regulatory and operating functions of
   telephone network monopolies -- putting the telephone
   service groups on the same footing as startup
   companies.

-- Standardizing the telephone network across Europe to
   provide fair and equal access to transmission
   facilities -- the most radical proposal of all.

The EC strives to accomplish these reforms by 1992. I
think that the manner of implementing these rulings with
regard to telecommunications and terminal equipment, as
well as the way in which the EC subcommittee's
recommendations Pwith regard to network access and
information services, will have a lot to do with what
kind of markets exist and for whom.

By contrast, U.S. policy in the area of new communications technology has been fragmented and, to a large degree, it has been determined in the courts. A single federal judge, Harold Greene, who presided over the breakup of AT&T, is now responsible for sweeping measures affecting the future of the U.S.'s telephone operating companies and on-line information services.

These regional operating companies, which had been split off from AT&T, are now permitted to act as gateways to electronic information services, but are not allowed to own or generate any information services themselves. Pressure from the newspaper industry, which fears telephone company monopoly of on-line services, has brought vidotex in the U.S. to a near standstill.

Just a few weeks ago, the Pacific Bell telephone company was forced to shelf a $26 million project called Project Victoria, which would allow PC users to transmit voice and data over the same line simultaneously. The project was discontinued because of regulatory snags from the Federal Communications Commission, which said it would delay a decision on whether Pacific Bell would have to market the multiplexer service through a separate subsidiary.

Europe, which has a history of cooperative efforts toward societal programs, may fare better than the U.S. in building major infrastructure systems.

FUTURE DIRECTIONS AND RECOMMENDATIONS.

I think that the building of very large societal
infrastructure systems will more nearly characterize the
1990's than anything else.

For this reason, I would encourage taking as wide a
view as possible of the role of information within
society. Analyzing why a number of major infrastructure
projects have not yet happened, but could happen, is a
useful exercise.

There are a lot of things that have not happened yet
where the role of information technology would be
pivotal: for example, educational teleconferencing;
medical service delivery to the home (or otherwise
outside of expensive hospitals), including remote
medical diagnoses; transportation safety and traffic
control; community services; universal identification
and security systems; and so on.

The creation of demand pull, via education, for
dissemination and application of information technology
is, I think, very important. For example, when students
graduate from college and secondary schools expecting to
use advanced computer models in their normal work, they
can help to create an effective demand pull for advanced
systems.

I think there are a number of things of this kind which could shed light on infrastructure projects that are needed, help in the educational process toward acceptance of new technology, and provide some additional motivation for implementation.

Governments might experiment with subsidization of transmission, hook-up, and other charges, in order to see what people will actually do with capability. With the substantial and rapid decline in costs, it is desirable to conduct such experiments by creating an economic environment of the kind that will exist five or six years ahead in order to see what people will really do when the costs are, what they will be then. This can be very important in terms of making sure that there is a real understanding of the technology and the market potential.

One might also explore ways in which to present computer scientists, systems analysts, and others with statements of societal needs, and challenge them to pursue solutions. If it is possible to show that markets really will exist, then funds will be highly leveraged by insuring an outflow of both private and public capital.

I would also urge computer scientists, business managers and policymakers to think hard about the kinds of companies and technologies that will exist in the

1990's and beyond, and focus research on the needs of companies that will use the results. For example, I have mentioned that our conceptual model of the future shows the information technology dividing into two sectors: large, multinational commodity-type businesses, on the one hand, and small, knowledge-intensive entrepreneurial companies on the other. Which will be the beneficiaries of our future technologies?

Our model also shows a period of intense consolidation, Prestructuring and growth ahead in the information technology industry, with many industry segments maturing and dying and others yet to be born. Which industry sectors will be young, and which will be maturing, toward the year 2000? Are we focusing on areas that will be of diminishing importance as a market segment in the years ahead?

CONCLUSIONS

I think it is important to focus on the widening role of information technology in allowing solutions to many societal problems.

Europe has a tradition of strong government/ societal systems, perhaps brought about by a heritage of closer physical ties, and the need for more balance between individual interests and community interests.

Whatever the origin, it is clear that there is more of
a disposition within Europe toward achievement of
societal objectives by balancing them against private
interests.

In some regards, this is a hindrance to
application of innovation and certainly of
entrepreneurial spirit, in terms of bureaucracy, but it
is a reality, and in devising a strategy for either an
enterprise, a country, or a region, one should assess
comparative advantage and specific strengths. This
characteristic of Europe seems to me to be one that
argues for the potential of encouraging, supporting
and building of far more societal infrastructure systems
which certainly have strong application throughout the
world.

Why not take that characteristic and make of it a
major competitive advantage worldwide by being a leader
in societal infrastructure systems? I think there are
perhaps fewer blocks to launching these in Europe than
there are in the States, and they represent areas of
the future which are going to be important to most
countries of the world, representing major software
markets as well as systems design markets.

This may equally be a strength in Japan, but it is
not in the U.S. The strong adversarial relationship
between public and private sectors in the U.S. -- as

witnessed by the dismantling of AT&T and the
decade-long antitrust suit against IBM -- has worked to
the detriment of U.S. policy. It is clearly to
European interests to exploit its strong
government/societal infrastructure.

I should note that U.S. basic science has been
very, very good and continues very healthy, but that the
development and leadership in information technology
have by and large come from small entrepreneurs rather
than from the big laboratories -- with some important
exceptions, such as Bell Laboratories and the
breakthrough to solid state. It is probably also
appropriate here to reiterate that the contribution of
the U.S. military and aerospace programs to our national
technological research base is grossly exaggerated and
misunderstood. The real innovations have come largely
from small businesses.

Each country should focus its policies and
resources on developing its own inherent strengths. And
always, the ultimate beneficiary of technological
innovation must be the users of technology.

Informationssysteme in kleinen und mittleren Unternehmen – 1985 und heute

D. Munz

1. <u>Einleitung, Themenbeschreibung</u>

Das Thema Informationssysteme in kleinen und mittleren
Unternehmen hat viele Aspekte, z.B. einzelbetriebliche
und gesamtwirtschaftliche, technische und organisatorische, finanzielle und psychologische. Ich muß mich auf
die Aspekte des Themas konzentrieren, die mir aus den
Erfahrungen, Kenntnissen und politischen Vorstellungen
des Ministeriums für Wirtschaft, Mittelstand und Technologie des Landes Baden-Württemberg zugänglich sind.

Kennzeichnend für die Wirtschaft des Landes Baden-Württemberg ist der Schwerpunkt im Verarbeitenden Gewerbe.
Während der Anteil des Verarbeitenden Gewerbes am
Bruttoinlandsprodukt im Bundesdurchschnitt bei 43 %
liegt, liegt er in Baden-Württemberg bei 50 %. Bei einem
Bevölkerungsanteil Baden-Württembergs von 15 % liegen ca.
25 % des Maschinenbaus, 40 % des Werkzeugmaschinenbaus
und ca. 33 % der Textilindustrie in diesem Land. Auf
solche Schwerpunkte sind zwangsläufig auch Analyse und
Maßnahmen der Wirtschafts- und Technologiepolitik gerichtet. An solchen Schwerpunkten werde ich auch das
Thema dieses Vortrags behandeln.

2. <u>Informationssysteme im Maschinenbau in Baden-Württemberg
1985 und heute</u>

Das Ministerium für Wirtschaft, Mittelstand und Technologie hatte 1982 eine Umfrage zum Einsatz von Mikroelektronik insbesondere NC-Steuerungen in Produktionsverfahren und Produkten bei allen Unternehmen des Maschinenbaus mit 20 - 500 Beschäftigten durchgeführt. Die Rücklaufquote betrug 62 %.

Eine Studie zum Einsatz von Informationstechnik im Maschinenbau gab das Ministerium 1985 bei der MST-Unternehmensberatung GmbH München in Auftrag. Der Schlußbericht ist vom April 1986. Angeschrieben wurden 400 mittelständische Unternehmen. Auswertbare Fragebogen kamen 73 zurück. Mit 36 der antwortenden Unternehmen wurden Interviews durchgeführt.

Im wesentlichen mit demselben Schema befragte MST die damals antwortenden Unternehmen 1987 erneut. In die Auswertung konnten 70 Unternehmen einbezogen werden.

Insbesondere die beiden letzten Befragungen sind trotz ihres relativ kleinen und damit im strengen Sinn nicht repräsentativen Untersuchungsfeldes vor allem im Hinblick auf die Veränderung der Umfrageergebnisse recht interessant:

2.1   Zum Einsatz von Systemen

Im kaufmännisch-administrativen Bereich hatten informationstechnische Systeme schon 1985 weitgehend Eingang gefunden, in Lohnbuchhaltung und Rechnungswesen beinahe zu 100 % der Unternehmen, zur Angebotserstellung und Auftragsabwicklung bei rd. 70 % der Unternehmen. Der 1987 zu beobachtende Trend ging in Richtung komplexerer Anlagen und größerer Speicherkapazität. Die Handhabungsprobleme gingen zurück.

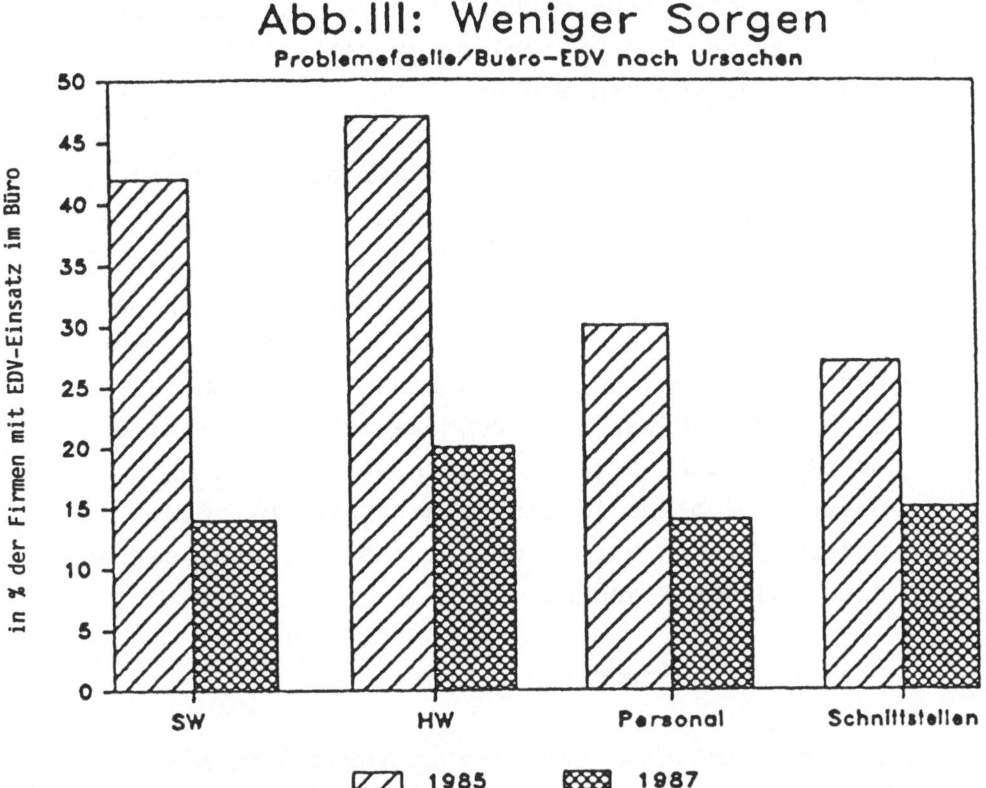

Zur Erläuterung: Die jeweils auf hundert Prozent fehlenden Firmen
haben in der jeweiligen Einsatzsparte keine Probleme
angegeben.
SW = Software
HW = Hardware

Entwicklung und Konstruktion waren schon 1985 ein
Schwerpunkt des Einsatzes informationstechnischer
Systeme. Rund 28 % der Befragten hatten CAD-
Systeme, 50 % hatten CAD-Beschaffung oder -Erweite-
rung auf der Wunschliste. Die Wunschliste war 1987
im wesentlichen unverändert, obwohl inzwischen 24 %
der Befragten CAD-Lösungen realisiert oder erweitert hatten. Ein Drittel davon hatte 1985 noch
keine Planungen angegeben.

Im Bereich Fertigung war ein eindeutiger Trend zu
PPS-Systemen zu beobachten, die 1985 noch wenig
eingesetzt jedoch schon als zukunftsträchtig genannt waren. 1987 lag die Ausstattungsdichte bei
30 %. Konkrete Planungen hatten 24 % der Befragten.
Der Einsatz von NC/CNC-Maschinen lag schon 1985 bei
85 %. Bei CAM war insbesondere 1987 Zurückhaltung
zu beobachten, offensichtlich wegen späterer Ein-
passungsprobleme in ein Gesamtsystem mit CIM-
Charakter. CIM war in der Diskussion, aber selten
schon in der Planung.

2.2 Qualifikationsprobleme

Im Büro waren die Probleme in Verbindung mit dem
Personal, insbesondere die Qualifikationsprobleme
auf die Hälfte zurückgegangen. Nur noch ca. 15 %
der Unternehmen nannten solche Probleme. Anders im
Bereich Entwicklung und Konstruktion. War zwei
Jahre zuvor das Hauptproblem die Akzeptanz und die
Motivation von Mitarbeitern, wurden 1987 vor allem
Qualifikationsmangel und Nachholbedarf in der Aus-
bildungsphase genannt. Offensichtlich wurde die in
der Nachschulung liegende finanzielle Zusatzbe-
lastung für die Unternehmen nunmehr deutlich.

2.3   Die Ergebnisse im Vergleich

Wertet man die Aussagen vor dem Hintergrund der
IFS/RKW-Studie von 1987, die von ihrem Untersuchungsfeld her sehr viel repräsentativer ist und
sich auf die Bundesrepublik insgesamt bezieht, so
ist die Aussagekraft der beiden Studien im wesentlichen bestätigt.

Signifikante Unterschiede sind nur in folgenden
Punkten festzustellen:

-    CAD ist nach der MST-Studie in Baden-Württem-
     berg im Maschinenbau schon 1985 und erst recht
     Mitte 1987 ausgeprägter

-    Der Einsatz von NC und CNC-Werkzeugmaschinen
     ist ebenfalls in Baden-Württemberg stärker aus-
     geprägt, im übrigen auch im Vergleich zu der
     Töpfer-Studie Mikroelektronik im Maschinenbau
     von 1986

Mag man die unterschiedlichen Einsatzgrößen bei CAD
auf die unterschiedliche Größe der Untersuchungs-
felder oder auf tatsächliche regionale Unterschiede zurückführen - man muß dies offen lassen - so
erscheint der größere Einsatz von NC/CNC-Maschinen
belegt, wenn man sie vor dem Hintergrund der Befragung 1982 sieht. Dort hatten bereits 61 % der
Unternehmen NC-Maschinen im Einsatz und dies vor
der Tatsache, daß alle anschrieben wurden und die
Rücklaufquote über 62 % lag.

3. Informationssysteme im Bürobereich kleiner Unternehmen

3.1 Beratungserfahrungen BIT

Aussagen zu Informationssystemen im wesentlichen im Bürobereich lassen sich aus den Erfahrungen des vom WM finanzierten Beratungszentrums Informationstechnik (BIT) am Fraunhofer-Institut für Arbeitswirtschaft und Organisation Stuttgart ableiten.

In drei Jahren hatte das BIT bis 31.12.1987 270 Unternehmen firmenspezifisch beraten. Sie kamen zu 45 % aus der Industrie, zu 9 % aus dem Handwerk, zu 20 % aus dem Handel und zu 26 % aus sonstigen Bereichen, insbesondere Dienstleistungsbereichen.

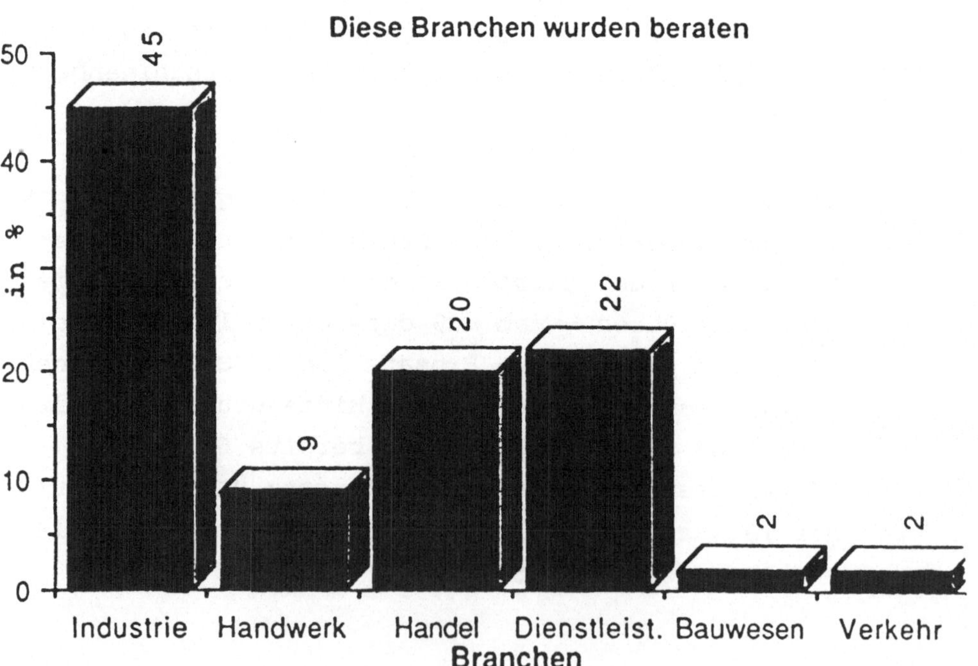

Wie das folgende Bild zeigt, haben 68 % der beratenen Unternehmen weniger als 100 Beschäftigte.

Zielgruppe des BIT nach Unternehmungsgrößenklassen

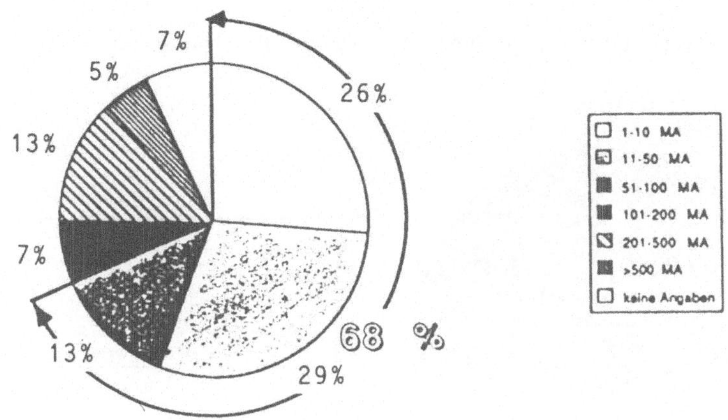

Etwas überraschend nach den Feststellungen im Maschinenbau oder generell im Investitionsgüterbereich sind die sich aus dem folgenden Bild ergebenden Einsatzquoten:

DV-Technologieniveau zum Zeitpunkt der BIT-Anfrage

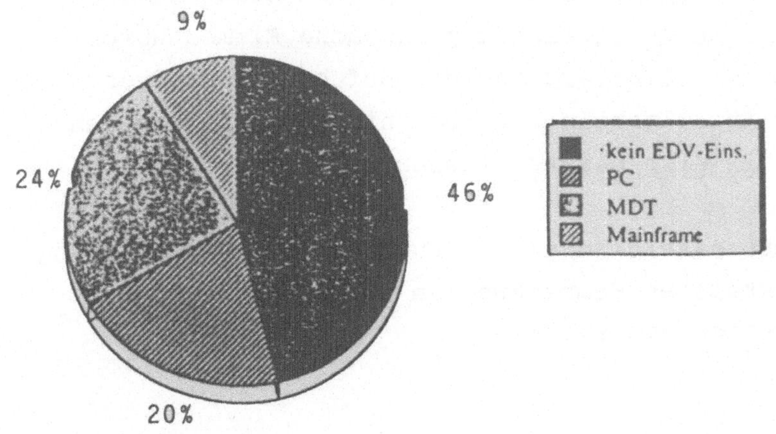

Danach haben 46 % keine EDV im Einsatz

Die Beratungsprobleme ergeben sich aus folgendem
Bild:

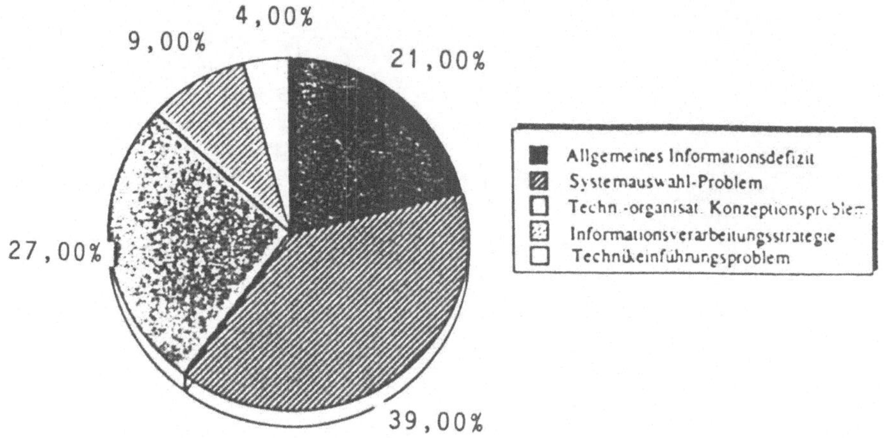

Beratungsaufkommen nach der vorwiegenden Problemstellung

Danach liegen allein 39 % der Problemstellungen bei
der Systemauswahl und 21 % bei allgemeinen Informa-
tionsdefiziten.

Man könnte die abweichenden Werte vielleicht damit
erklären, daß das Untersuchungsfeld eines Bera-
tungsinstituts in Richtung schwache Firmen auspend-
le. Dem steht allerdings die Erfahrung entgegen,
daß es im allgemeinen gerade nicht die Fußkranken
sind, die sich beraten lassen.

Von Interesse sind sicher auch die bei der Beratung
festgestellten Hemmschwellen für den Einsatz von
Informationssystemen:

- Entscheidungsträger haben ein großes Defizit
  auf dem Gebiet "Nutzungsmöglichkeit und Einführung neuer Informationstechnologien".

- Kleine und mittlere Betriebe beschäftigen meist
  keine Spezialisten auf dem Gebiet der Informa-
  tions- und Kommunikationstechnik, die die am
  Markt vorhandenen Systeme in den betrieblichen
  Ablauf integrieren können.

- Es stehen nicht genügend mittelstandsspezi-
  fische Methoden und Instrumente zur Verfügung,
  die den Bedarf, Konzeption, Auswahl, Bewertung
  und Einführung von Informationstechnik in die
  Unternehmen unterstützen.

- Es existieren große Lücken im Bereich strategischer Vorgehensweisen zum Aufbau einer informa-
  tions- und kommunikationstechnischen Infrastruktur und geeigneten Know-how-Trägern im
  Unternehmen.

3.2 Sanitärhandwerk

Nach einer Umfrage bei 278 Betrieben des Sanitär-,
,Heizungs- und Klimahandwerks im Jahr 1987 ergab
sich, daß bis dahin 32,4 % der Betriebe mit eigener
EDV-Ausstattung arbeiten, 36,7 % nehmen externe
EDV-Angebote (z.B. Lohn- und Gehaltsabrechnung und
zur Finanzbuchhaltung) rd. 30 % arbeiten völlig
ohne Hilfe der EDV.

EDV-Einsatz im Sanitär-, Heizungs- und Klimahandwerk Baden-Württemberg

Verteilung der Grundgesamtheit

EDV-Einsatz im Betrieb: ja / nein / Außer-Haus-Vergabe bei Nicht-Einsatz

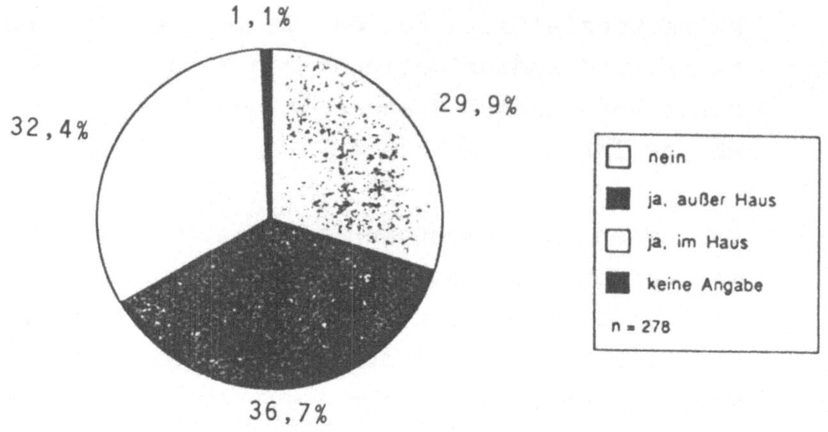

Entscheidend für den EDV-Einsatz ist offensichtlich
die Betriebsgröße. Während bei mehr als 100 Beschäftigten alle Betriebe EDV einsetzen, bei mehr
als 50 Beschäftigten zumindest Zugriff auf EDV besteht, liegt der Anteil bei Unternehmen mit 5 - 9
Beschäftigten im genannten Durchschnittsbereich von
32,4 %.

Die Verteilung der EDV-Einsatzfelder ergibt sich
aus folgender Graphik:

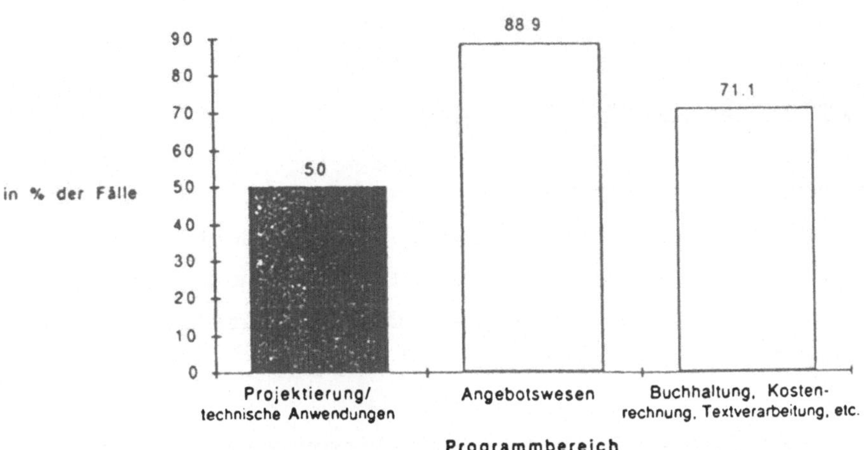

Keine signifikante Rolle spielen bei EDV-Einsatz
das Alter des Betriebsinhabers und das Alter des
Betriebs - eine für manchen überraschende Feststellung. 21 % der Unternehmen planen offenbar auf
Dauer keine EDV einzusetzen.

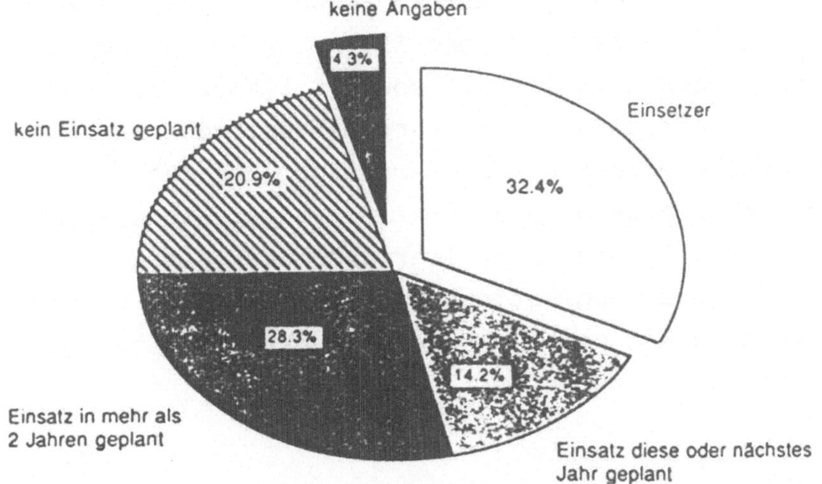

3.3   Fazit

Aussagen für bestimmte Branchen, im administrativen
Bereich hätten sich Informationssysteme durchge-
setzt, lassen sich keinesfalls generalisieren. Eine
entscheidende Rolle spielt die Betriebsgröße.

4. Verbundvorhaben Textilindustrie

An Informationssysteme in der Textilindustrie denkt man
sicher nicht zuerst. Man vergißt dabei jedoch, daß die
Textilindustrie eine hochautomatisierte Industrie geworden ist, ein Arbeitsplatz in der Spinnerei oder Webe-
rei über 1 Mio. DM kostet.

Der Wettbewerbsdruck in der Textilindustrie ist insbesondere wegen hoher Einfuhren aus Billiglohnländern
enorm. Nur mit moderner Technologie, hoher Flexibilität
und Lieferbereitschaft sowie qualifiziertem Design kann
man ihm standhalten.

Als die Landesregierung 1986 der Textilindustrie die
Förderung von Verbundvorhaben angeboten hat, kam auch
unter Leitung des Instituts für Textil- und Verfahrenstechnik Denkendorf ein Projekt mit CIM-Charakter zustande, an dem sich 17 Unternehmen beteiligen. In insgesamt 10 Pilotprojekten werden Ist-Analysen und Schwach-
stellenanalysen durchgeführt sowie Sollkonzepte entwickelt. Integrationsfähige Datenbanken, genormte
Schnittstellen, Betriebsdatenerfassung und Netzwerke
spielen dabei eine wichtige Rolle. Weitere Schwerpunkte
sind die Verknüpfung bisheriger Insellösungen sowie Pro-
grammier- und Kommunikationssprachen, die eine freie
Kommunikation mit dem Rechner auf Funktionsebene (Sach-
bearbeiterebene) zulassen.

Die Festellungen und Erfahrungen aus dem inzwischen zwei
Jahre laufenden Projekt können sicher nicht quantita-
tiver sondern nur qualitativer Art sein, zum einen, weil
das Untersuchungsfeld schon nach seiner Größe nicht zu
statistisch repräsentativen Ergebnissen führen kann, zum
andern, weil bei quantitativen Aussagen leicht Schlüsse
auf einzelne der beteiligten Unternehmen gezogen werden
könnten.

Die wichtigste Feststellung aus dem bisherigen Ablauf des
Projekts ist die große Bereitschaft der Unternehmen zu
finanzieller, personeller und organisatorischer Investition in Informationssysteme. Dies gilt auch für Firmen,
die schon Investitionen getätigt und dabei viel Lehrgeld
gezahlt haben.

Die zweite allgemeine und eigentlich auch nicht verwun-
derliche Feststellung ist, daß der Ist-Zustand noch sehr
heterogen ist. Einige beispielhafte Erfahrungen des Instituts für Textil- und Verfahrenstechnik

-   Nahezu alle Unternehmen verfügen heute über Rechner
    und Programme, die betriebswirtschaftliche Stan-
    dardaufgaben (Finanzwirtschaft, Kostenrechnung,
    Vertriebsabwicklung etc.) übernehmen. In den mei-
    sten Fällen sind die Software und die Datenbestände
    jedoch nicht (ohne erheblichen Aufwand) "CIM-
    fähig", d.h. integrationsfähig.

-   Im Bereich der Produktion werden zunehmend Be-
    triebsdatenerfassungsgeräte bzw. -systeme einge-
    setzt. Probleme bereitet allerdings die "CIM-
    gerechte" Anwendung: Es gibt zwar zahlreiche
    Auswertungen (Schichtprotokolle o.ä., "Listenwirt-
    schaft"), aber zumeist keine prozeßübergreifende
    und/oder führungsübergreifende Nutzung dieser
    Daten.

- Ein besonderes Problem stellt hier die Tatsache
  dar, daß i.a. neue, ältere und "uralte" Anlagen in
  Prozeßketten miteinander vernetzt werden müssen
  (Nachrüstungsproblem, Kompatibilität). Bei modernen
  Maschinen mit sog. Kommunikationsprozessoren ist
  die Kommunikation heute problemlos möglich.

- Zunehmende Bedeutung erlangt die prozeßbegleitende
  Qualitätssicherung und -überwachung. Allerdings
  sind hier nicht nur noch zahlreiche Probleme der
  on-line-Sensorik ungelöst, es bedarf auch umfassender Grundlagenforschung, um die relevanten (physikalischen) Zusammenhänge zu erforschen oder zumindest statistisch nachzuweisen. Hier ist nicht die
  Rechnertechnologie (CAQ) der Engpaßfaktor, vielmehr
  fehlen elementare Kenntnisse, deren Fehlen durch
  die "Möglichkeiten der Rechen- bzw. Kommunikationstechnologie" z.T. geradezu erst "aufgedeckt" werden.

- Im Bereich der Logistik sind Roboter/Handhabungs-
  systeme zumeist nur dort vorteilhaft einsetzbar, wo
  die (geometrischen) Voraussetzungen an neuen Anlagen gegeben sind. Der Einsatz führerloser Transportsysteme wird durch gewachsene Raum- und Ge-
  bäudestrukturen oft extrem erschwert.

- Eine "CIM-fähige" Führungs-Organisation ist zumeist
  nicht vorhanden. Hier ist eine Struktur zu entwik-
  keln, die die aus einer integrierten Datenbasis
  generierbaren Führungsinformationen für jede Führungsebene spezifiziert.

- Grundsätzlich konnten in vielen Fällen Planungs-
  formen oder Planungsideen beobachtet werden, die
  den jeweiligen Prozessen recht gut entsprachen;
  d.h. es ist oft weniger mangelnde Planungsfähig-
  keit, als der Mangel an sachgerechter und zeitge-
  rechter Information, der heute - ohne integrierte
  Datenverarbeitung - die Planung behindert.

  D.h. der "Theoretiker" sollte den "Praktiker"
  weniger "methodisch" belehren, als ihm vielmehr
  durch Daten, Auswertungen und Hilfsprogramme die
  geforderte "Informationsbasis" für die Planung
  schaffen!

5. Abschließende Wertung und Ausblick

Wenn man beim Begriff Informationssystem den Wortteil
System unterstreicht, also nach integrierten Lösungen
sucht, so stehen die Informationssysteme in mittelständischen Unternehmen noch in den Anfängen. Solche integrierten Systeme können auch nicht für alle Unternehmen
wirtschaftlich sein, selbst dann nicht, wenn man eine
Wirtschaftlichkeitsrechnung im weitere Sinn anzustellen
versucht und auch die nicht immer absehbaren Folgen der
schnelleren Reaktion, höheren Flexibilität und des know-
how-Gewinns einbezieht.

Integrierte Informationssysteme im Büro einschließlich
der Managementinformationssysteme werden danach wegen
oder in manchen Fällen auch trotz der schon vorhandenen
Einzelsysteme kommen. Wie Sie gestern gehört haben, befindet sich auch die öffentliche Verwaltung auf diesem
Pfad, wie - mit Vorsprung - die Banken und Versicherungen. Allerdings zeigen mir hier auch eigene Erfahrungen im Rahmen eines von Prof. Reichwald, München,
begleiteten Pilotversuchs in meiner Abteilung, daß in

einem Ministerium nicht die Aufschließung der Mitarbeiter, sondern die Erschließung nutzbarer Systeme das Problem ist, weil es hier ebenso wie in den Vorstandsetagen der Unternehmen meist nicht um ständig wiederkehrende Geschäftsvorgänge, sondern um Planungs-, Koordinierungs- und Organisationsfragen geht. Informationssysteme werden hier trotz modernster und offener Architektur nur unterstützen können.

Die Integration der Systeme in Fertigung und Konstruktion wird im Mittelstand noch einige Zeit brauchen, trotz einiger positiver Pilotprojekte wie das in den erwähnten Textilunternehmen. Dieser lange Zeitraum dürfte auch notwendig sein, damit das "Humankapital" schritthalten kann. Die Investitionen in Einzelsysteme werden trotz der bei der zweiten Befragung von MST festgestellten Zurückhaltung z.B. bei CAM-Systemen weitergehen, allerdings immer mit dem Blick nach der späteren Integrationsfähigkeit. Je schneller sich die Systemhersteller darauf einrichten, desto schneller läuft die Durchdringung bei den Anwendern, auch den mittelständischen Anwendern. Offene Systeme sind gefragt.

Dabei spielt eine wesentliche Rolle, daß die CIM-Fabrik auf der grünen Wiese die Ausnahme sein wird, das Herantasten an CIM über Einzelsysteme aber die Regel.

Eine intensive Diskussion wird im Hinblick auf die Akzeptanz solcher integrierten Systeme bei Mitarbeitern und in der Gesellschaft notwendig sein. Wir sehen dies in erster Linie als eine politische Aufgabe, aber auch als eine Aufgabe der Unternehmer und Wissenschaftler. Entwicklungen und Investionen mit dem Ziel, die Zahl der Mitarbeiter in der Fertigung drastisch zu verringern, lassen sich heute nur schwer plausibel machen. Dies muß aber möglich werden, da für die Erhaltung der Wettbewerbsfähigkeit es keine Alternative gibt.

Probleme und Hoffnungen medizinischer Informationssysteme

H. K. Selbmann

Einleitung

1984 wandten die gesetzlichen Krankenversicherungen der Bundesrepublik Deutschland 108,7 Mrd. DM für die Gesundheitsfürsorge und die Krankenversorgung auf. 32,2 Mrd. davon wurden für die stationäre Behandlung in ca. 3000 Krankenhäusern, 28,4 Mrd. DM für die ambulante Behandlung bei über 100.000 niedergelassenen Ärzten und Zahnärzten und allein 5,1 Mrd. DM für die Verwaltung in den Krankenkassen ausgegeben. Etwa ein Viertel des Umsatzes aller Krankenhäuser - ca. 8 Mrd. DM pro Jahr - ist für die EDV-gestützte und nicht-EDV-gestützte Informationsverarbeitung aufzuwenden, bei den niedergelassenen Ärzten dürfte sich der Anteil in der gleichen Größenordnung bewegen. Die gegenwärtigen Bemühungen um eine größere Transparenz im Gesundheitswesen werden den Prozentsatz sicher noch weiter steigen lassen. Angesichts dieser enormen Beträge, die durch die Informationstechniken erhebliche Einsparungen vermuten lassen, muß man sich jedoch fragen, warum 1988 nur etwa 2500 Arztpraxen und nur jedes 3. Krankenhaus mit Arbeitsplatzrechnern bzw. einem eigenen Rechenzentrum ausgestattet sind. Allerdings bedienen sich 3 von 5 Kliniken eines regionalen Rechenzentrums. Dem Ziel aller Informationssysteme in der Medizin - nämlich zu einer Verbesserung der Qualität der Krankenversorgung und ihrer Wirtschaftlichkeit beizutragen - stellen sich vier Klassen von Hürden in den Weg (Ehlers und Klar 1986):

- die datentechnischen (Komplexität der Datentechnik),
- die organisatorischen (Komplexität der Versorgungssysteme),
- die medizinischen (Komplexität der Medizin) und
- die gesellschaftlichen (Komplexität der Anwendungsumgebung).

Diese Hürden sind mit einander verwoben. So könnten z.B. Datenschutzprobleme, die den gesellschaftlichen Hürden zuzurechnen sind, oder die Dezentralität der Krankenversorgung (organisatorische Hürde) durch die Überwindung datentechnischer Hürden angegangen werden.

Im folgenden soll versucht werden, an Hand von Beispielen die Probleme der medizinischen Informationssysteme und die in sie gesetzten Hoffnungen aufzuzeigen. Die Liste der Beispiele erhebt selbstverständlich keinen Anspruch auf Vollständigkeit, da sie unvermeidlich von meinen subjektiven Prioritäten als Wissenschaftler und als Zuständiger für die Informationsverarbeitung in einem Universitätsklinikum bestimmt ist.

Die datentechnischen Hürden.

Von den Hürden der medizinischen Informationsverarbeitung sind die datentechnischen noch die niedrigsten. Überall dort, wo in der Medizin Instrumente Meßwerte erfassen wie in der Radiologie, der Kardiologie oder dem klinisch-chemischen Labor ist die Datenverarbeitung weit in den ärztlichen Alltag integriert. Dies läßt sich am Beispiel der Patientenüberwachung in den Operationssälen oder auf den Intensivstationen demonstrieren (Abb.1). An den Betten stehen mittlerweile modular zusammenstellbare Monitore mit eigenen Prozessoren, die neben der Echtzeiterfassung der Vitalparameter oder der Beatmungssteuerung auf ein, zwei Farbbildschirmen z.B. Verläufe kontrollieren und Trendberechnungen durchführen. Neue Techniken wie die Telemetrie, wissensbasierte Komponenten, Flachbildschirme, optische Speicherplatten, Telekommunikation und die Sprachein- und ausgabe stehen vor der Tür und warten auf ihren breiten Einsatz. Man könnte den Eindruck gewinnen, daß die Medizin hier etwas rückständig ist, doch man sollte nicht vergessen, daß das Funktionieren der Krankenversorgung höchste Priorität hat und für noch nicht voll ausgereifte und vor der Großserie zu teuere Techniken kaum einen Platz läßt. Lassen sie mich zwei Beispiele herausgreifen, die über die Anforderungen der Intensivmedizin weit hinausgehen: die Telekommunikation und die Bildverarbeitung.

Bereits heute können die bettseitigen Monitore in den Intensivabteilungen miteinander vernetzt werden. Darüberhinaus sind aber auch zeitkritische Informationen aus dem klinisch-chemischen Labor, dem Hygiene-Institut oder der radiologischen Klinik in die Intensivstation zu transportieren und auf den Bildschirmen zu präsentieren. Während noch vor wenigen Jahren der Großrechner im Mittelpunkt eines Krankenhausinformationssystemes stand, gewinnt heute das klinik-interne Datennetz zunehmend an zentraler Bedeutung, das u.a. in der Lage sein muß, die heterogene Hard- und Software unterschiedlicher Herstellerwelten einzubinden. Bei der Umsetzung dieser Anforderung klafft allerdings noch eine große Lücke zwischen Theorie und Praxis.

Die Tendenz der Krankenhausinformationssysteme geht in Richtung einer Dezentralisierung der Anwendungen. Leistungsstellen wie das klinisch-chemische Labor, die Pathologie oder die Radiologie verfügen häufig über eigene Hardware-Subsysteme. Hinzu kommt die große Zahl von Personal Computer, die mehr und mehr wegen ihrer vielfältigen Einsatzmöglichkeiten und ihrer Benutzerfreundlichkeit die nicht-intelligenten Terminals der Großrechner ersetzen. So stattet z.B. das Universitätsklinikum Tübingen - wie übrigens andere Klinika auch - alle Patientenaufnahme- und leitstellen mit solchen PC's aus, die über ein Datennetz miteinander und einem größeren Rechner, der in diesem Falle die Aufgabe eines Datenbankrechners übernimmt, verbunden sind. Der Tübinger PC erzeugt im übrigen auch die Magnetkarte, die zur Unterstützung des organisatorischen Ablaufes den Patienten auf dem Weg durch das Krankenhaus begleitet.

Die Geschwindigkeit eines klinischen Datennetzes wird letztenendes vom Bedarf an Bildübertragungsmöglichkeiten bestimmt. Insbesondere die auf uns zukommende digitale Radiographie, die die konventionellen Röntgenbilder ablösen wird, wird erhebliche Anforderungen an das Datennetz stellen. Es ist angesichts des Informationsumfanges von einem Mega Byte pro Röntgenaufnahme leicht vorstellbar, daß innerhalb des Klinikums auf bestimmten Strecken Geschwindigkeiten von mindestens 10 Mega baud benötigt werden, um die elektronische Distribution von Röntgenbildern innerhalb akzeptabler Zeiten zu ermöglichen (Tab.1). Da die Zahl der auch in der Routine eingesetzten bildgebenden Verfahren (Ultraschall, Computertomogramm, Kernspintomogramm, Szintigramm etc.) weiter zunimmt, werden mittelfristig neue Bildarbeitsplätze notwendig, die eine vergleichende Betrachtung verschiedener Bilder von verschiedenen bildgebenden Verfahren wie Computertomogramme, Kernspintomogramme und Röntgenbilder durch den Radiologen erlauben. Allerdings nähern wir uns hier einer medizinischen Hürde der Informationsverarbeitung, denn diese Bilder wollen natürlich nicht nur betrachtet, sondern auch klinisch bewertet werden. Man kann die Ärzte nicht nur mit Informationen überhäufen, man muß Ihnen auch helfen, mit den neuen Informationen umzugehen.

Die organisatorischen Hürden.

Die große Heterogenität der Krankenhäuser und der Arztpraxen ist eine der organisatorischen Hürden der medizinischen Informationssysteme. Da zudem die Behandlungsbedürfnisse der Patienten sehr unterschiedlich sind, läßt sich der Weg eines Patienten, beginnend bei der Aufnahme nur wenig standardisieren (Abb.2). Der Patient hat direkt oder indirekt in unregelmäßiger Reihenfolge mit vielen Leistungsstellen des Krankenhauses Kontakt (Reichertz 1974). Dem entsprechend müssen Informationen über seine Person – insbesondere die Patienten-Stammdaten – vielen jederzeit zur Verfügung stehen.

Die Brücke vom Patienten-Management zur Krankenhausverwaltung schlagen die Leistungsanforderung, die Leistungsdokumentation, die Patientenabrechnung und das Medical Audit, mit dem die Inanspruchnahme von Krankenhausleistungen kontrolliert werden kann (Abb.3). Darüberhinaus gehört zur Krankenhausverwaltung, die immerhin bei Großklinika für Haushalte bis zu fünfhundert Mio. DM zuständig ist, z.B. die Finanzbuchhaltung, die Materialwirtschaft und die Personalverwaltung (Engelbrecht 1974). In diesem administrativen Bereich ist die Standardisierung – nicht zuletzt durch entsprechende Erlasse der Krankenhausträger – schon recht weit fortgeschritten, die organisatorische Hürde also verhältnismäßig niedrig.

Schließlich verfügen zumindest Universitäts- und Lehrkrankenhäuser noch über einen akademischen Bereich, der hier nicht weiter betrachtet werden soll.

Der Informationsfluß in den Krankenhäusern kann durch ein EDV-gestütztes Informationssystem unterstützt werden, dessen Kern die zentrale Patientendatenbank bildet (Abb.4). Von ihr werden über das zentrale Kommunikationssystem das Auskunftssystem und die einzelnen logischen Subsysteme des Patientenmanagements und der Krankenhausverwaltung mit Informationen versorgt (Reichertz 1987).

Wie zeitaufwendig die Informationsverarbeitung im Krankenhaus ist, zeigt eine Untersuchung von Blum (1986), nach der ca. 26% des zeitlichen Budgets des Personals eines Krankenhauses für die Informationsverarbeitung benötigt werden (Tab.2). An der

Spitze liegen naturgemäß das Krankenblattarchiv und die Krankenhausverwaltung, aber auch die Radiologie hat einen großen Dokumentations- und Informationsaufwand zu leisten.

Nach wie vor bereiten die Krankenblatt- und die Röntgenarchive allen Krankenhäusern große Schwierigkeiten, droht doch ihr Überlaufen in regelmäßigen Abständen auf Grund der gesetzlich verordneten Aufbewahrungsfrist von 30 Jahren und der zunehmenden Zahl an Dokumentationspflichten. In beiden Fällen könnten zukünftige Archivierungssysteme mit optischen Platten die bisherigen Nachteile wie hoher manueller Aufwand, lange Suchzeiten und großer Raumbedarf beseitigen helfen. Dabei ist aus ärztlicher Sicht besonders wichtig, daß die benötigten Informationen auch tatsächlich erreichbar sind, wenn man sie braucht, und die Akten nicht gerade - wie das im Schnitt bei jeder 5. Aktensuche der Fall ist - wegen der Erstellung von Gutachten, Wiederaufnahme des Patienten, Briefwechsel oder Wissenschaft ausgeliehen sind.

Wesentlich geringere organisatorische Probleme bereiten die außerklinischen Informationssysteme, da sie zum Teil auf einem freiwilligen Zusammenschluß vom Teilnehmern basieren und oft nur einen begrenzten Ausschnitt der Medizin abdecken müssen (Tab.3). Hier bedarf es eigentlich "nur" der richtigen Absprachen zum medizinischen Inhalt und der einzusetzenden Hard- und Software. Es dürfte daher nicht mehr allzulange dauern - insbesondere wenn bereits erfolgreiche Dialoge im Batch existieren - bis z.B. Vergiftungszentralen, Transplantationszentren, Krankheitsregister, Arztpraxen, Gesundheitsämter oder Qualitätssicherungsprogramme (Labors, Perinatologie etc.) in verstärktem Umfang ihren Datenverkehr mit Hilfe von intelligenten Endgeräten und öffentlichen Datennetzen abwickeln. Die Übermittlung von EKG's, EEG's und Röntgenbilder via Satellit zur Diagnosestellung wird heute schon in den Ländern der dritten Welt vorgenommen (Ärztezeitung 1988), und der Zugang zu weltweiten Literaturbanken und öffentlichen Datenbeständen gehört mittlerweile zum Standardrepertoire eines Forschers, auch wenn die Wege dahin noch etwas ebener und preiswerter sein könnten. Es ist nicht auszuschließen, daß auch der Transport bewegter Bilder notwendig werden wird, da bei manchen bildgebenden Verfahren (z.B. Ultraschall) zusätzliche Informationen in der Bewegung stecken. Ob sich allerdings medizinische Videokonferenzen in großer Zahl durchsetzen werden, sollte erst nach Abschluß des Modellversuches MEDKOM in Hannover neu diskutiert werden.

Die medizinischen Hürden.

So wenig ein Krankenhaus dem anderen gleicht, so wenig gleicht ein Patient dem anderen. An den Beispielen der Klassifikation der Patienten für die prospektive Budgetierung in Krankenhäusern, der Qualitätssicherung ärztlichen Handelns und der medizinischen Expertensysteme sollen kurz einige der medizinischen Hürden aufgezeigt werden.

Die seit 1987 den Krankenhäusern in der Bundesrepublik Deutschland abverlangte prospektive Budgetierung kann man z.B. durch Fortschreibung des bisherigen Budgets vornehmen. Ein anderer, vielleicht besserer Weg führt über eine Prognose des zukünftigen Patientengutes und dessen mit seiner Behandlung verbundenen Kosten. Dabei ist man genötigt, Patienten in Gruppen einzuteilen, die sich bezüglich ihrer Diagnosen, ihres Behandlungsaufwandes und ihrer -kosten möglichst gleichen. Im wesentlichen werden derzeit 2 Klassifikationssysteme bei uns diskutiert, bzw. befinden sich in den USA im Einsatz.

Da sind zum einen die diagnosenbezogenen Fallgruppen (DRG's), denen die Patienten entsprechend ihrer Hauptentlassdiagnose zugeteilt werden (Tab.4). Die Fallgruppen wurden so gebildet, daß die Patienten einer Fallgruppe eine möglichst geringe Variation ihrer Liegezeit aufweisen (Fetter et al. 1980). Dies kommt dem deutschen Abrechnungssystem mit der täglichen Pflegesatzpauschalen sehr entgegen. Nur grob wird dabei das Alter, die Begleiterkrankungen und die Frage nach einer Operation während des abzurechnenden Aufenthaltes berücksichtigt. Jeder diagnosenbezogenen Fallgruppe ist eine Kostenpauschale zugewiesen, die im Lauf eines stationären Aufenthaltes im Mittel möglichst nicht überschritten werden sollte. Dies läßt sich mit einem funktionierenden, die Einzelleistungen erfassenden Krankenhausinformationssystem gut kontrollieren. Es leuchtet aber ein, daß sich die angesetzte Kostenpauschale und die tatsächlich entstandenen Kosten oft nicht entsprechen können, da weder die Einweisungsdiagnose noch der Schweregrad der Erkrankung noch der Behandlungserfolg angemessen berücksichtigt werden (Calore und Iezzoni 1988).

Eine andere Möglichkeit ist die Einteilung der Patienten in sogenannte Patienten Management Kategorien, die nach der zu erwartenden Inanspruchnahme ärztlicher Maßnahmen gebildet wurden (Tab.5). Sie ermöglichen zugleich eine Resourcenplanung. Doch auch hier ist, wie bei den diagnosenbezogenen Fallgruppen, die Entwicklung noch nicht zu einem praktikablen Vorschlag gelangt, der eine genauere prospektive Budgetierung erlauben würde (Young et al. 1982).

Beim Bemühen, die Qualität ärztlichen Handelns zu sichern und zu verbessern, machen sich ebenfalls medizinischen Hürden breit. Woran soll man die Qualität ärztlichen Handelns messen, am Ergebnis der Behandlung oder an den durchgeführten bzw. unterlassenen Maßnahmen selbst? In den freiwilligen Qualitätssicherungsprogrammen der Geburtshelfer und der Chirurgen vergleichen über 900 Kliniken mit Hilfe sogenannter, zentral erstellter Profile ihre Leistungen mit denen anderer Kliniken. Aber ab wann ist eine erbrachte Qualität gut und ab wann verbesserungsbedürftig? Die Chirurgen haben z.B. für die Gallenoperationen (Abb.5) mittlere Leistungsbreiten (horizontal schraffiert), in denen die mittlere Hälfte aller Kliniken liegt, und Auffälligkeitsbereiche (vertikal schraffiert) definiert, die den betroffenen Kliniken Impulse für eine intensivere Analyse ihrer Qualität geben sollen. Mit Sicherheit können solche Statistiken nur Orientierungshilfen für die Kliniken darstellen. Da zu ihrer Interpretation u.a. Kenntnisse über die Datenqualität und die Zusammensetzung des Patientengutes benötigt werden, sind sie nicht in der Lage, unmittelbar zwischen guter und schlechter Qualität zu unterscheiden oder gar zu Sanktionen Anlaß zu geben. Für die Erarbeitung komplexerer Orientierungshilfen oder Standards sind noch viele epidemiologische Studien notwendig.

Auch die medizinischen Expertensysteme sollen nach der EN-QUETE-Kommission des Deutschen Bundestages zur Abschätzung von Technikfolgen (1987) zur Verbesserung der Versorgungsqualität beitragen. Insbesondere wird von ihnen eine Unterstützung der ärztlichen Entscheidungen und des ärztlichen Behandlungsprozesses und eine Optimierung kognitiver Funktionen durch die von ihnen zur Verfügung gestellten Beratungsmöglichkeiten erwartet.

Gegenwärtig werden medizinische Expertensysteme hauptsächlich in der Diagnostik eingesetzt (Abb.6). Bereits mit großem Abstand folgt die Therapie. Daß unmittelbar dahinter die Bereiche Ausbildung und Interpretation kommen, liegt sicher daran, daß viele Autoren glauben, daß ihre Systeme, auch wenn sie für andere Zwecke entwickelt wurden, diese Bereiche mit abdecken können (Schubert und Krebsbach-Gnath 1987).

Die große Zahl von 64 medizinischen Expertensystemen der Abbildung 6 mag vielleicht überraschen, aber sie relativiert sich mit der zusätzlichen Information, daß nur wenige dieser Systeme bisher den Bereich ihrer Entwickler verlassen haben. Die Tabelle 6 zeigt einige wesentliche Vertreter der gegenwärtig existierenden Expertensysteme, beginnend bei dem Urvater aller medizinischen Expertensysteme (MYCIN) zur Unterstützung der Antibiotikaauswahl bei Infektionserkrankungen aus dem Jahr 1976 (Shortliffe 1976). Im allgemeinen sind die klinischen Anwendungsgebiete der heutigen Expertensysteme sehr eng begrenzt. Dem Idealbild eines Expertensystems am nächsten kommt das System HELP, das in einigen amerikanischen Krankenhäusern im Einsatz ist und auf einem klinikweiten Informations- und Dokumentationssystem aufbaut (Pryor et al. 1983). Da es in den Routineablauf der Krankenhäuser eingegliedert ist, kann es den Ärzten und dem Pflegepersonal Entscheidungshilfen anbieten, ohne daß es dazu aufgefordert wird - ein typisches Beispiel ist die Digitalisdosierung bei Kaliummangel - vorausgesetzt in dem Haus existiert eine gute Dokumentationsdisziplin.

Als Risiken der Expertensysteme in der Medizin nannte die EN-QUETE-Kommission 1987 die Gefahren des fehlerhaften Funktionierens der Systeme, des unkritischen Verlassens der Ärzte auf die Systeme und der nachteiligen Veränderungen des Versorgungsprozesses durch Über- oder Unterdiagnostik oder durch Humanitätsverlust infolge von Rationalisierung. Womit wir bei den gesellschaftlichen Hürden der medizinischen Informationssysteme angelangt sind.

Die gesellschaftlichen Hürden.

Neben den Ängsten vor einer fehlgeleiteten Technisierung der Medizin und der damit verbundenen Störung des Arzt-Patienten-Verhältnisses spielt das informationelle Selbstbestimmungsrecht der Patienten eine besondere Rolle. Medizinische Daten sind in der Regel sensible Daten, die zum Privatgeheimnis der Patienten gehören. Der §203 des Strafgesetzbuches bedroht jeden Arzt mit einer Gefängnisstrafe, wenn er die ihm als Arzt anvertrauten Informationen anderen als den in den Behandlungsprozess eingebundenen Personen gegenüber offenbart. Andererseits benötigt aber die Medizin als eine empirische Wissenschaft die Daten größerer Patientenmengen, um sich weiterent-

wickeln zu können. Es sei nur an die Bemühungen zur Qualitätssicherung, die Analysen der Effektivität diagnostischer
und therapeutischer Verfahren oder die Ursachenforschung bei
Krebs oder Herz-Kreislauf-Erkrankungen erinnert. Bei der Einrichtung von Registern für chronische Erkrankungen wie Krebs
oder AIDS können geeignete datentechnische Maßnahmen eingesetzt werden wie die Kontrolle der Zugriffsberechtigung mit
Hilfe von Smartcards, kryptographische Transportsicherungen
oder die Verschlüsselung der Patientenidentifikationen mit
Hilfe spezieller Verschlüsselungsrechner, wie sie im Rahmen
des Epidemiologischen Krebsregisters Baden-Württemberg erprobt
wurden (Meisner Ch. et al. 1988). Allerdings wissen wir alle,
daß es den perfekten Datenschutz nicht gibt, wenn man nur genügend kriminelle Energie aufbringt, so daß die Medizin letztendlich doch auf die Bereitschaft der Patienten angewiesen
ist, ihre Daten zur Ermöglichung des medizinischen Fortschrit-
tes quasi in Sinne einer Datenspende zur Verfügung zu stellen.
Eine Normalisierung des Datensicherheitsbedürfnisses in der
Bundesrepublik Deutschland brächte unsere den englischsprachi-
gen Ländern hinterher hinkende epidemiologische Forschung erheblich voran.

Übergreifende Hoffnungen und Schlußbemerkung.

Der routinemäßige Einsatz vorhandener Software und Hardware-
Techniken würde bereits heute erheblich zur Verbesserung der
Qualität und der Wirtschaftlichkeit der Krankenversorgunng
beitragen können, wenn sich ihre Umsetzung in die Praxis so
problemlos gestalten würde wie immer erwartet.

Hoffnungen trägt auch das vor kurzem aufgelegte Forschungsprogramm der Europäischen Gemeinschaften (AIM), das nach einer
mehr strategisch-orientierten Pilotphase von zwei Jahren konkrete Arbeitsschwerpunkte vorsieht, deren Themen zum Teil bereits oben angesprochen wurden (Tab.7). Besonders gefordert
wird in diesem Programm die Kooperation zwischen Wissenschaft
und Industrie aus mehreren europäischen Staaten.

Die Themenauswahl von AIM zeigt zum einen, daß in allen Ländern der EG die gleichen Forschungsziele für die medizinische
Informatik gesehen werden, und zum anderen, daß die Hauptpro-
bleme der medizinischen Informationssysteme doch in der Aufbereitung des organisatorischen Umfeldes und des medizinischen
Wissens liegen. Hierzu werden jedoch mehr Fachleute – Medizin-
Informatiker – benötigt als bisher zur Verfügung stehen. Angesichts des Fehlbedarfes von 40.000 Informatikern und der Über-
produktion von ca. 4000 Medizinern pro Jahr bleibt zu hoffen,
daß in Zukunft mehr Ärzte den Weg in die Medizin-Informatik
finden werden. Für sie sind ausreichende Weiterbildungsmög-
lichkeiten zu schaffen. Die zunehmende Benutzerfreundlichkeit
der Werkzeuge drängt die Fragen der Realisierung ohnehin immer
weiter in den Hintergrund und erlaubt eine stärkere Konzentration auf die Überwindung der organisatorischen und medizinischen Hürden.

240

Literatur:

Ärztezeitung: EEG's aus Uganda wurden in Kanada ausgewertet. 9.Juni 1988, S. 7

Blum B.I.: Clinical Information Systems. Springer-Verlag, New York 1986

Calore K.A., Iezzoni L.: Disease staging and PMCs. Can they improve DRGs? Med. Care 25,1987, 724-735

Commission of the European Communities: Advanced Informatics in Medicine in Europe. Proposal for a council decision for a community action in the field of information technology and telecommunication applied to health care. Manuskript, Brüssel 1987

Ehlers C.T., Klar R.: Future trends in hospital information systems. In: Fokkens et al. (eds.): MEDINFO-83 Seminars. North-Holland 1983

Engelbrecht R.: Patientenaufnahme mit einer Datenstation – Erfahrungsbericht –. In: N.N.: Computerunterstützte Informationssysteme für Krankenhäuser. IBM, Sindelfingen 1974

ENQUETE-Kommission des Deutschen Bundestages "Einschätzung und Bewertung von Technikfolgen": Materialien zu Drucksache 10/6801, Band III, Bonn 1987

Fetter R.B. et al.: Case mix definition by diagnosis related groups. Med. Care 18 (Suppl.), 1980, 1-53

Meisner Ch., Pietsch-Breitfeld B., Selbmann H.K.: Möglichkeiten und Probleme bei der Anonymisierung personenidentifizierender Angaben in der epidemiologischen Forschung. In: Selbmann H.K., Dietz K. (Hrgb.): Medizinische Informationsverarbeitung und Epidemiologie im Dienste der Gesundheit. Springer-Verlag, Heidelberg 1988, 45-50

Pryor T.A. et al.: The HELP-System. J. Med. Systems 7,1983, 87-101

Reichertz P.L.: Computer im Dienste der Medizin – Aufgaben, Wege und Bedeutung. In: N.N.: Computerunterstützte Informationssysteme für Krankenhäuser. IBM, Sindelfingen 1974

Reichertz P.L.: Preparing for change: Concepts and education in medical informatics. Computer Methods and Programs in Biomedicine 25, 1987, 89-102

Schubert I., Krebsbach-Gnath C.: Chancen und Risiken des Einsatzes von Expertensystemen. Oldenbourg-Verlag, München 1987

Shortliffe E.H.: Computer-based medical consultations: MYCIN. Elsevier, New York 1976

Young W.W. et al.: The meassurement of hospital case mix. Med. Care 20, 1982, 501-512

Tab.1: Bildinformationen und Übertragungsdauer

Bildinformationen

Röntgen	1024^2	* 8 bit	=	1.00 MB
CT	512^2	* 12 bit	=	0.40 MB
Ultraschall	512^2	* 4 bit	=	0.13 MB
NM	256^2	* 6 bit	=	0.05 MB

Übertragung eines Röntgenbildes

Telefon	2.4 Kbaud	58.0 min
DFN, EARN	9.6 Kbaud	15.0 min
ISDN	64.0 Kbaud	2.0 min
Ethernet	10.0 Mbaud	0.8 sec
Hyperchannel	50.0 Mbaud	0.2 sec

Tab.2: Zeitaufwand für die Informationsverarbeitung
im Krankenhaus (Blum 1986)

Zeitaufwand für die
Informationsverarbeitung im Krankenhaus

Pflegebereich	34 %
Operationsbereich	14 %
Radiologie	42 %
Labor	28 %
Ambulanzen	35 %
Apotheke	26 %
Verwaltung	73 %
Aktenarchiv	95 %

Insgesamt	26 %
entsprechend Umsatz	24 %

Quelle: B.I. Blum, Clinical Information Systems, 1986

Tab.3: Beispiele außerklinischer Informationsnetze

BEISPIELE AUSSERKLINISCHER INFORMATIONSNETZE

- Zugang zu weltweiten Wissensbanken und Public Files
- Referenzzentren für EEG-, EKG- (etc.) Auswertungen
- Vergiftungszentralen
- Transplantationsregister (Niere, KM etc.)
- Krankheitsregister (Krebs, Infarkt etc.)
- Verbund von Leistungsstellen (Praxen,
                Labors, Gesundheitsämter etc.)
- Qualitätssicherungsprogramme
                (Geburtshilfe, Herzchirurgie etc.)

Tab.4: Diagnosenbezogene Fallpauschale (DRGs)

DIAGNOSENBEZOGENE FALLPAUSCHALEN (DRGs)

- Hauptdiagnose, verschlüsselt nach ICD 9-CM

- 23 größere, organbezogene Hauptgruppen (insg. >300)

- weitere Angaben : Alter, Operation, Komorbidität etc.

- Bildung von DRGs:
    homogene Gruppen bezüglich der Liegezeit
    deutliche Unterschiede zwischen den Gruppen
    klinisch sinnvoll

- Festlegung der DRG - Gewichte (Kostenpunkte)

Tab.5: Patienten Management Kategorien (PMCs)

PATIENTEN MANAGEMENT KATEGORIEN (PMCs)

- Haupt- und Nebendiagnosen nach Krankheitseinheiten

- 47 Klassen z.B. Brustkrebs, Diabetes (insg. >800)
        - bis zu 20 Unterklassen z.B. Ca mit Lungenmetastasen
                        oder mit elektiver Chemotherapie
- Bildung von PMCs:
    Homogene Klassen bezüglich des Bedarfs an ärztlichen
                        Maßnahmen und der Kosten
    Deutliche Unterschiede zwischen den Klassen

Tab.6: Beispiele medizinischer Expertensysteme

BEISPIELE MEDIZINISCHER EXPERTENSYSTEME

MYCIN   (1976) Therapie von Infektionskrankheiten

CASNET   (1978) Glaukom-Diagnostik und -Therapie

PUFF   (1979) Interpretation von Lungenfunktionstests

ONCOCIN   (1981) Therapie von Tumorerkrankungen

MED1/2   (1985) Diagnostik von Brustschmerzen

MEDICL   (1985) Diagnostik von akuten Bauchschmerzen

PRO.M.D   (1986) Interpretation von Laborwerten

HELP   (1972) Dokumentationssystem mit Problemlösungs-
                  unterstützung

Tab.7: Forschungsprogramm der EG: Advanced Informatics
       in Medicine in Europe

ADVANCED INFORMATICS IN MEDICINE IN EUROPE (AIM)

Ziel:

Sicherstellung des Wachstums der medizinischen Versorgung
in der EG durch Ausnutzung des Potentials der Medizinischen und Bio-Informatik

Arbeitsschwerpunkte:

- Medizinische Informationsumgebung
                  Basisdatensatz, Schweregradverschlüsselung
- Datenstrukturen und Krankengeschichten
                        Archiv, Patientendaten-Karten
- Kommunikation und funktionale Integration
                        Informationsdienste, Datenschutz
- Expertenunterstützende Systeme
                  Sprachwerkzeuge, Bildverarbeitung
- Forschungswerkzeuge
                  DNA-Sequenzierung, Grundlagenwissen

ÜBERWACHUNGSKONZEPT

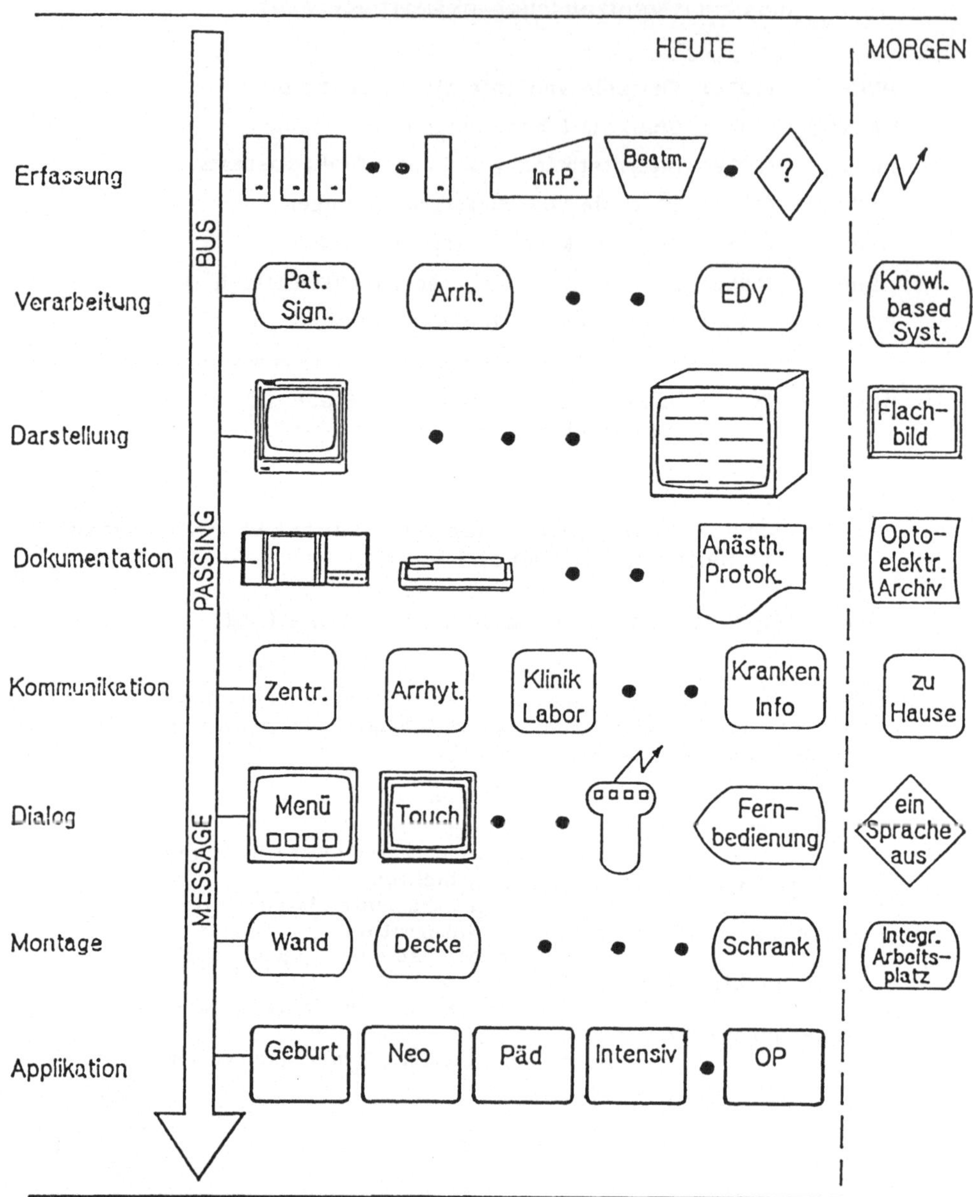

Abb.1: Möglichkeiten der Patientenüberwachung auf den Intensivstationen und in den Operationssälen heute und morgen. (Quelle HP)

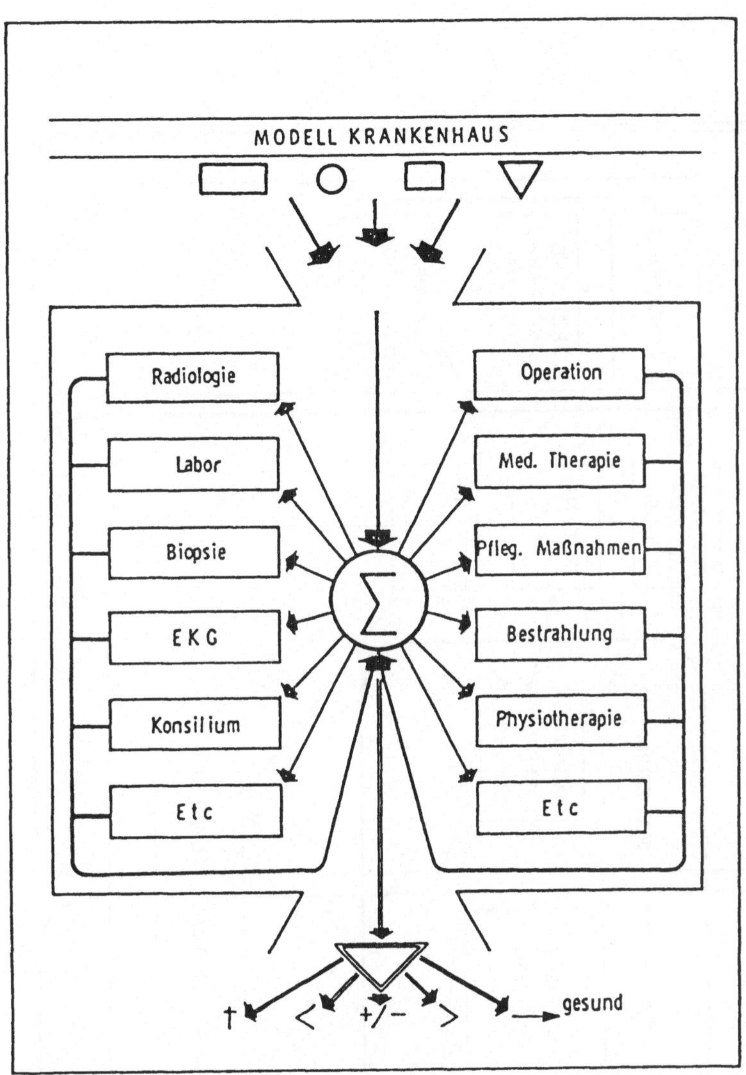

Abb.2: Modell eines Krankenhauses (Reichertz 1974)

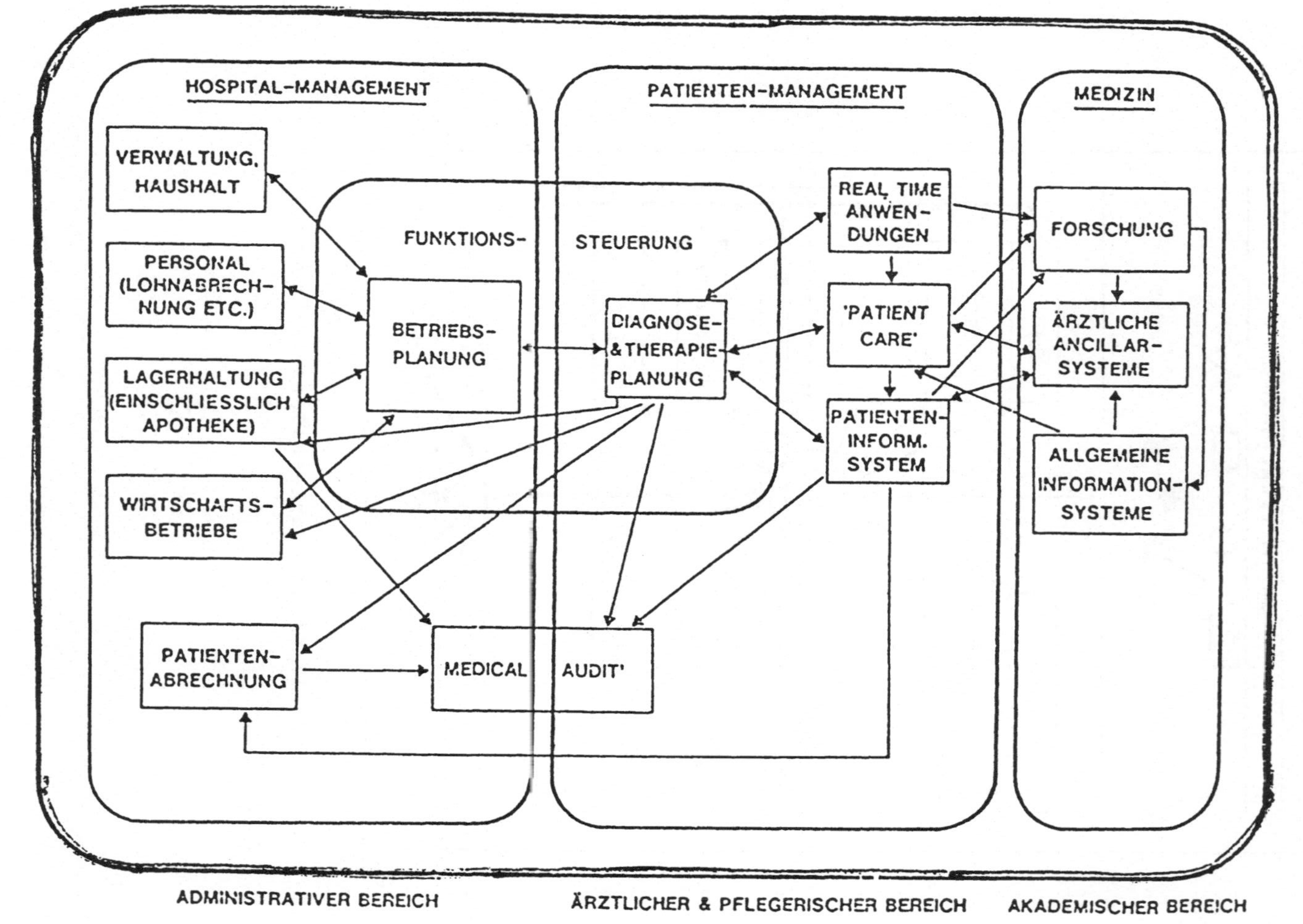

Abb.3: Aufgaben eines Krankenhausinformationssystems im administrativen, ärztlichen und akademischen Bereich (Engelbrecht 1974)

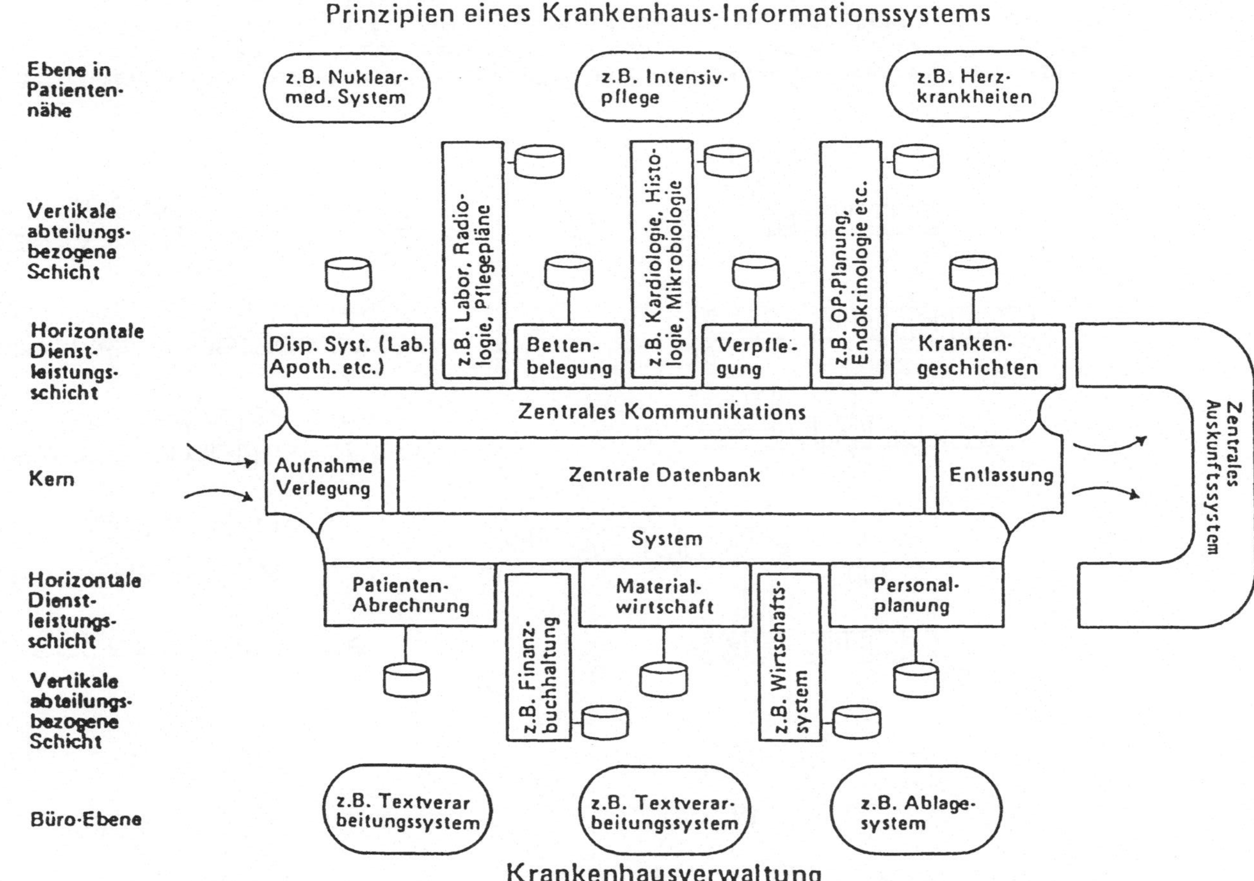

Abb.4: Prinzip eines Krankenhausinformationssystems nach Reichertz (1987)

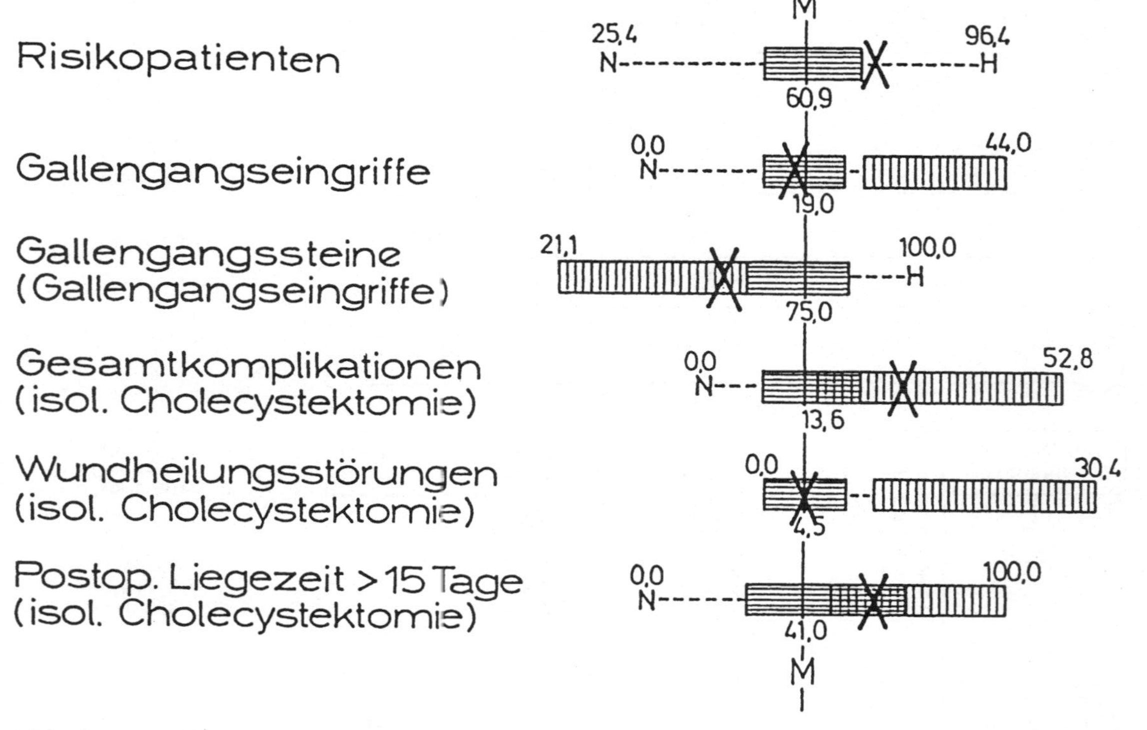

Abb.5: Ausschnitte aus dem Klinikprofil für Gallenwegserkrankungen der chirurgischen Qualitätssicherungsstudie Nordrhein-Westfalen 1982. (vertikal schraffiert: Auffälligkeitsbereiche, horizontal schraffiert: mittlere Leistungsbreiten)

Aufgaben gegenwärtiger medizinischer Expertensysteme

Medizinische Aufgaben | Anzahl der Systeme [1], die diese Aufgabe gegenwärtig unterstützen [2]

Aufgabe	Anzahl
Diagnose	45
Therapie	28
Ausbildung	23
Interpretation	23
Forschung	19
Planung	12
Prognose	11
Kontrolle	8
Sonstiges	8

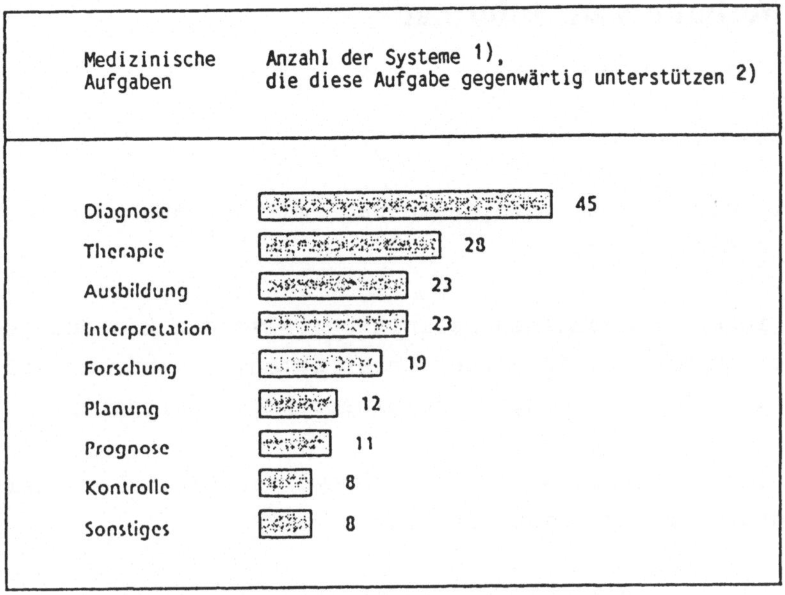

[1] Anzahl der untersuchten Systeme k=64
[2] Mehrfachnennungen möglich

Quelle: I. Schubert et al., Chancen und Risiken des Einsatzes von Expertensystemen, 1987

Abb.6: Aufgaben gegenwärtiger medizinischer Expertensysteme (Schubert und Krebsbach-Gnath 1987)

Ökonomische und organisatorische Strukturen der Wirtschaftsgruppe Handwerk und ihr Verhältnis zur Informatik

J. Reuß

erfordert als erstes ein Befassen mit der angesprochenen Zielgruppe als solcher,

a) mit ihrer allgemeinen Definition; also den Zuordnungskriterien mittelständischer Unternehmen, und nur um solche handelt es sich hier, zu dieser Wirtschaftsgruppe

b) mit ihrem Stellenwert im volkswirtschaftlichen Leistungsprozeß, und last not least

c) mit ihren damit verbundenen Aspekten der Unternehmensführung.

Nur nach Beantwortung dieser Fragen, und ich muß hier leider ein gewisses Ergebnis meiner Ausführungen antizipieren, können allgemeine Probleme, objektive Hinderungsgründe und subjektive Akzeptanzschwellen auch verstanden werden.

a) Der erste Problemkreis, die Zugehörigkeitskriterien zur Wirtschaftsgruppe Handwerk, ist noch verhältnismäßig einfach zu behandeln. Man kann hier auf eine relevante Gesetzesgrundlage zurückgreifen, in der bewährte Abgrenzungskriterien, wenn auch leider keine Legaldefinition des Begriffs Handwerk, enthalten sind.

Gemeint ist:

"Das Gesetz zur Ordnung des Handwerks"

kurz die Handwerksordnung

vom 28. Dezember 1965, zuletzt geändert am 25. Juli 1984.

Mit diesem Gesetz wurde nach Jahren der Unklarheit und einer schrankenlosen Gewerbefreiheit wieder eine einheitliche gesetzliche Grundlage für das gesamte deutsche Handwerk geschaffen.

Wesentliche Eckpfeiler dieses Gesetzeswerkes sind:

- die gewerberechtliche Sicherung des handwerklichen Befähigungsnachweises

- die Festlegung des Umfanges der Handwerkswirtschaft in 125 Berufe, die handwerksmäßig betrieben und 40 Berufe, die handwerksähnlich betrieben werden können.

  Allein hierin zeigt sich bereits die Vielfalt dieser Wirtschaftsgruppe und man kann die Problematik erahnen, die sich daraus für die viel zitierten Branchenlösungen ergeben

- die Anerkennung der handwerklichen Berufsaus- und -fortbildung als geschlossenes System, und

- die Neugestaltung der Organisation des Handwerks in ihrer fachlichen und gesamthandwerklichen Ausprägungen mit ihren tragenden Grundformen,

        den Handwerkskammern und
        den Handwerksinnungen.

Handwerksbetrieb nach diesem Gesetz ist ein Gewerbebetrieb, wenn er handwerksmäßig betrieben wird und vollständig oder in wesentlichen Tätigkeiten eines der 165 Gewerbe umfaßt, die in den Positivlisten der Anlagen A und B zum Gesetz enthalten sind.

Eine detaillierte Interpretation des Begriffes Gewerbe möchte ich mir hier sparen. Sie gehört nicht in dieses Thema und würde deshalb den heutigen Rahmen sprengen.

Relevanz besitzen dagegen

- das Erfordernis der handwerklichen Betriebsform, das ohne Zweifel ein Größenkriterium mit implementiert, und
- die fachliche Auffächerung der sogenannten Positivliste der Gewerbe, die handwerksmäßig betrieben werden können.

Die Frage, ob eine bestimmte Tätigkeit als Handwerk ausgeübt werden kann, ist aufgrund der Positivliste noch verhältnismäßig einfach zu beantworten.

Enthalten sind in dieser Liste, wie bereits angeführt, 125 Berufsbilder und 40 Gewerbe, die handwerksähnlich betrieben werden können. Die handwerklichen Berufsbilder sind dabei in sieben Gruppen, und zwar

Gruppe 1 - Bau- und Ausbaugewerbe

Gruppe 2 - Metallgewerbe

Gruppe 3 - Holzgewerbe

Gruppe 4 - Bekleidungs-, Textil- und Ledergewerbe

Gruppe 5 - Nahrungsmittelgewerbe

Gruppe 6 - Gewerbe der Gesundheits- und Körperpflege sowie der chemische Reinigung und

Gruppe 7 - Glas-, Papier-, keramisches und sonstiges Gewerbe

untergliedert.

Abgrenzungsschwierigkeiten gibt es dagegen, wenn es um die Klärung geht, worin die besonderen Eigenschaften einer handwerksmäßigen Betriebsform bestehen. In dieser Frage nach den Charakteristiken handwerksmäßiger Betriebsform, liegt das eigentliche Problem bei der Ermittlung des Begriffs "Handwerk", das häufig schlagwortartig als Abgrenzung zwischen Industrie und Handwerk bezeichnet wird.

Die Vielfalt handwerklicher Erscheinungsformen, die in den 125 Positionen der Anlage A zum Ausdruck kommt, verhindert jegliche Einordnung in starre Kategorien. Allgemein gültige Merkmale, die eine eindeutige Klärung, ob ein Gewerbe handwerksmäßig betrieben wird, ermöglichen, können deshalb kaum festgelegt werden. Dies scheitert auch schon daran, daß viele der in der Positivliste aufgeführten Gewerbe nach der ihnen gestellten Aufgabe unterschiedlichen Wirtschafts-, Arbeits- und Absatzbedingungen unterliegen, und sie schon deshalb nicht nach einem einheitlichen Maßstab beurteilt werden können.

Dies dürfte auch ein Grund sein, warum der Gesetzgeber davon abgesehen hat, den Begriff des Handwerks in der Handwerksordnung genau festzulegen.

Zu der oben gestellten Problematik kommt noch hinzu, daß infolge einer stetigen wirtschaftlichen und technischen Entwicklung, der auch das Handwerk unterliegt, sich die Vorstellungen über die Beschaffenheit eines typischen Handwerksbetriebes laufend wandeln müssen.
Es sei in diesem Zusammenhang nur an den Einsatz von Maschinen in Handwerksbetrieben erinnert, der in diesem Ausmaß noch vor 30 Jahren nicht vorstellbar gewesen wäre.
Hätte der Gesetzgeber damals einen zu jener Zeit entsprechenden Handwerksbegriff normiert, so wäre dadurch die Entwicklung des deutschen Handwerks erheblich gehemmt

worden. Was für die damalige Zeit zurifft, gilt aber auch noch heute. Der Gesetzgeber hat sich deshalb bewußt darauf beschränkt, die Abgrenzung des Begriffs "Handwerksbetrieb" im Einzelfall offen zu lassen.

Da die handwerkliche Betriebsform jedoch von starken organisatorischen Aspekten getragen wird, erscheint es mir trotz fehlender Legaldefinition sinnvoll, an dieser Stelle doch noch kurz auf einige Einzelkriterien handwerklicher Unternehmensführung einzugehen.

Nach der Begriffsumschreibung des § 1 Abs. 2 HWO ist ein Gewerbebetrieb u. a. Handwerksbetrieb, wenn er handwerksmäßig betrieben wird. Die Handwerksmäßigkeit kann jedoch nicht davon abhängen, ob gerade ein bestimmtes einzelnes Merkmal, das für die handwerksmäßige Betriebsform kennzeichnend ist, erfüllt wird. Vielmehr kommt es auf das technische und wirtschaftliche Gesamtbild des Produktionsablaufes an. Es ist allein entscheidend, ob nach diesem Gesamtbild die industrielle oder handwerksmäßige Betriebsform überwiegt.

Mit ein wesentliches Merkmal für die Handwerksmäßigkeit eines Gewerbebetriebes ist also Art und Umfang der technischen Ausstattung.

Trotzdem darf nicht übersehen werden, daß die technische Entwicklung die früheren Unterschiede zwischen einer industriellen und handwerksmäßigen Betriebsweise nicht mehr so eindeutig bestehen läßt und daß nicht mehr

- handwerksmäßig mit "Arbeit von Hand" und
- industriell mit "Arbeit mit Maschinen"

gleichzusetzen ist.

Damit kann also nur entscheidend sein, in welcher Weise der Betriebsablauf gestaltet ist und welche Aufgaben die verwendeten Maschinen zu erfüllen haben.

Die beiden Extreme, zwischen denen die Entscheidung "Handwerk oder Industrie" im Einzelfall zu treffen ist, bilden also auf der einen Seite mehr das mechanisierte Handwerkszeug, auf der anderen Seite den völlig selbständig produzierenden Automaten. Dabei sind die Übergänge in die Praxis fließend.

Eindeutig für den handwerksmäßigen Betrieb spricht jedoch, wenn der Gewerbetreibende die Maschinen nur zur Unterstützung seiner Handfertigkeit gebraucht.

Diese Unterscheidung berücksichtigt zugleich den, das Handwerksrecht beherrschenden Befähigungsgedanken und geht davon aus, daß die Kenntnisse und Fähigkeiten der in der Regel geforderten Meisterprüfung für den Arbeitsablauf in einem Handwerksbetrieb erforderlich sind.

In dieser Auslegung offenbart sich auch eindeutig die technisch orientierte Ausrichtung des handwerklichen Unternehmers, der beim Einsatz der elektronischen Datenverarbeitung in administrative, kommerzielle Bereiche nicht ohne Einfluß ist.

Auch das Institut der Arbeitsteilung ist für die Abgrenzung der handwerklichen Betriebsform von Bedeutung. Da jedoch auch die Rationalisierung in Handwerksbetrieben ihren Tribut fordert, kann für eine Unterscheidung nur die Art und das Ausmaß entscheidend sein.

Sind die in einem Betrieb zu leistenden Arbeiten unter den Beschäftigten so weit aufgeteilt, daß jede Arbeitskraft stets nur bestimmte, in der Regel wiederkehrende Teilarbeiten ausführt, spricht dies gegen die handwerkliche Betriebsform.

Dem Handwerk ist es dagegen eigen, daß im Grundsatz jeder qualifizierte Betriebsangehörige aufgrund seiner geforderten Berufsausbildung in der Lage ist, alle die für das betreffende Handwerk relevanten Arbeitsvorgänge aufzuführen und daß damit die Austauschbarkeit von Arbeitskräften gewährleistet ist.

Dies schließt allerdings nicht aus, daß in einem Handwerksbetrieb, insbesondere in einem größeren Unternehmen, eine Zusammenfassung verschiedener qualifizierter Fertigungsleistungen erfolgen kann.

Auch hierin spiegelt sich wieder das vorwiegend technisch orientierte handwerkliche Berufsbild.

Ein weiteres Kriterium ist die Frage der Aufgliederung und Spezialisierung des Fertigungsablaufs. Hier müssen Programm und Fertigungsweise so gestaltet sein, daß ein einzelner die gesamte technische Leitung des Betriebes beherrschen kann und bei Schwierigkeiten auch in der Lage ist, aufgrund seiner meisterlichen Kenntnisse helfend in den Einzelvorgang einzugreifen.

Der Produktionsablauf ist also in einem weit stärkeren Maße, als dies bei der Industie der Fall ist, von der technischen Lenkung eines einzelnen abhängig. Der Inhaber oder der Betriebsleiter muß durch seinen persönlichen Einsatz den Betriebsablauf in den einzelnen Teilen bestimmen können.

Somit steht jedoch auch fest, daß Kriterien wie die Unternehmensgröße, es sei denn, es wird dadurch der Produktionsprozeß beeinflußt, Umsatz, Anlagevermögen, Fertigung auf Vorrat oder Bestellung sowie die Mitarbeit des Unternehmers und sein Zugehörigkeitsgefühl zu einer bestimmten Organisation für die Beurteilung der Frage, ob ein Gewerbebetrieb dem Handwerk zuzurechnen ist, bedeutungslos sind.

b) Noch interessanter wird es bei der Behandlung des volkswirtschaftlichen Stellenwertes der Wirtschaftsgruppe
Handwerk.

In der Bundesrepublik Deutschland sind nach verschiedenen
Analysen der mittelständischen Wirtschaft gut die Hälfte
aller steuerlich erfaßten Umsätze, rund zwei Fünftel aller gewerblichen Investitionen, drei Fünftel aller Beschäftigten und etwa die Hälfte des Brutto-Inlandproduk-
tes zuzuordnen. Zusätzlich bildet sie rund 85 % aller Beschäftigten mit abgeschlossener Lehre aus. (Vgl. SCHÜLER
Wolfgang: Grundsatzfragen der Mittelstandpolitik; in:
Jahrbuch für Betriebswirte 1986; Taylorix-Fachverlag,
Stuttgart 1986, Seite 37; KRÜGER Walter: Die Bedeutung
der mittelständischen Unternehmen für die deutsche Wirtschaft, in: Jahrbuch für Betriebswirte 1986; Taylorix-
Fachverlag, Stuttgart 1986, Seite 50)

Der größte Teil dieser Unternehmen ist mit rund 60 % dem
produzierenden Gewerbe zuzuordnen. Der Rest verteilt sich
auf die Bereiche Handel, Verkehr, Dienstleistungen und
freie Berufe.

Der Wirtschaftsgruppe "Handwerk" gehören davon rund
600.000 Betriebe an. Das sind ca. 28 % aller mittelständischen Betriebe und 25 % aller Unternehmungen überhaupt.

In diesen Betrieben gibt es

    4 Millionen Beschäftigte und
    630.000 Auszubildende

Vergleichsweise beträgt die Gesamtzahl aller Beschäftigten 26,0 Mio. und die Zahl der Auszubildenden 1,8 Mio.

Die durchschnittliche Beschäftigtenzahl, und hier wird es
besonders für die relevante Fragestellung des EDV-Ein-
satzes interessant, liegt bei

6,6 Personen je Betrieb.

Der Anteil am Bruttosozialprodukt beträgt gegenwärtig 9%.

Meine Damen und Herren, dies sind Zahlen, die Anbieter
von EDV-Leistungen, gleich welcher Couleur,
- sowohl euphorisch,
  ich denke hier an die Betriebszahlen,
- als auch nachdenklich,
  z. B. bei den durchnittlichen Beschäftigtenzahlen,
stimmen können.

c) Damit sind wir jedoch noch lange nicht beim eigentlichen
Kern unserer Problemstellung angelangt.

Brisant wird es vielmehr erst, wenn wir uns mit den Besonderheiten der Unternehmensführung näher befassen.

Der wirtschaftliche Eigentümer eines Handwerksbetriebes
ist in der Regel eine einzelne natürliche Person, die das
Vermögensrisiko zu tragen hat und der das Verfügungsrecht
über die Produktionselemente zusteht (vgl. auch PLEINT-
NER-JOBST: Unternehmen im Mittelstand; in: Jahrbuch für
Betriebswirte 1986, Hrsg.: Taylorix-Fachverlag, Stuttgart
1986, Seite 77). Dabei stellt der Betrieb häufig als einzige oder überwiegende Erwerbsquelle die wirtschaftliche
Existenzbasis dar.

Wie nun bereits an anderer Stelle dargelegt, benötigt ein
handwerklicher Unternehmer zur Ausübung seines Gewerbes
in aller Regel den sogenannten großen Befähigungsnach-
weis, also kurz die Meisterprüfung.

Er ist also von Natur aus

"gelernter Techniker".

Trotzdem konzentriert sich auf ihn die Hauptlast der Arbeitserledigung und damit die Verantwortung für alle betrieblichen Funktionsbereiche wie

- Einkauf
- innerbetrieblicher Leistungsprozeß
- Absatzwirtschaft und
- Finanzierung

mit allen ihren zahlreichen Teilkomponenten.

Die Hauptlast der dispositiven bzw. strategischen Arbeiten und Entscheidungen ruht damit in der Regel auf den Inhaber selbst.

Zugleich verfügen die Handwerksbetriebe aus personellen Gründen nicht über ausreichende Informations- und Planungsysteme.

Nach einer Untersuchung von 1300 mittelständischen Unternehmen durch das Kölner Institut für Mittelstandsforschung sind kleinere Unternehmen deshalb zum Großteil auch durch Management gefährdet.

Aus der besonders "flachen" Organisationsstruktur kann sich jedoch auch eine besondere Flexibilität ergeben. Da die Entscheidungswege kurz sind, laufen Entscheidungsprozeße rasch und unbürokratisch ab. Der Inhaber eines Handwerksbetriebes kann deshalb auf etwaige Veränderungen seines betrieblichen Umfeldes rascher reagieren, als dies bei typischen Großunternehmen unter Umständen möglich ist.

Sehr geehrte Damen und Herren, ich habe die Darstellung der Wirtschaftsgruppe Handwerk in ihren einzel- und gesamtwirtschaftlichen Strukturen bewußt weiter gefaßt. Die Gefahr, sich dadurch vom eigentlichen Thema zu entfernen, war damit sicherlich gegeben. Trotzdem erschien es mir erforderlich, diese detaillierten Ausführungen zu machen, da dadurch zweierlei offensichtlich wurde:

1. Einer derart weit angelegten Managementfunktion, wie sie die Führung eines Handwerksunternehmens erfordert, ist nur durch den Einsatz modernster Informationstechnologien gerecht zu werden und

2. im Widerspruch zu 1. ist gerade die Einführung moderner Informationstechnologien sehr schwierig, da

    *   der handwerkliche Unternehmer primär "Techniker" ist und ihm deshalb häufig die betriebswirtschaftlichen Grundlagen fehlen, die den Einsatz moderner Informationstechnologien erst sinnvoll machen und

    *   ihn die Einführungsphase zusätzlich über Gebühr belasten würde.

Bei der nun folgenden Ventilierung der Akzeptanz- und Nutzungsfragen moderner Informations- und Kommunikationstechnologien im Handwerk sind vorab wiederum einige Abgrenzungen zu treffen, und zwar

a) zwischen Informationstechnologien und Kommunikationstechnologien einerseits und

b) innerhalb der Informationstechnologien zwischen solchen, die
    - der Versorgung mit betriebsinternen Daten und solchen, die
    - der Versorgung mit externen Daten aus dem betrieblichen Umfeld dienen.

Bei einer Nutzungsbilanz, also einer rückschauenden Betrachtung, kann der Einsatz von Informationstechnologien, der der Versorgung mit betriebsexternen Daten dient, also die Nutzung von Informationsdatenbanken m. E. außer acht gelassen werden. Diese Disziplin ist noch zu jung, um in eine Bilanz einbezogen werden zu können und hat sich noch nicht einmal in Großbetrieben, geschweige denn in mittelständisch struktierten Unternehmungen etabliert. Außerdem füllt diese Themenstellung seit ein paar Jahren ganze, eigene Kongresse, so daß ihre Erörterung hier sicherlich fehl am Platze wäre.

Die Kommunikationstechnologien möchte ich aus der Sicht meiner Themensstellung ganz global in die Komponenten

* Telefon
* Telex/Teletex
* Telefax und
* Datenübertragung

untergliedern.

Die Nutzung des Telefons bedarf heute keiner Erörterung mehr. Telex wird erst in seiner neuen technologischen Variante als Teletex in Verbindung mit multifunktionalen Bürokommunikationssystemen an Bedeutung gewinnen und Telefax steht ebenfalls an der Schwelle zum Markt.

Damit verbleiben für eine rückschauende Betrachtung nur noch die Informationstechnologien, die der Gewinnung betriebsinterner Daten dienen und ggfs. noch die Datenfernübertragung aus dem Bereich der Kommunikationsmedien. Auf diese Bereiche beziehen sich auch die nun folgenden Ausführungen. Dabei stützen sich diese im wesentlichen auf drei empirische Untersuchungen, und zwar

a) auf eine Umfrage zum Computereinsatz im Handwerk der Handwerkskammer Koblenz, die von Oktober 1981 datiert,

b) auf eine Erhebung über den EDV-Einsatz im Handwerk des Kammerbezirks Niederbayern/Oberpfalz, durchgeführt vom Lehrstuhl für Betriebswirtschaftslehre mit Schwerpunkt Absatzwirtschaft der Universität Passau in den Jahren 1984 und 1985, und

c) auf eine Untersuchung über die Verbreitung der elektronischen Datenverarbeitung im Handwerk aus dem Jahr 1987, ebenfalls durchgeführt vom Lehrstuhl für Betriebswirtschaft mit Schwerpunkt Absatzwirtschaft der Universität Passau.

Sie mögen nun einwenden, daß Untersuchungsergebnisse, die bereits mehrere Jahre zurückliegen, in einem derart innovativen Bereich wie der EDV, heute keine Relevanz mehr besitzen können. Erstaunlicherweise sind jedoch alle drei, obwohl

* mit einer Zeitdifferenz von drei bis sechs Jahren und in
* unterschiedlich wirtschaftlichen Regionen des Bundesgebietes

durchgeführt, ziemlich deckungsgleich. Und auch ein Vergleich mit heutigen Verhältnissen, auf die ich später noch kurz eingehen möchte, ergibt, daß die getroffenen qualitativen Aussagen nach wie vor Gültigkeit haben.

Im einzelnen führten die Untersuchungen zu folgenden qualitativen und quantitativen Ergebnissen:

a) Verbreitung der EDV im Handwerk nach Verarbeitungsformen
    * keine EDV: ca. 40 %
    * EDV über Steuerberater: ca. 45 %
    * eigene EDV-Anlagen: ca. 7 %
    * EDV über Service-Rechenzentren:
      (ohne Steuerberatungsorganisation)   ca. 4 %
    * Verbundlösungen:
      (eigene EDV im Verbund mit einem Rechen-
      zentrum)   ca. 4 %

Insgesamt setzen danach etwa 60 % der Handwerker EDV ein, wobei allerdings die EDV über den Steuerberater einsamer Spitzenreiter ist.

b) Verbreitung der EDV im Handwerk nach der Betriebsgröße

    Die Untersuchungen ergaben hier, daß der Einsatz der EDV
    eindeutig von der Beschäftigtengrößenklasse des Unterneh-
    mens mit abhängig ist. Der typische EDV-Nichtanwender ist
    dabei der Kleinbetrieb bis neun Beschäftigte.

    Für die Verbreitung der Anwendungsformen in den Beschäf-
    tigten-Größenklassen gilt:

    * Die klassische Anwendungsform für Klein- und Mittel-
       betriebe ist die Steuerberater-EDV.
    * In Großbetrieben (über 50 Beschäftigte) dominiert die
       interne EDV.
    * EDV über Rechenzentren und Verbundlösungen haben in
       Kleinbetrieben eine untergeordnete Bedeutung.

Nach Umsatzgrößenklassen ist der typische EDV-Nichtanwender ebenfalls der Kleinbetrieb mit einem Umsatz von weniger als 500.000 DM.

Bei den Anwendern dominieren
* im Umsatzbereich bis 4 Mio DM die Steuerberater-EDV und
* bei mehr als 4 Mio DM Umsatz die üblichen Anwendungsformen wie direkte Nutzung von Rechenzentren und eigene EDV-Anlage im Haus.

c)   EDV-Einsatz im Handwerk nach der Berufsgruppe

Spitzenreiter beim EDV-Einsatz überhaupt ist das Bau- und Ausbaugewerbe. Dabei gibt es innerhalb der Branche (Maurer / Zimmerer / Dachdecker / Fliesenleger) ein starkes Gefälle nach Anwendungsformen, beginnend von der internen EDV bis zur Steuerberaterlösung.

An zweiter Stelle rangiert der Bereich des Nahrungsmittelhandwerks.

Nach Anwendungsformen ist die interne EDV am stärksten im Kraftfahrzeughandwerk vertreten, gefolgt von den Branchen Holz und Bau/Ausbau.

Eindeutig dominiert jedoch in allen Branchen wiederum die EDV über den Steuerberater.

EDV-Verbundlösungen waren vorwiegend in den Wirtschaftsgruppen Bau- und Ausbaugewerbe, Nahrungsmittel und Glas-/Papier zu finden.

Bei der berufsgruppenmäßigen Diversifikation muß allerdings berücksichtigt werden, daß Branchenunterschiede zum Teil auch Reflex der Betriebsgröße sind und nicht unbedingt Ausdruck unterschiedlicher Verfügbarkeit branchenspezifischer Software oder spezieller Angebote externer Rechenzentren.

d) Verbreitung nach Ertragskraft

Erwartungsgemäß nimmt die Neigung zum EDV-Einsatz mit steigendem Ertrag zu.

e) Verbreitung nach Standort und Handelsanteil

Zwischen dem Standort bzw. dem Handelsanteil einerseits und dem EDV-Einsatz andererseits gibt es erwartungsgemäß keinen signifikanten Zusammenhang. Tendenziell sind jedoch die Nichtanwender eher auf dem Lande bzw. in den Kleinzentren anzutreffen, was jedoch wiederum ein Reflex der Betriebsgröße sein kann.

Meine Damen und Herren, dies sind alles Zahlen die Branchenkenner nicht überraschen. Die meines Erachtens wesentlichsten daraus möchte ich hier nochmals explizit darstellen:

* 40 % der Handwerksbetriebe sind keine EDV-Anwender und
* 45 % wenden die EDV über den Steuerberater an.

Diese letzte Gruppe möchte ich, mit Blickrichtung auf den Begriff des Endusers und des verfahrenstechnischen Umfeldes, allerdings ebenfalls zu den Nichtanwendern zählen.

Die Ursachen dieser Unterbilanz sind ohne Zweifel unterschiedlicher Natur. Die drei aus meiner Sicht wichtigsten möchte ich hier nochmals kurz darstellen:

1. Wie bereits an anderer Stelle ausgeführt, ist der Handwerker von Natur aus gelernter Techniker. Die Lösung betriebswirtschaftlicher Probleme ist ihm ungewohnt. Hierfür ist er auch nicht genügend ausgebildet.

2. Die typische Betriebsgröße im Handwerk liegt unter 10 Beschäftigten. Diese Größe und die damit verbundenen Strukturen ermöglichen noch einen subjektiven Überblick des Inhabers. Komplexe Informationssysteme sind deshalb nicht erforderlich. Datenverarbeitung wird tendenziell deshalb nur dort eingesetzt, wo sie die Erfüllung gesetzlicher Vorschriften erleichtert.

3. Die dritte Ursache möchte ich in eine Frage an die EDV-Anbieter kleiden. Haben und konnten sie in der Vergangenheit ein,

   * dem Informationsbedürfnis,
   * den betriebswirtchaftlichen Fähigkeiten und
   * den wirtschaftlichen Möglichkeiten

   adäquates Konzept überhaupt anbieten? Viele müssen diese Frage sicherlich mit nein beantworten. Es standen einfach die technologischen Ressourcen hierfür nicht zur Verfügung.

Zwischenzeitlich hat sich einiges geändert. Allerdings nicht in der Struktur des Handwerks und in dessen Problembereichen der Unternehmensführung, sondern in den technologischen Möglichkeiten.

* Die EDV-Anlagen sind bedeutend leistungsfähiger geworden. Durch professionelle Betriebssysteme wurden selbst Kleinstanlagen zu flexiblen Verarbeitungssystemen.

* Die Mensch-/Maschine-Schnittstellen sind transparenter geworden und wurden mehr an die Ergonomie des Menschen angepaßt. Höhere Programmiersprachen und diverse Benutzertechniken (wie z. B. Window-, Zoom- und Ikonentechnik) eröffnen dabei selbst "EDV-Laien" Gestaltungsmöglichkeiten und

* das Preis-/Leistungsverhältnis hat sich nicht nur erheblich verbessert, sondern die EDV-Systeme sind auch in ihren absoluten Kosten günstiger geworden.

Mit diesen neuen Technologien ist es nunmehr möglich, den handwerklichen Unternehmern ein nicht nur branchenmäßiges, sondern auch betriebsindividuell besser angepaßtes Leistungskonzept zu bieten. Als Aufgabe bleibt den DV-Anbietern jedoch nicht nur, wie schon bisher, die Entwicklung flexibler Anwenderprogramme sondern in gesteigertem Maße die Heranführung der Unternehmer, Führungskräfte und Mitarbeiter an die neuen Technologien durch gezielte Aus- und Fortbildungsmaßnahmen, die sich nicht nur auf die edv-technischen Bereiche, sondern auch auf deren betriebswirtschaftliche und technische Grundlagen erstrecken müssen.

Als Folge werden sich Verschiebungen der Analyseergebnisse aus dem Jahre 1985 zugunsten der internen EDV ergeben. Dazu werden allerdings nur zu einem geringen Teil die bisherigen absoluten Nichtanwender beitragen. Der größere Teil wird sich vermutlich aus den heutigen Steuerberater-EDV-Anwendern rekrutieren. Dabei wäre im Sinne einer besseren betrieblichen Informationsversorgung in allen Bereichen wünschenswert, daß dieser Berufsstand seine EDV-Klammer um das kaufmännische Rechnungswesen lockert und sich wieder mehr auf seine eigene Aufgabe konzentriert.

Einsatz der Informationstechnik im Bereich eines Energieversorgungsunternehmens

G. Krüger

1. Einleitung

Lassen Sie mich kurz auf die im Titel genannten Termini eingehen.

- Unter dem Begriff Informations-Technik (nach DIN-Entwurf 44310) versteht man heute allgemein
    - I.-Verarbeitungs-Technik, also EDV mit den peripheren Geräten der Mensch/Maschine Kommunikation.
    - I.-Übermittlungs-Technik, sie umschließt den Transport und die Vermittlung der Informationen.

- Energieversorgungsunternehmen sind im Bereich Elektrizität, und/oder Gas in der Verteilung und/oder Erzeugung tätig, wobei die Aufgaben in der Landes-/Regional- oder Kommunal-Ebene liegen. Auch Mischformen unter den 2 Bereichen wie auch darüber hinaus mit Fernwärme und/oder Wasser sind üblich.
  Dementsprechend sind die organisatorischen Gliederungen unterschiedlich, d.h. aber auch, daß die in diesen Bereichen angewandte Informations-Technik nur bedingt vergleichbar ist.
  (Der Begriff EVU ist im allg. für Elektrizitäts-Versorgungs-Unternehmen gebäuchlich.)

Um Aussagen über die Nutzungsbilanz moderner Informations- und Kommunikations-Systeme bei Energieversorgungsunternehmen machen zu können, soll hier aus dem Bereich eines größeren Unternehmens für Elektrizitätsversorgung (EVU) berichtet werden, und zwar in 3 Abschnitten

- Informations-Technik im Prozess-Bereich.
- Informations-Technik im Bereich von Verwaltungen, wobei
  diese fallweise durchaus identisch ist mit angewandten
  Techniken und Strukturen in anderen Verwaltungen - wie in
  vorangegangenen Referaten bereits angesprochen.
- Ergänzend soll schließlich noch die Informations-Übermitt-
  lungs-Technik behandelt werden, der sich vorgenannte Bereiche bedienen und die bei EVU's weitgehend eigenständig
  betrieben wird.

2. Informations-Technik im Prozess-Bereich

Lassen Sie dieses Kapitel - hier vor dem Münchner Kreis -
mit der auszugsweisen Wiedergabe eines Schreibens von 1916 des
Herrn Dr. Oskar von Miller - Geheimer Baurat und Staatskommissar
der bayerischen Landesregierung - an die Gesellschaft für drahtlose
Telegraphie Gmbh, Berlin beginnen.

von Miller schreibt

"Um jederzeit eine zweckmäßige Verteilung der billigeren und
teureren Kräfte (gemeint ist hier "zur Erzeugung elektrischer
Energie") zu ermöglichen, muß von einer centralen Betriebsstel-
le aus angegeben werden mit welchen Maschinenleistungen und
für welche Zeitdauer sich die einzelnen Werke an der Strom-
lieferung zu beteiligen haben."

Und weiter

"Die von mir vorgeschlagenen Einrichtungen sind:

- Eine Art Telegraphon, welches die Meldungen der
  einzelnen Kraftwerke über deren verfügbare Wasser-
  mengen und dergl. an die centrale Betriebsleitung
  sowie die Anweisungen der centralen Betriebsleitung
  an die Kraftwerke derart aufschreibt, daß diese Meldungen und Anweisungen bei etwaigen späteren Differenzen zur Aufklärung dienen können.

• Eine drahtlose Übertragung der Angaben von Meßinstru-
  menten, welche in den einzelnen Stromerzeugungsanlagen aufgestellt sind, an korrespondierende Meßinstru-
  mente in der Betriebscentrale, so daß in der Betriebscentrale die jeweilige Leistung der im Betrieb befindlichen Stromerzeugungsanlagen festgestellt werden kann."

Seit dieser Zeit zumindest, gibt es also die Feststellung, daß
eine zentrale Führung von Erzeugung und Verteilung im überregionalen Sinne bei EVU's nur mit den Elementen der Informations-
Technik durchführbar ist.

Technisch standen damals (1916) nur Sprechverbindungen zur Verfügung - für Fernmeß- oder gar Fernwirk-Einrichtungen gab es
gerade erst vorgenannte Denkanstöße. Es sei erinnert, daß erst
1 Jahrzehnt vorher (1907) die Verstärkerröhre erfunden und um
diese Zeit (1917) der erste Hochfrequenz-Generator entwickelt
wurde.

Dementsprechend spärlich also war noch 1923 die technische Ausstattung einer solchen zentralen Betriebsleitung, man sagt dazu heute Netzleitstelle.

Innerhalb der folgenden 50 Jahre hat sich jedoch der Ausstat-
tungsgrad erheblich gewandelt (<u>Bild 1</u>), wobei

• das 1. Jahrzehnt durch Einführung einer über Hochspannungs-
  leitungen drahtgebundenen Trägerfrequenz-Technik und damit
  die Bereitstellung EVU-eigener Informations-Übertragungswege
• die 70er Jahre mit Einsatz von Prozess-Rechnern

besonders stürmische Entwicklungen aufzuweisen hatten.

2.1. <u>Informations-Technik im Bereich von Netzleitstellen</u>

Heute werden bei EVU's über solche Netzleitstellen mit den Mitteln der Informations-Technik alle Dispositionen und Manipula-
tionen getroffen und abgewickelt (<u>Bild 2</u>)

• zur jederzeitigen Anpassung der Erzeugung an den Verbrauch
• zur Überwachung und Steuerung des Transport- und Verteiler-
  Netzes.

Der Verbrauch von Energie ist bekanntermaßen ja jahreszeitlich
und über die Woche sowie tageszeitlich unterschiedlich.
Sofern sie nicht speicherbar ist - hier ist insbesonders die
Elektrizität gemeint - muß dementsprechend auf die Erzeugerein-
heiten unter Wahrung wirtschaftlicher Nutzung aller Ressourcen
in Form einer längerfristigen Grobdisposition und mit technischen Mitteln der Reglungstechnik zur augenblicklichen Bedarfsdeckung zurückgegriffen werden. Im Falle der Elektrizitätser-
zeugung sind das eben bestimmte hydraulische oder auch thermi-
sche Kraftwerke.
Da im Grundsätzlichen Verbraucherverhalten nur über Vereinbarungen zu beeinflussen ist, können EVU's bei elektrischer
Energie darüber hinaus bislang nur direkt über sogenannte
Rundsteuer-Anlagen zumindest auf den Wärmemarkt Einfluß nehmen.

Das Führen des Transport- und Verteiler-Netzes setzt sich aus

Überwachen und Steuern

zusammen.

Das Überwachen besteht aus dem kontinuierlichen Erfassen von
aktuellen Meß- und Verbrauchswerten sowie spontanen Meldungen.
Darüber hinaus werden heute über Prozeß-Rechner im on-line-Be-
trieb Regel- und Optimierungs-Programme sowie Sicherheitsbe-
rechnungen durchgeführt.

Gesteuert wird bei modernen Netzleitstellen mittels Prozeß-
Rechnern sowie der daran angeschlossenen Fernwirk-Linien,
ausgelöst werden die Steuerbefehle jedoch von Hand. Auch
komplexe Schaltprogramme werden heute bereits über Rechner
abgewickelt.

Die Struktur der Informations-Technik einer Netzleittechnik
setzt sich zusammen aus
- der Prozeß-Ebene mit einer Vielzahl von Kraftwerkseinheiten
  sowie den Umspann- u. Schaltwerken des Netzes.
- der I.-Übermittlung, die über ein ausgedehntes EVU-eigenes
  Informations-Netz abgewickelt wird.

• der I.-Verarbeitung, die mittels einem leistungsfähigen
(meist Doppel-) Prozeß-Rechner-System
und einer entsprechenden periphären
Geräteausstattung erfolgt.

2.2 Informations-Technik im Bereich der Energie-Erzeugung

Vorerwähnte Strukturen unterscheiden sich jedoch in diesem
Bereich insofern, als daß hier im allgemeinen und bislang zur
Steuerung keine Rechner-geführten Systeme im Einsatz sind. Die
Steuerung erfolgt konventionell - aber auch das ist relativ zu
sehen - mit klassischen Elementen der Prozeß-Automation.
Zur Überwachung des Prozeßes dahingegen werden in immer größe-
rem Umfange zur Erfassung, Verarbeitung und Ausgabe von Infor-
mationen Prozeß-Rechner eingesetzt.

An Hand von Beispielen verschiedener in Kraftwerks-Bereichen
ausgeführter Leitstellen (Warten) möge das verdeutlicht werden:

Bild 3   Blockwarte eines thermischen Kraftwerkes (Braunkohle)
hier: KW Schwandorf, Block D der BAG, 300 MW,
Inbetr. des Blockes 1972, Inbetr. der REA Frühjahr '88

Bild 4   Leitstelle einer kombinierten Entschwefelungs- und Entstickungs-
anlage nach dem Bergbauforschungs-/Uhde-Verfahren
hier: KW Arzberg für Block 5 (107 MW) u. Block 7 (130 MW) der EVO
Inbetr. Mitte '87

Bild 5   Blockwarte eines Kern-Kraftwerkes (Druckwasser-Reaktor)
hier: KW Is 2, als Gemeinschaftswerk mit insges. 1285 MW
Inbetr. Frühjahr '88

Bild 6   Leitstelle der Pumpspeicher-Kraftwerks-Gruppe Zemm-Ziller
hier: KW Mayrhofen der Tauernkraftwerke / Österreich
insgesamt 1482 bzw. 730 MW Generator- bzw. Pump-Betrieb

Zur Abrundung seien noch die Laufwasser-Kraftwerke erwähnt. Bis zu
einer mittleren Leistung (unter 20 MVA ca.) sind sie heute meist unbesetzt, örtlich selbstverständlich entspr. automatisiert und oft
Bestandteil einer sog. KW-Treppe. Eine übergeordnete Leitstelle
überwacht und steuert solche Kraftwerke komplett mit Fernwirk-
Systemen; zur Betriebs-Überwachung sind meist Rechner-gestützte
Protokollier-Einrichtungen installiert.

2.3. <u>Informationstechnik im Bereich des Transport- und Verteiler</u>

In sog. Umspannwerken befinden sich
- Transformatoren zum Umspannen von elektrischer Energie
- die Schaltfelder von Leitungen/Kabel.

Alle Elemente dort bedürfen der kontinuierlichen Überwachung.
Immer mehr ging man in den letzten Jahrzehnten dazu über, die
Überwachung und auch die Steuerung dieser Anlagen durch Einsatz
informationstechnischer Einrichtungen - sog. Fernwirk-Einrichtungen - vorzunehmen.

Im EVU-Bereich wurden die ersten Anlagen 1936 erprobt, verstär-
ter Einsatz aber erfolgte erst ab der 50er Jahre.

Die angewandte Technik war damals stark der Fernsprech-Vermitt-
lungs-Technik entlehnt. Im Laufe '87/88 kamen die ersten
μP-Rechner-geführten Systemstrukturen zum Einsatz, wobei die
Mensch/Maschine-Kommunikation über Tastaturen und Bildschirme
erfolgt. (<u>Bild 7</u>)

Informations-Anzeigen, Steuerungen sowie Änderungen von Kriterien sind damit auch in dem Bereich der Leittechnik von Umspannwerken über Work-Station möglich.

Durch Einsatz von Licht-Wellen-Leitern (LWL) können hochfrequente Störbeeinflussungen eliminiert werden. Da einzelne Subsysteme in einem gewissen Rahmen Selbstüberwachung durchführen,
steht eine Verringerung des Wartungsaufkommens zu erwarten.

2.4. Informations-Technik allgemeiner Art

Bei EVU's sind zur Prozeß-Führung und -Überwachung darüber
hinaus im Einsatz

- zum Schutze von Generatoren, Transformatoren, Leitungen
  und Kabel bei elektrischen Fehlern verschiedene Systeme
  der sog. Schutz-Technik
- als Grundlage der Energie-Erfassung bzw. -Abrechnung Komponenten/Systeme der sog. Zähler-Technik
- umfangreiche und komplexe Fernsprech-Anlagen und -Netze
- Funknetze für Betriebspersonal und Betriebsfeuerwehren
- Such- und Alarm-Anlagen
- Zutritts- und Objekt-Schutz-Anlagen.

Das sollte nicht nur der Vollständigkeit halber erwähnt werden;
diese Systeme der Informations-Technik sind nach wie vor von
größter Bedeutung.

Natürlich wurden auch diese Techniken den technologischen Entwicklungen entsprechend modifiziert. Teile davon werden heute
bereits mit Rechner-Unterstützung gesteuert. Insbesonders bei
Überwachungs-Anlagen werden Meldungen mittels Rechner erfaßt,
verarbeitet und über Sichtgeräte oder TV-Cameras ausgegeben.

2.5. Informations-Technik im Bereich der Planung und praxis-orientierter Untersuchungen

Gewissermmaßen Prozess-begleitend und dispositiv werden heute
unter Zugrundelegung großer Datenvolumen durchgeführt

- Planungs-Rechnungen bezüglich

        Lastflüsse bzw. Transport-Verluste,
        Optimierung von Netzausbauten,
        Brennstoffbewirtschaftung,
        Disposition des Einsatzes von Erzeugereinheiten

sowie

• Untersuchungen über

das Zusammenwirken großer Netzverbände,
das Verhalten der Systeme im Falle von
Störungen/Fehlern auf Verbindungen bei
Maschinen und Transformatoren.

Die ersten Maschinen dieser Art wurden 1959 in Betrieb genommen.
Das Netzwerk war noch analog dargestellt, die Messergebnisse
wurden bereits digitalisiert.

2.6. Resümee über Informations-Technik im Prozeß-Bereich

Wenn nun aus der Sicht von EVU's eine Nutzungsbilanz über den
heutigen Stand der Informations-Technik gezogen werden soll,
so kann man - sieht man mal von graduellen Unterschieden ab -
feststellen:

- Viele Prozesse gestalten sich heute physikalisch/technisch
  inzwischen so komplex, daß sie nur unter Einsatz moderner
  Technologien der Informations-Technik überhaupt und mit
  ausreichender Sicherheit durchführbar sind.

- Die Informations-Technik im Prozeß-Bereich hat höchste Ansprüche in Bezug auf Zuverlässigkeit und Wirtschaftlichkeit
  zu erfüllen.
  Prozeßbedingungen wie Temperaturen und/oder hochfrequente
  Störbeeinflussungen stellen für die Auslegung der mit
  elektronischen Bauelementen ausgestatteten Systeme eine
  besondere Herausforderung dar.

- Oftmals gibt es nur eingeschränkt technische Alternativen,
  Betrachtungen der Wirtschaftlichkeit im Sinne einer reinen
  Kosten-/Nutzen-Analyse sind demzufolge nicht überall reali-
  sierbar.

- Moderne Technologien werden immer häufiger und mit positiver Nutzungsbilanz zur Lösung von Optimierungs-Problemen

on-line oder zur Unterstützung von Entscheidungen eingesetzt.

- Probleme mit der Benützerakzeptanz ergeben sich normalerweise nicht, weil neue Techniken anfänglich im allgemeinen
  gut vorbereitet und nur punktuell eingeführt werden. Das
  Personal wird geschult und am Objekt ausführlich unter-
  wiesen. Schulungen an Simulatoren, wie z.B. im Bereich
  Kernkraftwerke, sind in einem anderen Zusammenhang und
  heute noch als die Ausnahme anzusehen.

- Die Informations-Technik wird weitgehend mit eigenem Fach-
  personal unterhalten und den Bedürfnissen entsprechend ergänzt. Die sehr kurzen Innovations-Zyklen innerhalb dieser
  Technik stellen aber eine Herausforderung an das Fachwissen
  dar.

- Organisatorisch hat die Informations-Technik bei EVU's im
  allgemeinen meist von Anfang an ihren Platz. Nicht auszuschließen sind jedoch auf Grund der Einführung neuer Techniken oder geänderter Anforderungsprofile in Zukunft Modi-
  fikationen bestehender Strukturen.

- Gute Ergebnisse kommen nicht von selbst.
  Obwohl vielen Anbietern Sachkompetenz und Engagement be-
  scheinigt wird, werden effektive Lösungen erzielt, wenn
  Auftraggeber mit Sachverstand und Kompetenz bei kritischen
  Projekten mitarbeiten. Neuralgische Punkte sind immer wieder
    . Software-Entwicklungen, Bediener-Oberfläche
    . Schnittstellen und Protokolle.

3. Informations-Technik für den Bereich der Verwaltung

Sieht man mal von dem Einsatz von Hollerith-Maschinen ab (ca. ab 1930),
so sind hier im Bereich von EVU-Verwaltungen für die elektronische

Datenverarbeitung (DV) die üblichen historischen Entwicklungs-
schritte zu nennen.

- Stapelverarbeitung ab Anfang der '50er Jahre mit dem Nach-
teil eingeschränkter Effektivität durch räumlich und zeitliche Trennung der Verarbeitung.
- Dialogverarbeitung ab Ende der '60er Jahre, wodurch vorgenannte Nachteile aufgehoben wurden.
Datenfernübertragung - vorerst vorrangig über das eigene
private Informations-Netz - wurde machbar. Inzwischen ist
sie zu Außenstellen der EVU's zur Abarbeitung größerer Datenmengen Standard.
- Anfang der '80er Jahre setzte die Einführung der individuellen Datenverarbeitung (IDV) mit Personal-Computer ein,
deren Entwicklung im Sinne einer umfassenden Bürokommunikation noch keinesfalls abgeschlossen ist.
- Z. Zt. ist man mit Nachdruck dabei, grafische Datenverar-
beitungs-Systeme zu implementieren.

Darüber hinaus sei angemerkt

- Prozeß-Rechner der Netzleitstellen und die DV-Anlage der Ver-
waltung sind meist über EVU-eigene Netzteile verbunden.
Mittels DV-Anlage werden so große Datenmengen verarbeitet, der
Prozeß-Rechner wird für Prozeß-relevante Aufgaben freigehalten.
- Während bisher im wesentlichen der Fernsprechverkehr das Binde-
glied einer Fernkommunikation war - und weiter z.T. auch bleiben wird - kommen nunmehr neue Informations- und Kommunikations-
Systeme hinzu. Der Ausblick hinsichtlich der sich eröffenden
Möglichkeiten ist beeindruckend. Erstmals wird es damit möglich werden, die Bereiche Prozeß und Verwaltung in Bezug auf
Informationstausch und Kommunikation in großen Schritten und
konvergierend zusammenzuführen.
- Nicht alles, was heute schon machbar ist, wird benötigt; andererseits können manche Vorstellungen/Bedürfnisse noch nicht
oder befriedigend gedeckt werden. Jedem Unternehmen wird mit
diesen Belangen mehr denn je ein erhebliches Maß an unternehmerischen Entscheidungen abverlangt.

3.1. Resümee über Informations-Technik im Bereich Verwaltung

Allgemein ist festzustellen

- Im administrativen Bereich laufen heute bereits Vorgänge/ Prozesse ab, die ohne den Einsatz moderner EDV-Anlagen nicht mehr realisierbar wären.

- Einer sprunghaften Expansion moderner Informations- und Kommunikations-Systeme stehen den DV-Systemen fallweise noch Schwierigkeiten entgegen, z.B.
  - Hard-ware-mäßig an verschiedenen Schnittstellen bei
    - DV- und TK-Anlagen
    - Kostenrelation bei Massenspreichern
    - I/O-Geräten
  - Soft-ware-mäßig an geeigneten Anwender-spezifischen Programmen.

- Noch besteht eine starke Abhängigkeit von Lieferern; Anwender sind gehalten, sich zu entscheiden und Strategien zu entwickeln, wollte man das ändern.
- Generell sind auch hier Feldversuche vor umfassender Einführung angezeigt.
- Wegen der Bedeutung der Informations-Technik in der gesamten Wirtschaft wird schließlich auch die Wettbewerbsfähigkeit der EVU's zu einem Teil von der Beherrschung dieser Technik abhängen.

Betrieb eigener "privater Fernmeldeanlagen". Für die einzelnen
Anlagenteile erteilt hierzu die Bundespost entsprechende Genehmigungen.
Insofern unterscheiden sich EVU's von anderen Bedarfsträgern.

Aus heutiger Sicht waren für dieses Recht folgende Gründe mit
ausschlaggebend.
- Die damalige Reichspost ließ zwar von Anfang an (Gesetz über das
  Telegraphenwesen des Deutschen Reiches - 6.4.1892) "Privat"-
  Anlagen unter bestimmten Bedingung zu, jedoch nahm die Zahl der
  notwendigen Einzelgenehmigungen über Hand, so daß die Reichspost wohl selbst Interesse hatte, effektivere Grundsatzlösungen
  zu schaffen.
- Andererseits konnte die Reichspost auch nicht immer den Vorstellungen der EVU's bezüglich einer zur Prozeßführung notwendigen
  sehr hohen Verfügbarkeit der bei ihr angemieteten Verbindungen
  entsprechen. Ähnlich zutreffend war es wohl mit den von ihr be-
  treuten "Privat"-Anlagen - das waren z.B. auf Postgestänge ver-
  legte private Fernmeldeleitungen.
- Technisch war es damals den EVU's inzwischen möglich, über Hoch-
  spannungsleitungen hochfrequenzmodulierte eigene Wege zur Übertragung von Sprache und Fernmeß-Werten zu errichten.

Diese Chance der Errichtung eigener Informations-Übermittlungs-
Netze wurde von den EVU's ab Ende der 20er Jahre konsequent genutzt. Anfänglich waren diese Netze völlig eigenständig, später
durften sie an definierten Stellen mit den öffentlichen Netzen
verbunden werden.
Heute setzen EVU's bei der Weitverkehrs-Technik zeitgerechte
Technologien ein, z.B.

- Richtfunk-Technik
- Kabel-Technik, vorrangig auf den Freileitungen und in letzter Zeit auch mit Lichtwellen-(LWL)-Leiter.

Neue technologische Möglichkeiten wecken aber auch bei EVU's
weiteren Bedarf mit der Konsequenz, daß den Weitverkehrsnetzen
zukünftig zusätzliche Leistungsmerkmale, das sind höhere Übertragungsgeschwindigkeiten und mehr Kanäle, abverlangt werden.
Somit fällt der beginnenden Umstellung der bisherigen Anlalog-
Technik in die zukünftige Digital-Technik eine elementare Bedeutung zu. In den Grundzügen dürfte diese Entwicklung bei
Weitverkehrsstrecken sowie bei Telekommunikations-Anlagen in
Netzknoten noch in den '90er Jahren ihren wesentliche Abschluß
gefunden haben.

4.1.　Rusümee über EVU-eigene Informations-Netze

- Zur Prozeß-Überwachung bzw.-Führung sind eigene Informations-
  Netze nach wie vor unabdingbar, auch bei allen Fortschritten,
  die die DBP besonders in den letzten Jahrzehnten zu verzeichnen hat. Nur so können mit der gebotenen Verfügbarkeit über
  alle Entfernungen und zu allen auch entlegenen Prozeß-Stand-
  orten die z.T. sehr EVU-spezifischen Belange realisiert
  werden.
- Energieversorgung bedeutet heute aber auch Wahrnehmung aller
  diesbezüglichen Ressourcen, hierunter ist auch der konver-
  gierende Bereich des Informations-Austausches zwischen Prozeß
  und Verwaltung zu sehen. Als Mittel dafür ist das EVU-eigene
  Netz prädestiniert.
- Für EVU's war das Errichten und Betreiben eigener Informations-
  Netze unter Zugrundelegung bisheriger Gebührenpolitik der DBP
  auch ökonomisch vertretbar.
- Unter diesen Aspekten gehen EVU's davon aus, daß diese eigenen leistungsfähigen Informations-Netze - auch in Kooperation
  mit der DBP - fortbestehen werden.

Bild 1

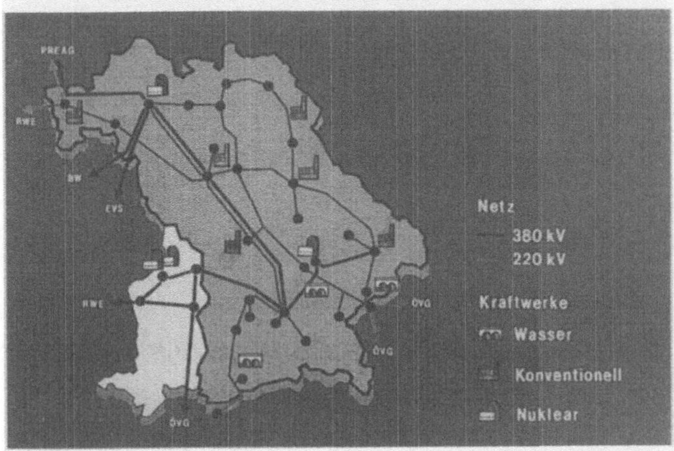

Bild 2

Bild 3

Bild 4

Bild 5

Bild 6

Bild 7

Von der Konstruktion zur Baustelle – DV in einer Bauunternehmung

K. H. Bökeler

Bauen bedeutet Zusammenarbeit von vielen beteiligten Büros, Firmen und Behörden. Der Bauherr beauftragt einen Architekten mit der Planung seiner Baumaßnahme, der Architekt oder der Bauherr schaltet Fachingenieure ein. Die Baubehörde prüft die Planung und verlangt gegebenenfalls Änderungen. Je nach Ausschreibungsart kann das geplante Bauobjekt durch eine Bauunternehmung und mehrere Ausbaufirmen oder einen Generalunternehmer mit Subunternehmern gebaut werden. Zwischen dieser Vielzahl von ausführenden Stellen - den am Bau Beteiligten -, werden Pläne, Ausschreibungen, Angebote, Verträge, Rechnungen ausgetauscht. Ein ideales Einsatzfeld für moderne Kommunikations-und Informationstechnik. Pläne werden elektronisch gezeichnet und sie werden elektronisch ausgetauscht. Telefonate durch Fernzeichen und parallele Teletextübermittlung ergänzt. Leistungsbeschreibungen werden mit Hilfe von Baudatenbanken erstellt, Angebote elektronisch abgegeben und ausgewertet.

Die Wirklichkeit ist davon weit entfernt. Im Alltag werden Pläne, Ausschreibungen und Rechnungen als Berge von Papier ganz herkömmlich ausgetauscht. Dennoch, die Rolle der Datenverarbeitung im Bauwesen ist nicht klein und sie wächst mit steigender Tendenz. Schauen wir zunächst auf die Planung, dann auf den Baubetrieb und wagen schließlich einen Ausblick.

Die Bauplanung ist interdisziplinär und wird in der Regel von verschiedenen Büros durchgeführt, wobei die Büros noch örtlich getrennt sind.

Je mehr eine Planung in den einzelnen Büros an die Bauausführung heranreicht, umso zahlreicher entstehen gleichartige, jedoch voneinander abhängige Pläne. Jeder der Fachbereiche, Architekt, Tragwerksplaner, Elektroplaner usw. hält eigene Grundrisse vor, die aber alle als Grundlage die Pläne des Architekten haben. Der Architekt u.a. hat nun die Aufgabe, die Vielzahl der technischen Belange in eine eindeutige Planung zusammenzufügen. Diese Aufgabe ist schon mühsam, wenn an den Planungsvorgaben nichts geändert wird, sie wird jedoch noch besonders durch häufiges Ändern der Vorgaben und durch einen kurzen Planvorlauf erschwert, den das in den letzten Jahren beobachtete, zeitliche Zusammenrücken von Planen und Bauen zur Folge hat.

CAD könnte hier als Planungskoordinator, wie es z.B. in einigen stationären Industriezweigen in den letzten Jahren erfolgreich geschieht, eingesetzt werden. Dennoch wird kein Fachbereich in der Datenverarbeitung im Bauwesen so engagiert und kontrovers diskutiert, wie der Nutzen von CAD in der Bauplanung.

Es werden in der Bauplanung fachbezogene Systeme oder Branchen-CAD, fachneutrale CAD-Systeme und low cost CAD-Systeme eingesetzt.

Branchen-CAD ist in der Programmkonzeption auf eine Branche ausgerichtet, während die fachneutralen CAD-Systeme aus einem allgemeinen CAD-Kern bestehen und eine Benutzeroberfläche besitzen, mit der es möglich ist, eine fachbezogene Anwenderebene zu programmieren. Dieser einmalige Programmieraufwand der unbedingt notwendig ist, um ein fachneutrales CAD-System auf eine Branche zuzuschneiden, ist nicht unerheblich. Low cost-Systeme sind in ihrem Aufbau fachneutral, haben aber erhebliche Einschränkungen in ihrer Kapazität und im Leistungsumfang.

Genaues Zahlenmaterial über den Einsatz von CAD und über die Art der verwendeten CAD-Systeme in der Bauplanung in der Bundesrepublik Deutschland existiert nicht. Es liegen aber Marktzahlen aus England vor. Die Verhältnisse von England lassen sich sicher nicht unmittelbar übertragen; eine ähnliche Tendenz scheint aber wahrscheinlich. Es zeigt sich deutlich, daß Branchen-CAD und fachneutrale CAD-Installationen der stürmischen Entwicklung der low-cost-Systeme ab 1985 nicht Schritt halten können.

CAD-Software in der Bauplanung muß für die Verarbeitung von großen Datenmengen geeignet sein und muß ermöglichen, komplexe Modellstrukturen mit möglichst wenig Befehlen zu beschreiben, Leistungen, die bislang von low-cost-Systemen nicht erbracht werden. Für die Vielzahl der kleinen Büros ist das Preisniveau der low cost Systeme aber sehr attraktiv.

Große private Bauherren, die für ihren eigenen Betrieb modernste CAD-Instrumentarien einsetzen, schließen an diese CAD-Systeme ihre Planungs- und Bauabteilungen an. Die Bauherren erwarten, daß Architekten und Ingenieurdienstleistungen Dritter mit ihrem CAD System durchgeführt werden. So ist es zu erklären, daß branchentremde CAD-Systeme im Bauwesen Einzug gehalten haben.

Viele Architektur- und Planungsbüros, die verstärkt in CAD investieren möchten, stehen nun vor der Frage, welche Software sie einsetzen sollen. Der Austausch von Daten zwischen einzelnen Systemen als Antwort auf diese Fragen und als Voraussetzung für eine Verbesserung der Zusammenarbeit der einzelnen Fachbereiche, ist noch völlig ungelöst. Ein Datenaustausch zwischen unterschiedlichen CAD-Systemen über neutrale Austauschformate findet im Bauwesen nicht statt. Lösungsansätze wie IGES, PDES oder STEP sind in der vorliegenden Form nicht geeignet. Fehlende bauspezifische Elemente und die Vielzahl paralleler Möglichkeiten zur Übertragung derselben Daten sind die Hauptgründe.

Wenn Datenträgeraustausch zwischen unterschiedlichen CAD-Systemen praktiziert wird, ist dies in keiner Weise repräsentant, es sind nur Einzelfälle und es werden dann direkte Übersetzer zwischen System A und System B realisiert. Was bleibt ist der Austausch von graphischen Daten in herkömmlicher Weise durch Pläne. Die Erfassung von Plänen über Scannen, um sie dann weiter elektronisch zu bearbeiten, wird nicht praktiziert. Auch in den USA sind die vorhandenen Scanner-Systeme für den Planungsalltag noch nicht geeignet. Die Schwierigkeit liegt in der Interpretation von graphischen Zeichen. Z.B. Ist eine Linie eine Maßkette, oder eine Bauwerkskante ? Pläne zu digitalisieren ist zu aufwendig. Der Aufwand entspricht annähernd einer normalen Eingabe über CAD.

CAD als Planungskoordination zwischen unterschiedlich planenden Stellen findet zur Zeit noch nicht statt. Das Fehlen eines geeigneten neutralen Formates zum Austausch von CAD-Daten im Bauwesen, verhindert eine Verbesserung der Zusammenarbeit der Fachbereiche und Vereinfachung des Planungsaufwandes. Der Vollständigkeit halber sei erwähnt, daß das eine oder andere Planungsbüro, oder der eine oder andere Generalunternehmer eine Integration in Teilbereichen erreicht hat, Voraussetzung ist aber: Alle Planenden arbeiten mit dem gleichen CAD-System.

Als Planungsinstrument innerhalb eines Büros wird CAD aber schon eingesetzt, und die Tendenz ist steigend. Die Wirtschaftlichkeit eines CADSystems, das nur für die Planung benutzt wird, und keinen direkten Anschluß an die Produktion hat, ist noch schwer zu beurteilen.

Zur Zeit gilt etwa die folgende Kostenrelation (Hard- und Softwarekosten).

Konventioneller Zeichenarbeitsplatz	1
Low cost CAD	1,2
Branchen-CAD auf PC oder Workstation	1,2 bis 1,5
fachneutrales CAD-System	2 bis 2,8

Klar ist aber zu sagen, es sind schnellere Projekt-Durchlauf-
zeiten zu verzeichnen und Planungsfehler werden wesentlich reduziert. Als Beispiel sei nur die verbesserte Maßsicherheit genannt.

Trotz dieser Unsicherheit wird CAD in den nächsten Jahren verstärkt in der Bauplanung eingesetzt werden.

Für die Übertragung von nichtgraphischen Daten bei der Ausschreibung, Vergabe und Abrechnung von Bauleistungen sind neutrale Austauschformate vorhanden. Der gemeinsame Ausschuß Elek-
tronik im Bauwesen (GAEB), dem Vertreter der öffentlichen und
privaten Auftraggeber, der Architekten und Ingenieure sowie der
bauausführenden Wirtschaft angehören, hat Voraussetzungen für
eine integrierte Datenverarbeitung bei der Durchführung von Bau-
maßnahmen geschaffen. In den Regelungen für den Datenaustausch
"Leistungsverzeichnis" hat der GAEB nicht nur Ausführungen zum
DV-technischen Teil des Datenaustausches vorgegeben, sondern auch
Hinweise auf die organisatorischen Aspekte gegeben, die durch
vertragsrechtliche Vereinbarungen zwischen den Partnern gesondert
zu regeln sind. Es existieren also Format- und Inhaltsbeschrei-
bungen von Austauschdaten zwischen Auftraggeber und Auftragnehmer
in diesem für das Bauwesen so wichtigen Bereich. Auf dem Markt
sind maschinenunabhängige Programmsysteme, die diesen Datenaustausch realisieren können. Der Datenauschtausch wird von der öffentlichen Hand den Beteiligten angeboten, aber nicht vorge-
schrieben. Über den Verbreitungsgrad gibt es keine verlässlichen
Zahlen. Aus der täglichen Angebotsbearbeitung zu schließen, hat
der Datenträgeraustausch noch nicht die Bedeutung, die er haben
könnte.

Daneben existieren Programmsysteme für den Bereich Ausschreibung,
Vergabe, Abrechnung, die diese Empfehlung des GAEB nicht verwirklichen können. Sie verwenden eigene Formate. Leider kommt es nun
vor, daß große private Bauherren solche Programmsysteme für ihre

Ausschreibung benutzen und einen elektronischen Datenaustausch
vorschreiben. In der Praxis sieht es dann so aus, daß der Auftraggeber bei Versenden des LV's gleich die Softwarefirma nennt,
bei der der Auftragnehmer das entsprechende Programm kaufen kann,
um die mitgelieferte Diskette lesen zu können und das Angebot auf
eine Diskette wieder abgeben zu können. Die anbietenden Firmen
müssen also jeweils die spezielle Software kaufen, um das Angebot
abgeben zu können. Eine Entwicklung, die sicher nicht wünschenswert ist.

Erfreulicheres gibt es zu berichten bei der Integration innerhalb
eines Fachbereiches der Bauplanung z.B. in der Tragwerksplanung.
Konrad Zuse hatte ja Bauingenieurwesen studiert und eine Triebfe-
der für die Entwicklung seines ersten elektronischen Rechners war
der Wunsch eines jeden Statikers, als Rechenknecht erlöst zu werden. Heute wird keine Statik ohne Datenverarbeitung erstellt.
Setzte früher das Aufstellen und Lösen von linearen Gleichungs-
systemen Grenzen in der exakten Erfassung der Tragsysteme, so
verwenden wir heute Verfahren, die es erlauben ein Tragwerk in
seinem Tragwerkverhalten genauestens zu studieren. Als Beispiel
soll der Bau dieses Kühlturms dienen. Bislang wurden solche rota-
tionssymmetrische Schalen auch rotationssymmetrisch hergestellt,
dies bedeutet Vorhalten einer entsprechend hohen Menge von Scha-
lung und Rüstung. Das wirklichkeitsnahe Studium des Tragverhal-
tens mittels hochwertiger Software macht es nun möglich nicht
mehr rotationssymmetrisch die Schale herzustellen sondern in Seg-
menten und damit können Schalungs- und Rüstungsvorhaltekosten minimiert werden.

Der Schwerpunkt in der Entwicklung der Software für Tragwerksplanung liegt heute in der Verknüpfung der Statik mit der Konstruktion. Es existiert ein Paket von sehr leistungsfähigen Programmen für die Berechnung und Bemessung von einzelnen Bauteilen,
z.B. Decken, Stützen, Fundamenten usw. Diese Programme werden

jetzt so mit CAD-Programmen gekoppelt, daß z.B. im Betonbau automatische Bewehrungsvorschläge oder Konstruktionsvorschläge erstellt werden, die dann gegebenenfalls mit Hilfe des nachlaufenden CAD-Systems am Bildschirm verbessert werden. Oder im Stahlbau wird das Tragwerk in seiner Geometrie nicht mehr vollständig beschrieben, sondern nur noch durch Systemlinien, Belastungen und Randbedingungen. Eingespeicherte Erfahrungsstrategien und Tragwerksdimensionierungsroutinen führen dann zur vollständigen Konstruktion und Bemessung des Tragwerkes. Anschließende Stücklisten und Unterlagen für die Fertigung und Montage komplettieren, wie hier bei einem stählernen Raumfachwerk, die Programmkette.

Die Software, die für die Bau- und Tragwerksplanung auf dem Markt angeboten wird, ist PC-orientiert. Ein Großteil der Büros sind 2-5 Mann-Betriebe. Großrechner kommen preislich nicht in Frage und die PC's sind heute schon so leistungsfähig, daß auch hochwertigste mathematische Verfahren schnell bewältigt werden können. Lokale Netze in den Büros als Verbindung zwischen den Arbeitsplätzen Rechnen und Zeichnen sind schon vereinzelt vorhanden. Es zeichnet sich außerdem ab, daß bedingt durch diese neue Arbeitsplatzgestaltung die Trennung zwischen Statiker und Konstrukteur, die wir heute noch haben, aufgehoben wird. Es wird zu einem fließenden Übergang kommen, durch die Datenverarbeitung wird die erst seit einigen Jahrzehnten vollzogene Trennung zwischen Rechnen und Konstruieren wieder rückgängig gemacht werden. Eine durchaus zu begrüßende Entwicklung, die aber auch Auswirkung auf die Ausbildung der Ingenieure hat.

Die Statik und Konstruktion bilden im Ablauf des Bauens einen Übergang zwischen eigenständigen Ingenieurbüros und den Bauunternehmungen. Die großen deutschen Bauunternehmungen haben alle eigene Ingenieurbüro-Abteilungen, die sich in der Datenverarbeitung, bedingt durch das Marktangebot an dem DV Markt für Ingenieure orientieren müssen. Wir finden daher in diesen Büros der Baufirmen sehr effiziente DV-Insellösungen auf PC Basis.

Kommen wir zum Baubetrieb in der Bauunternehmung. Die großen
deutschen Bauunternehmungen sind alle dezentral strukturiert mit
regionalen Niederlassungen und einer technischen und kaufmännischen Zentrale. An die Niederlassungen sind oftmals Zweigstellen
angeschlossen. Die Niederlassungen sind verantwortlich für die
Bauausführung, die technischen Abteilungen der Zentrale unterstützen die Niederlassungen bei der technischen Angebotsbearbeitung durch Ausarbeiten von Sonderentwürfen und bei der Bauausführung durch die Bauablaufplanung.

Für die Angebotsbearbeitung, Bauablaufsplanung und Leistungskontrolle der Baustelle wurden schon in den 60er Jahren Programme
und Programmketten entwickelt, die sich in der Praxis aber nicht
durchsetzen konnten. Der Grund war in der durch die Hardware-
Technik und den Preis bedingten zentralen Organisation der Datenverarbeitung zu suchen, die ein Fremdkörper in der dezentralen
Struktur der Unternehmen bildete. Nur die Angebotskalkulation
wurde mit kleinen MDT-Geräten unterstützt, und vereinzelt wurde
die Bauabrechnung im Service von Dienstleistungsbetrieben elektronisch durchgeführt.

Einzelne Teile des kaufmännischen Bereichs werden mit Hilfe der
Datenverarbeitung ebenfalls schon seit 30 Jahren verarbeitet,
insbesondere die Lohnabrechnungen, Buchhaltung, Geräteabrechnung
usw. Es waren immer Insellösungen, es wurde im Batchbetrieb zentral gearbeitet.

Preisgünstige Mehrplatzbenutzersysteme, die sich für eine dezentrale Datenverarbeitung eignen, sind bekanntlich seit einigen
Jahren auf dem Markt. Für Teilbereiche des Baubetriebs und des
kaufmännischen Bereiches existiert auf dem Markt geeignete Software. Dies macht es nun möglich bei einem gemeinsamen Hardware-
konzept für den Baubetrieb und kaufmännischen Bereich durchgängige und integrierte Lösungen im Dialog zu verwirklichen. Durch-

gängig heißt: Einsatz in kleinen Betrieben (z.B. Argen) oder Be-
triebsteilen (z.B. Werkplätzen) als 1. Stufe über Zweigstellen
und Niederlassungen als 2.Stufe bis zur Zentrale als 3.Stufe. Integriert heißt: Daß alle Teile des Rechnungswesen und des Baubetriebes erfaßt sind. Im Dialog heißt: Sofortige Verarbeitung vor
Ort und daß alle Daten für die unterschiedlichen Anwender gleichzeitig zur Verfügung stehen. Wir haben bei der Ed. Züblin AG vor
3 Jahren begonnen, ein solches Konzept zu realisieren. Für die
Hardware bedeutet das: Zentraler Rechner in der Hauptverwaltung,
Niederlassungsrechner verbunden durch Standleistung an den zentralen Rechner und Standleistungen zu den Baustellen oder Soft-
wareschnittstelle zu PC's auf den Baustellen.

Beispielhafte Anwendungen im Baubetrieb sind:

Von der Angebotskalkulation bis zur Aufwandsplanung werden die
Arbeiten in den Niederlassungen durchgeführt, die Leistungskontrolle dagegen auf der Baustelle. Die Angebotskalkulation ist dabei zur rechnerunterstützten Kalkulation geworden. Bei Leistungs-
verzeichnissen, besonders im Hochbau, bilden ca. 85 % der Positionen nur 20 % der Angebotssumme, während die restlichen 15 %
80 % der Angebotssumme beinhalten. Es ist nun ein wesentliches
Ergebnis der rechnerunterstützten Kalkulationen, die Bearbei-
tungszeit der untergeordneten Position zu minimieren, um Zeit für
eine genaue und individuelle Bearbeitung der Hauptpositionen zu
gewinnen. Die Zeit für die Angebotsbearbeitung wird heute von den
meisten Auftraggebern schon so kurz vorgegeben, daß ein Zeitge-
winn durch den Einsatz von rechnergestützter Kalkulation nicht zu
erreichen ist, sondern es wird die Qualität der Angebote erhöht
und damit wird die Sicherheit gegenüber Kalkulationsfehlern verbessert.

Die Hardware-Voraussetzungen der Datenfernverarbeitung, die durch
das gemeinsame Konzept Baubetrieb und kaufmännisches Rechnungswesen gegeben sind, ermöglichen nun z.B. bei der Angebotsbearbeitung eine wirtschaftliche Koppelung von Spezialwissen der Zentrale mit lokalem Wissen der Niederlassung. Der Informationsaustausch wird wesentlich beschleunigt. So können an einem Angebot
an unterschiedlichen Stellen mehrere Kalkulatoren arbeiten. Die
Schlußzusammenstellung erfolgt dann in der Niederlassung, nachdem
alle Kalkulationsansätze elektronisch dorthin übermittelt wurden.

Die Leistungskontrolle auf der Baustelle mit dem Terminal oder
dem PC ermöglicht aktuelle Werte der Bauabwicklung aufzuzeigen
und Maßnahmen für Veränderungen einzuleiten. Der Bauleiter sieht
unmittelbar das Ergebnis; er wird durch die Datenverarbeitung in
der Kosten- und Produktionsplanung geführt. Durch die Datenverarbeitung stößt der Bauleiter in einen Detailierungsgrad und eine
Steuerungstechnik vor, die ihm bislang verschlossen waren, die
ihm aber erst eine genaue Beurteilung der Mängel und Fehler des
Baubetriebes erlauben und Kriterien für eine Steuerung geben.

Die Software hat darüber hinaus den Ansatz gegeben bei der notwendigen Schulung baubetriebliches Grundwissen zu erneuern und zu
erweitern. Die Anwendung der Datenverarbeitung führte, wie auch
aus anderen Bereichen bekannt, auch im Baubetrieb zu einer systematischen Analyse der Abläufe - weg von der Improvisation hin zum
kontrollierten Produktionablauf.

Ein vergleichbares Paket wurde auch im Bereich schlüsselfertiges
Bauen eingeführt, das einen unmittelbaren Übergang vom eigenen
Baubetrieb zur Projektleitung des Generalunternehmers erlaubt.

Die Einführung eines solchen DV-Systems erfordert vorausplanende
Schulung. Das Softwarepaket, das zum Teil als Standardsoftware
gekauft und durch firmenspezifische Teile ergänzt wurde, wurde

zunächst in einer Stabsabteilung zusammen mit einer Niederlassung
erprobt. Die Einführung im Gesamtunternehmen erfolgte in über-
schaubaren Schritten, wobei die eigene Schulungskapazität die
Schrittweite bestimmt hat. Die Schulung aus eigenen Quellen wurde
nach dem Motto "Anwender schulen Anwender" durchgeführt; rückblickend ein richtiger Weg, wenn nicht sogar ein unabdingbarer.
Dabei wurden die Anwendungspakete zeitversetzt eingeführt und es
wurde besonders auf die unterschiedlichen Anforderungsspektren
der einzelnen Berufsbilder Rücksicht genommen. Es galt auch hier
die bekannte Beobachtung bei denjenigen, die schon mit der Datenverarbeitung vertraut waren, wenn auch auf niedrigerem Niveau,
z.B. die Kalkulatoren, waren geringere Akzeptanzprobleme zu verzeichnen, als bei denjenigen z.B. Projektleiter und Bauleiter,
die zum ersten Male damit arbeiten mußten.

Wir haben es vermieden Standardsoftware zu verändern, sie wurde
nur modular dort ergänzt, wo ganz spezifische Firmeneigenheiten
abgedeckt werden mußten. Wir sehen den Know how-Vorsprung nicht
im Inhalt der Programme begründet. Die den Programmen zugrunde
liegenden Verfahren sind, wie schon ausgeführt, schon zum Teil
über 30 Jahre alt. Wir meinen, daß allein der Anwendungsvorsprung
uns etwas bringt. So haben wir auf eine kostspielige Eigenentwicklung verzichtet zugunsten eines umfassenden Schulungspro-
gramms.

Wo werden wir in Zukunft den Schwerpunkt legen ?

1.) Die Schnittstelle Planung müssen wir innerhalb des Bauwesens
    lösen. Erste Schritte zur Entwicklung eines neutralen Daten-
    formats Planung werden getan.

2.) Die Datenverarbeitung auf der Baustelle wird weiter voran-
schreiten sowohl in technischer Unterstützung als auch in der
Steuerung der Baustelle. Die Koordination von Material und
Arbeitsleistung bei weiter voranschreitender Arbeitsteilung,
die Logistik der Baustelle wird nicht nur für die Datenverarbeitung eine Herausforderung der nächsten Jahre sein. Kom-
plette Systeme für den Bauablauf, bauverfahrenbezogen, z.B.
von der Vermessung bis zur Abrechnung -in Spezialfällen schon
vorhanden -, werden weiter vervollständigt.

3.) Weitere Unterstützung und Ausbau der industriellen Fertigung
durch Datenverarbeitung in unseren Fertigteilwerken bis hin
zur Robotertechnik für ausgesuchte Fertigungsprozesse. Ein
erster Roboter für eine sehr spezielle Fertigung existiert
schon.

4.) Das vorhandende Netz zwischen Hauptverwaltung und Niederlassungen werden wir nicht nur für den Austausch von kaufmännischen und baubetrieblichen Daten benutzen, wir werden es zur
Verbesserung der Information innerhalb des Unternehmens verwenden.

Datenverarbeitung hat vor 30 Jahren in der Bauindustrie in den
Bereichen Statik, Vermessungswesen, Straßenbau begonnen. Heute
diskutieren Architekten über CAD. Dabei wird sofort die Frage
gestellt: leidet dadurch die Architektur ? Schauen Sie sich zum
Schluß dazu die folgenden Dias der King Saud Universität in Riad
an, sie wurde in London und St. Louis, USA, mit CAD geplant. Die
Fertigteile wurden von einer deutsch-schweizerischen Arbeitsgemeinschaft unter der Federführung von Züblin in Riad gefertigt.
Die Werkspläne für die Fertigteile wurden in Stuttgart mit CAD
gezeichnet, die Produktion in Riad mit EDV gesteuert, die Software dazu von Stuttgart aus gewartet. Die Architektur hat dadurch
nach meiner Meinung nicht gelitten.

Untersuchungen zur regionalen Entwicklung von Telekommunikationsleistungen in Bayern

P. Gräf

Die Einführung zahlreicher Telekommunikationsdienste der Deutschen Bundespost in den 80er Jahren hat immer wieder Anlaß zu strukturpolitischen Hoffnungen gegeben, mit diesen Instrumenten lagebedingte Nachteile von Unternehmensstandorten zu kompensieren. Meist wurden die Belebungseffekte für periphere Gebiete in einer Erleichterung von Unternehmensverlagerungen bzw. Zweigbetriebsgründungen gesehen (vgl.u.a. FISCHER 1987,S.177f). Eine womöglich nachgeordnete zeitliche Priorität im Ausbau neuer Netze , z.B. bei ISDN oder Glasfaser , wurde deshalb von den Betroffenen, besser gesagt von den politischen Repräsentanten solcher Räume als unzumutbare Benachteiligung ,ja dem regionalwirtschaftlichen Förderauftrag der Bundespost geradezu widersprechend erachtet (vgl. auch WITTE 1987,S.24f.)

Versucht man die Ursachen dieser immer noch lebhaft geführten Diskussion zu ergründen, trifft man erstaunlicherweise auf eine erhebliche Informationslücke über Verbreitung, Nutzung oder Nachfrage von TK-Leistungen im kleinräumlichen Maßstab, beispielsweise auf der Ebene von Landkreisen.

METHODISCHE ASPEKTE

Wenngleich der technische Raster von Ortsnetzen oder Nahbereichen sowie die postspezifische Zuordnung auf Fernmeldeamtsbereiche oder Oberpostdirektionen nur schwierig mit geltenden Verwaltungsgebietseinheiten zur Deckung zu bringen sind, bleibt - zumindest aus wissenschaftlichem Interesse - unverständlich, weshalb die aus Teilnehmerverzeichnissen zu gewinnenden statistischen Unterlagen von beiden zuvor genannten Interessengruppen nur wenig genutzt werden. Eine nach Meinung des Verfassers überaus interessante Marketinggrundlage hat somit bislang kaum Beachtung gefunden.

Der vorliegende Beitrag versucht durch Auswertung u.a. der Teilnehmerverzeichnisse und anderer Referenzstudien einige Einblicke in die räumliche Verbreitung der Telekommunikationsnachfrage Mitte der 80er Jahre
für Bayern zu ermöglichen, insbesondere um im Praxisbezug zu einer
Versachlichung der Diskussion beizutragen (GRÄF 1988).

AKTUELLE SITUATION 1986

Als Spiegel der Situation am Ende des Jahres 1986 dient die Verbrei-
tungsübersicht der Anschlüsse einzelner Dienste in Tab.1 . Die nachfol-
genden Analysen basieren als raumbezogen entscheidungsrelevante Größe
auf den Teilnehmerzahlen. Diskrepanzen zwischen beiden Bezugsgrößen
können gerade in der Anfangsphase einer Diffusion erheblich sein. Sie
beruhen auf Mehrfachanschlüssen in größeren Unternehmen , teilweise auch
auf gewünschtem Nichteintrag in den Teilnehmerverzeichnissen.

TAB. 1 T E L E K O M M U N I K A T I O N S A N S C H L Ü S S E 1986
Bundesrepublik Deutschland bzw. Bayern

Dienste	Anschlüsse 1986		/ Relative Anteile			
	Bundesrepublik	Bayern	Bayern	Oberpostdirektionen		
			zu BRD	MÜNCH	NÜRNB	REGENSB
	absolut	abs.	%	%	%	%
TELEFON	26.725.967	4.498.774	16,8	50,0	33,8	16,2
TELEX	167.295	28.369	16,9	59,5	29,1	11,4
TELETEX	15.517	3.247	20,9	57,4	34,4	8,2
TELEFAX	43.799	8.588	19,6	61,3	24,7	14,0
DATENSTATIONEN	292.206	53.116	18,1	58,3	31,0	10,7

Quelle: Statistisches Jahrbuch DBP 1986, eigene Umrechnungen

Zahlreiche regionalwissenschaftliche Studien oder Szenarien unterstellen
den klassischen, s-förmigen Kurvenverlauf des Zuwachses von Teilnehmern
an den neuen TK-Diensten, letztlich in Analogie zur langfristigen Entwicklung der Telefonteilnehmer (vgl.u.a. HOBERG 1983). Daraus abzulei-
ten, daß sich zunächst ein zentralperipheres Gefälle von den zentralen
Orten zu ländlichen Räumen bei den neuen TK-Diensten ergeben werde,
erscheint in der vereinfachten Form zwar plausibel, hält aber einer
empirischen Überprüfung nicht stand.

DIFFUSIONSANSÄTZE IN BAYERN

Faßt man die Teilnehmer der relativ neuen Dienste TELETEX, TELEFAX und BILDSCHIRMTEXT zusammen und bezieht sie auf die Zahl der Umsatzsteuerpflichtigen (die einzige unternehmensnahe und aktuelle Bezugsgröße, die statistisch verfügbar ist), so waren in ländlich geprägten Regionen mit Adoptionsquoten von 2,2% wesentlich höhere Werte als im ländlichen Umland von Kernstädten mit 1,3% zu verzeichnen. Die Kerne der Verdichtungsräume lagen mit durchschnittlich 5,9% erwartungsgemäß an der Spitze der Adoptionsquoten.

Karte 1 verdeutlicht die Aussage nochmals auf Landkreisbasis für Bayern. Zwar werden in den verdichtungsfernen Landkreisen Nordbayerns zahlenmäßig weniger "Unternehmen"(kleine Signaturen) zu finden sein als in Südbayern, die Adoptionsquote fällt jedoch in Nordbayern häufig größer aus (dunkle Raster). Die Verdichtungsräume München sowie Nürnberg-Fürth-Erlangen treten deutlich als Innovationszentren hervor, bedingt durch ihre Standortkonzentration telekommunikationsfreudiger Branchen bzw.TK-intensiver Hauptverwaltungen. Filtert man aus der Zusammenschau einzelne Branchen und TK-Dienste heraus, so ergeben sich jeweils sehr unterschiedliche Intensitätsmuster der Verbreitung.

Karte 2 stellt die BTX-Teilnehmer der Rundfunk-/TV-/Elektrobranche in Relation zur Verbreitung der Unternehmen (1985) dar. Hier treten gerade die Verdichtungsräume in der Intensität der Beteiligung deutlich zurück, weil die Aufgabe einer Kundenpräsentation von BTX durch den Fachhandel in ländlichen Räumen wesentlich flächendeckender aufgenommen wurde als in den städtischen Bereichen. Dennoch ist dieser Weg einer Markteinführung an der verbreiteten Unkenntnis bzw. mangelnden Praxis gescheitert, sich auf telekommunikativem, visuellem Wege Textinformationen zu beschaffen oder zu kommunizieren (Vgl. HALDENWANG 1986 S.78 , SPEHL 1986 S.113). Das Anwachsen der BTX-Teilnehmer auf inzwischen bundesweit 120.000 hat überwiegend andere Ursachen, die an späterer Stelle noch erläutert werden.

Karte 1

Telematikadoption (Telefax, Teletex, Btx) 1985

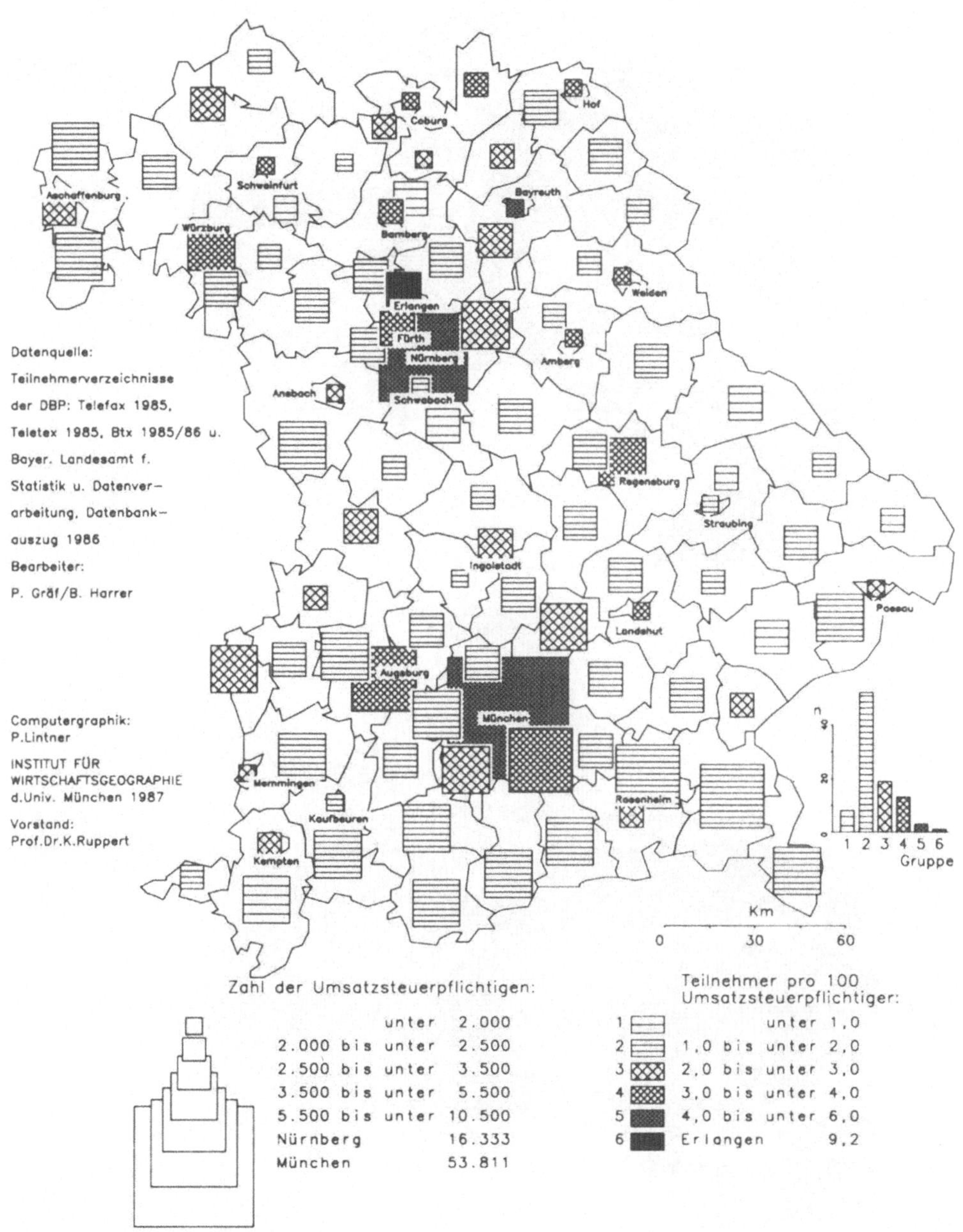

Karte 2

Telematikadoption in Bayern 1985 – Rundfunk-/Tv-/Elektrohandel
Btx-Anschlüsse pro 100 Umsatzsteuerpflichtige der Branche

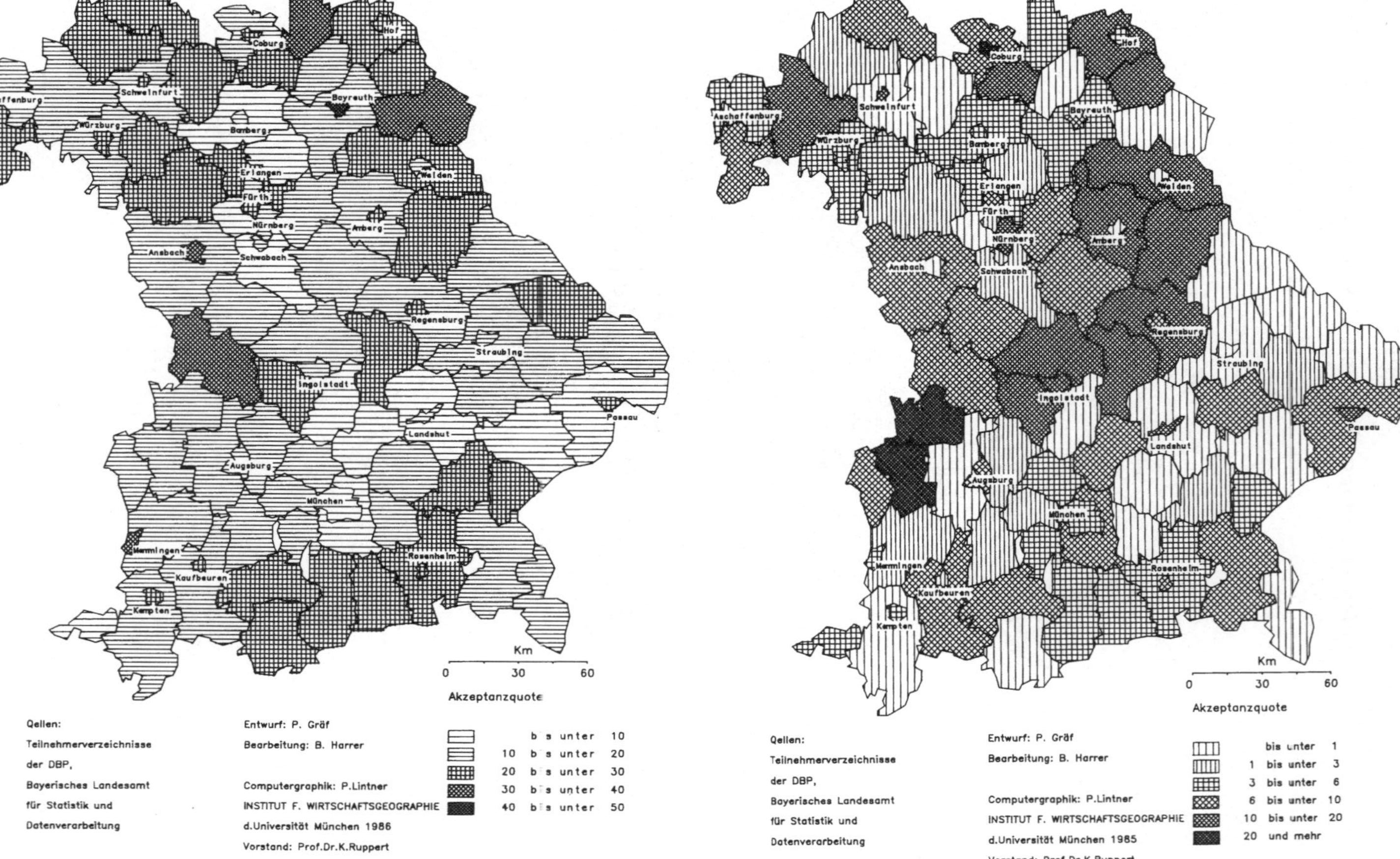

Karte 3

Telematikadoption in Bayern 1985 – Metallverarbeitendes Gewerbe
Teletex- u. Telefaxanschlüsse pro 100 Umsatzsteuerpflichtige der Branche

Ein weiteres Beispiel (Karte 3) aus dem metallverarbeitenden Gewerbe bei
den Diensten TELETEX und TELEFAX belegt zusätzlich die These vom bran-
chen- und dienstespezifischen Ausbreitungsprozeß der Teilnahme. In diesem Beispiel zeigen niederbayerische Unternehmen eine auffallend zurück-
haltende Teilnahme, die sich aus der spezifischen Betriebsgrößenstruktur
dieses Raumes nicht erklären läßt. Es bleibt eine Vermutung, daß unterschiedliche Beratungsdienstleistungen durch den Anbieter, durch Verbände
oder Kammern Wirkung zeigen.

QUANTIFIZIERUNG DER TELEKOMMUNIKATIONSNACHFRAGE

Eine ganze Reihe von Fallstudien haben zweifelsfrei in der Bundesrepublik belegen können, daß ein enger Zusammenhang von früher Adoption und
Umsatzstärke bzw. teilweise auch Beschäftigtenzahl vorliegt (vgl.u.a.
FRITSCH 1987). Keinesfalls bestehen jedoch lineare Proportionalitäten.
Vielmehr spiegelt sich in Verbreitungsmustern eine räumlich sehr stark
differenzierte Nachfrage nach TK-Leistungen generell wider. Um dies zu
verdeutlichen, wurde für Industriebetriebe die Nachfragesituation räumlich durch Verknüpfung verschiedener Untersuchungen bzw. Statistiken
ermittelt (Karte 4). Ausgangsbasis war eine Untersuchung des IFO-Insti-
tutes (WEITZEL,ARNOLD,RATZENBERGER 1983) , die für verschiedene In-
dustriebranchen die spezifische Kostenbelastung mit TK-Kosten ermittelt
hat, gestaffelt nach Umsatzgrößenklassen der Unternehmen. Es ist dabei
zu beachten, daß insgesamt die Kostenbelastung eine eher untergeordnete
Größe dartellt, etwa in der Größenordnung zwischen 0,5 und 1,5% der
Gesamtkosten. Überträgt man diese Werte auf die konkrete räumliche
Standortsituation bzw. das Branchenspektrum (Bayerisches Landesamt für
Statistik und Datenverarbeitung 1987, GATZWEILER/RUNGE 1984), so lassen
sich auf Kreisbasis quantifizierte Nachfragegrößen nach TK-Leistungen in
der Industrie ermitteln. Dieses Ergebnis entspricht nicht allein einer
zentrenorientierten Hierarchie und auch nicht ausschließlich dem Ver-
breitungsmuster von Industrieunternehmen in den einzelnen Räumen. Das
Nachfragepotential beispielsweise im südwestlichen Regierungsbezirk
Schwaben sowie im nördlichen Oberfranken zeigt sich noch stärker

Karte 4

Quantifizierte Nachfrage nach Telekommunikationsleistungen in der Industrie Bayerns 1986

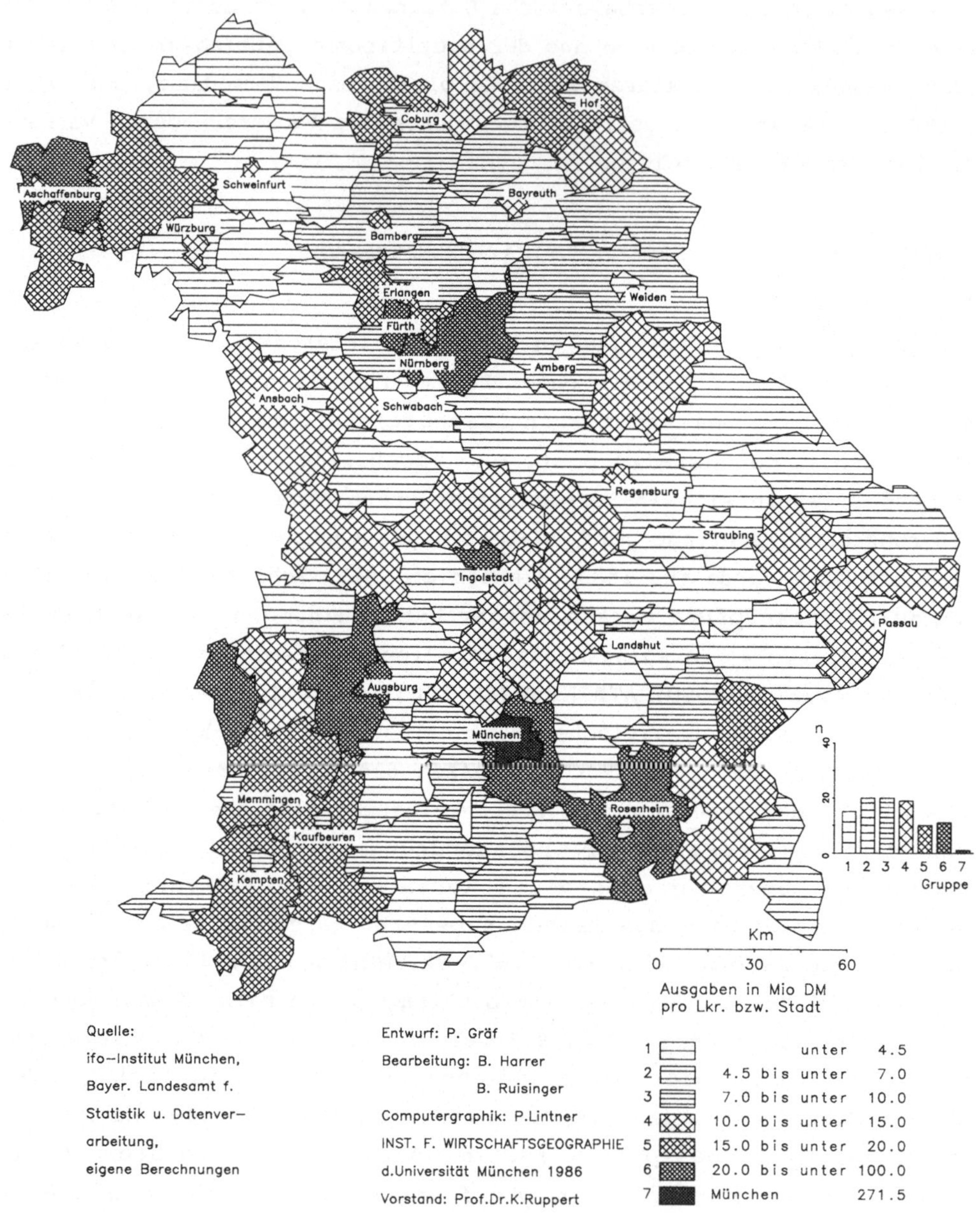

Quelle:

ifo–Institut München,

Bayer. Landesamt f.

Statistik u. Datenver-

arbeitung,

eigene Berechnungen

Entwurf: P. Gräf

Bearbeitung: B. Harrer

B. Ruisinger

Computergraphik: P.Lintner

INST. F. WIRTSCHAFTSGEOGRAPHIE

d.Universität München 1986

Vorstand: Prof.Dr.K.Ruppert

Karte 5

Ausgaben für Datenübertragung in der Industrie Bayerns 1986

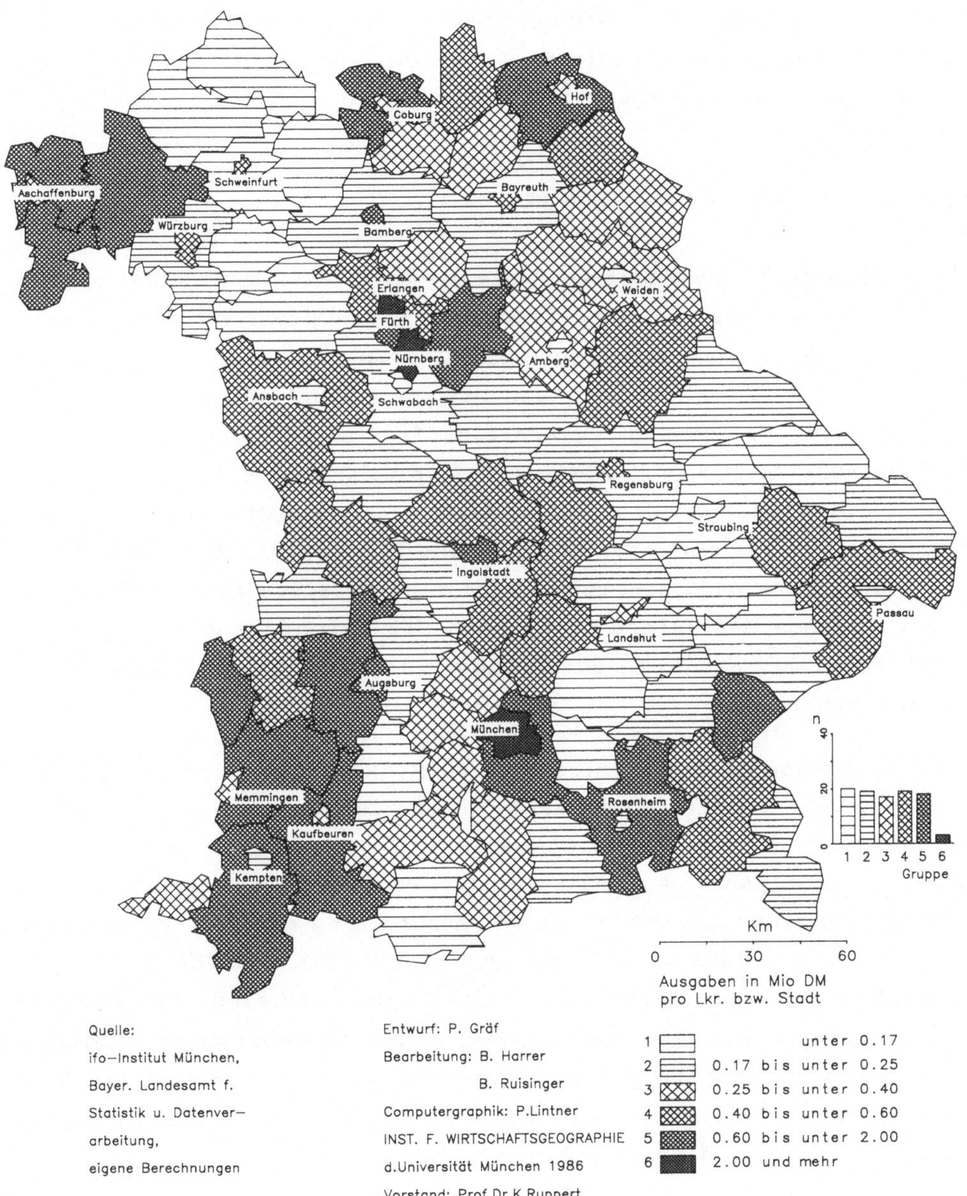

<table>
<tr><td>Quelle:</td><td>Entwurf: P. Gräf</td><td>1</td><td>unter 0.17</td></tr>
<tr><td>ifo—Institut München,</td><td>Bearbeitung: B. Harrer</td><td>2</td><td>0.17 bis unter 0.25</td></tr>
<tr><td>Bayer. Landesamt f.</td><td>B. Ruisinger</td><td>3</td><td>0.25 bis unter 0.40</td></tr>
<tr><td>Statistik u. Datenver-</td><td>Computergraphik: P.Lintner</td><td>4</td><td>0.40 bis unter 0.60</td></tr>
<tr><td>arbeitung,</td><td>INST. F. WIRTSCHAFTSGEOGRAPHIE</td><td>5</td><td>0.60 bis unter 2.00</td></tr>
<tr><td>eigene Berechnungen</td><td>d.Universität München 1986</td><td>6</td><td>2.00 und mehr</td></tr>
<tr><td></td><td>Vorstand: Prof.Dr.K.Ruppert</td><td></td><td></td></tr>
</table>

fokussiert, wenn das Marktsegment "Datenübertragung" separat betrachtet
wird (Karte 5). Ob dieses Potential tatsächlich ausgeschöpft wird und in
welcher technologischer Qualitätsstufe, bleibt derzeit Betriebsinternum
der Post. Die Verteilung der eingangs dargestellten Teilnehmer korre-
liert nur teilweise mit diesem Potential, das somit regional nachfra-
gegestützte Adoptionsreserven zu erkennen gibt.

DYNAMIK IN DER REGION MÜNCHEN

In wissenschaftlichen Beiträgen wie in den Medien wird immer wieder die
Region München als telematikfreudiger Standort, als "Silicon Bavaria"
hervorgehoben. Einer empirische Überprüfung hält regional eine solche
Pauschalierung nur in sehr engen Grenzen stand (GRÄF 1987). Für eine
Landeshauptstadt ist die regionale Häufung von Hauptverwaltungen, von
Banken, Versicherungen und Verbänden typisch. Darüberhinaus läßt München
eine Spezialisierung als Medienstadt erkennen, ergänzt durch weitere
Standortspezifika (u.a. das Europäische Patentamt). All diese Faktoren
stellen eine besondere Grundlage für eine herausgehobene Telekommunika-
tionsnachfrage dar. Hinzu tritt noch die besondere Konzentration von
Unternehmen der Hardware und Software im Bereich der Elektronik- und
Datenverarbeitung .

Die Abbildungen 1 und 2 zeigen für TELETEX und DATEX in absoluter Darstellung auf Fernmeldeamtsbasis den steilen Anstieg der Anschlüsse im
Kernbereich Münchens beispielsweise im Vergleich zum ebenfalls wirt-
schaftsstarken Raum Augsburg. Dennoch ergeben sich auch innerhalb der
Region prägnante Unterschiede von Ausbreitungsdynamik, Verbreitungsin-
tensität und Bedarf nach Diensten wie TELETEX und TELEFAX bei industriellen Anwendern (Abbildung 3 und 4). Es läßt sich also keinesfalls
die These verifizieren, daß die Region als Gebietskategorie sich gänz-
lich überdurchschnittlich interessiert an neuen Diensten der Telekommunikation präsentiert. Vielmehr sind größere Intensitäten eng an das
unmittelbare Umland von München gebunden (Karte 6).

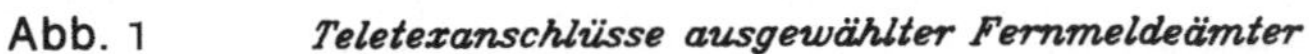

Abb. 1 *Teletexanschlüsse ausgewählter Fernmeldeämter*

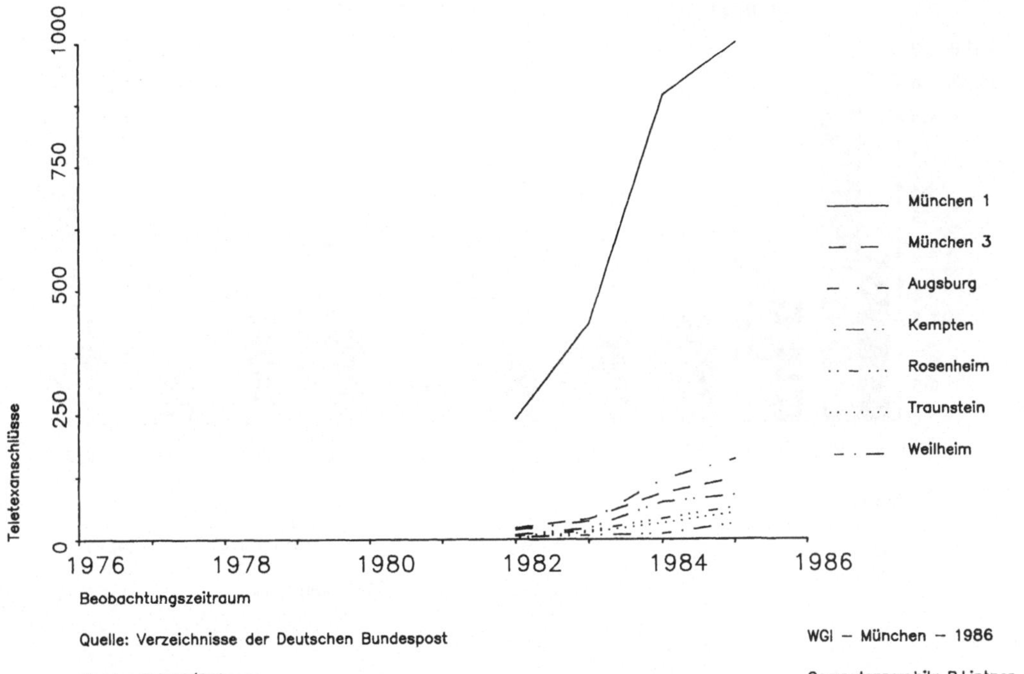

Abb. 2 *Datexanschlüsse ausgewählter Fernmeldeämter*

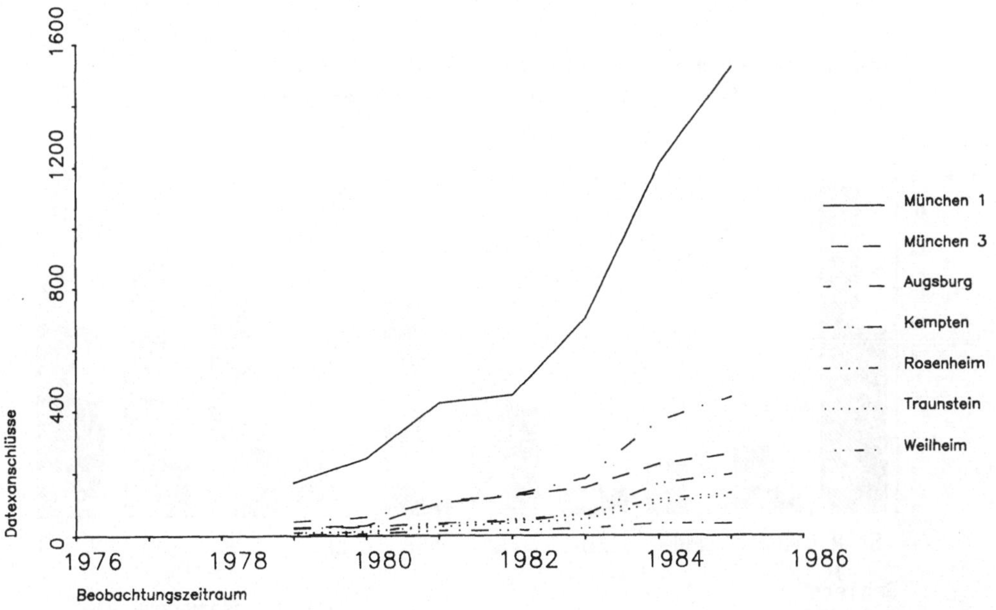

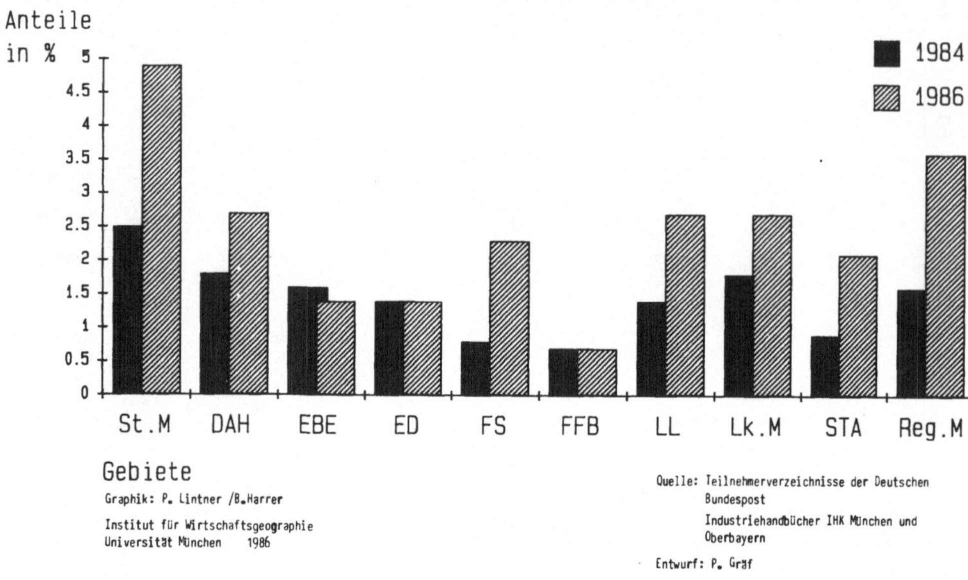

Abb. 3   BUEROKOMMUNIKATION IN DER REGION MUENCHEN
Teletex – Adoption in Industrieunternehmen
Anteile
in %
5
4.5
4
3.5
3
2.5
2
1.5
1
0.5
0
1984
1986
St.M   DAH   EBE   ED   FS   FFB   LL   Lk.M   STA   Reg.M
Gebiete
Graphik: P. Lintner /B.Harrer
Institut für Wirtschaftsgeographie
Universität München   1986
Quelle: Teilnehmerverzeichnisse der Deutschen
Bundespost
Industriehandbücher IHK München und
Oberbayern
Entwurf: P. Graf

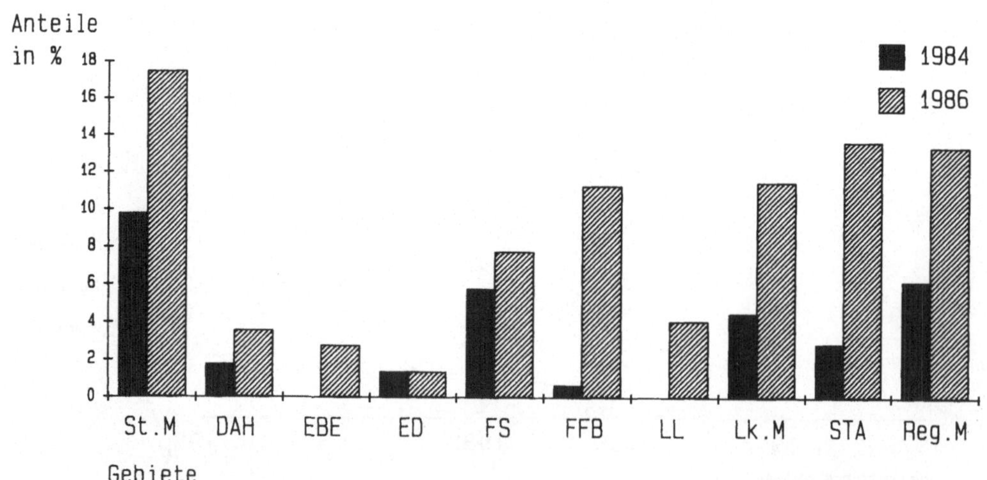

Abb. 4   BUEROKOMMUNIKATION IN DER REGION MUENCHEN
Telefax – Adoption in Industrieunternehmen
Anteile
in %
18
16
14
12
10
8
6
4
2
0
1984
1986
St.M   DAH   EBE   ED   FS   FFB   LL   Lk.M   STA   Reg.M
Gebiete
Graphik: P. Lintner / B. Harrer
Institut für Wirtschaftsgeographie
Universität München   1986
Quelle : Teilnehmerverzeichnisse der
Deutschen Bundespost
Industriehandbücher der IHK
München und Oberbayern
Entwurf : P. Graf

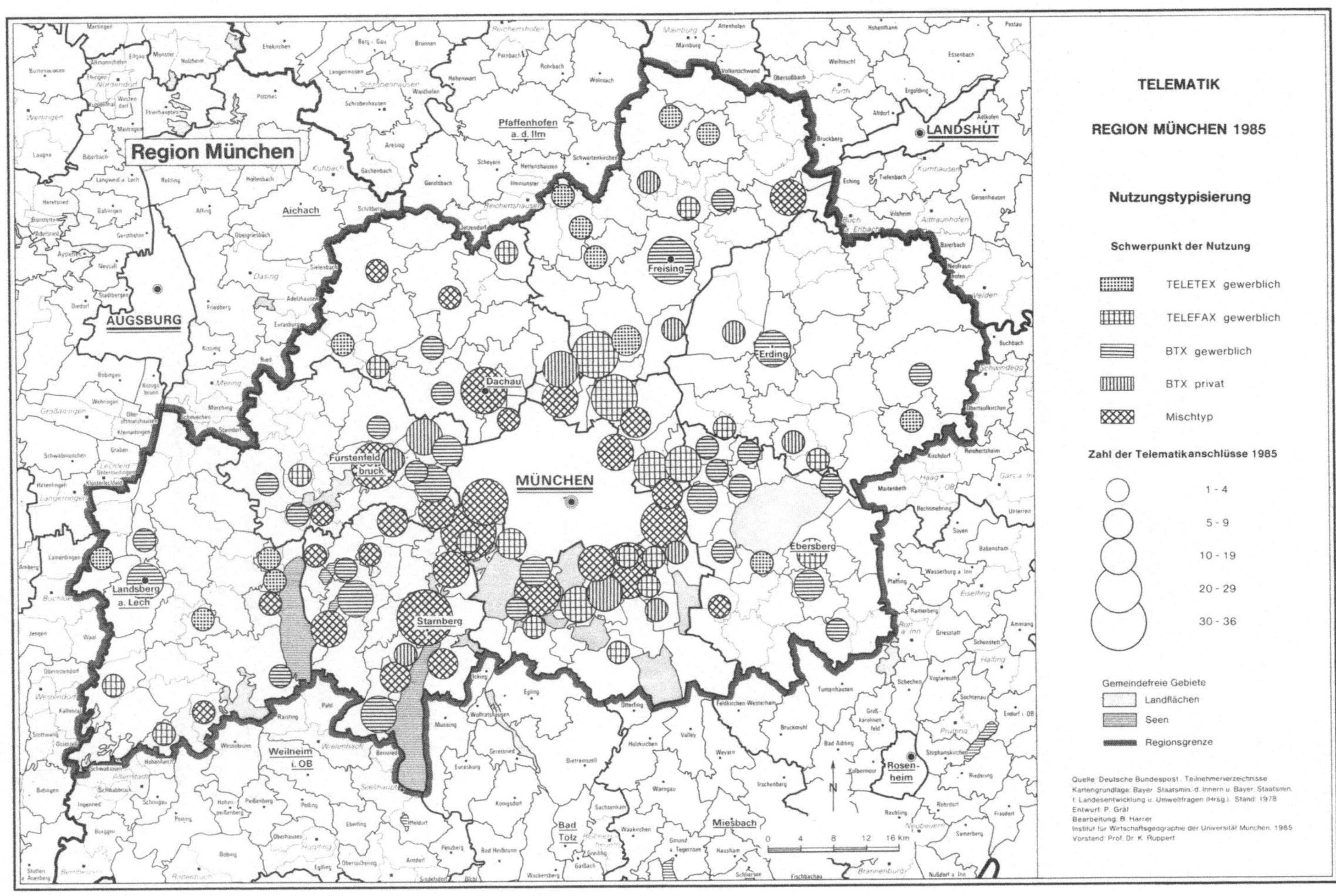

TELEMATIK
REGION MÜNCHEN 1985
Nutzungstypisierung
Schwerpunkt der Nutzung
TELETEX gewerblich
TELEFAX gewerblich
BTX gewerblich
BTX privat
Mischtyp
Zahl der Telematikanschlüsse 1985
1 - 4
5 - 9
10 - 19
20 - 29
30 - 36
Gemeindefreie Gebiete
Landflächen
Seen
Regionsgrenze
Region München
AUGSBURG
LANDSHUT
MÜNCHEN
Pfaffenhofen a. d. Ilm
Aichach
Freising
Erding
Dachau
Fürstenfeldbruck
Ebersberg
Starnberg
Landsberg a. Lech
Weilheim i. OB
Bad Tölz
Miesbach
Rosenheim
N
0 4 8 12 16 km
Quelle: Deutsche Bundespost: Teilnehmerverzeichnisse
Kartengrundlage: Bayer. Staatsmin. d. Innern u. Bayer. Staatsmin.
f. Landesentwicklung u. Umweltfragen (Hrsg.). Stand: 1978
Entwurf: P. Gräf
Bearbeitung: B. Harrer
Institut für Wirtschaftsgeographie der Universität München. 1985
Vorstand: Prof. Dr. K. Ruppert

EINFLUSSFAKTOREN DER DIFFUSION

Die Verbreitung selbst gibt noch keine Hinweise auf die Kräfte und Einflüsse, die die Entwicklung räumlicher Adoptionsmuster steuern. Eigene Studien in Unternehmen unterschiedlicher Branche, Größe und Aktionsreichweite haben belegen können, daß ganz bestimmte Entscheidungstypen wesentlich zur Verbreitungsstruktur beitragen:

- Organisationsentscheidungen von Hauptverwaltungen mit bindendem Charakter für Zweigstellen

- Systementscheide von Großunternehmen mit starkem Anpassungsdruck auf verbundene Unternehmen der Teileproduktion bzw. des Handels (Logistikkonzepte)

- Nachahmungsadoption ab einer "kritischen Masse" branchengleicher Unternehmen.

Zwei Beispiele sollen diese Ergebnisse verdeutlichen: Die BMW-AG hat funktions- und dienstespezifisch einzelne Logistikaufgaben im Handel gestaltet. BMW-Händler wurden mit Subventionen für die Hardware zu einem Telekommunikationssystem auf Bildschirmtextbasis vernetzt, wobei rund 750 Händler (rund 3/4) in knapp 9 Monaten angeschlossen werden konnten .

Als Form einer betriebsinternen, telekommunikativen Hierarchisierung soll das Beispiel der BHW-Bausparkasse dienen, wo innerhalb der bayerischen Direktionen München, Nürnberg, Augsburg von 14 Beratungsstellen hierarchisch 3 mittels HFD mit dem Firmensitz Hameln verbunden sind, die übrigen über DATEX-P bzw -L erreichbar sind .

Versucht man als unternehmerischen Entscheidungsprozeß die Teilnahme an Telematikdiensten zu typisieren, so lassen sich die in Tabelle 2 dargestellten Hauptentscheidungstypen beobachten.

Tabelle 2: UNTERNEHMENSTYPEN GLEICHER KOMMUNIKATIONSRÄUMLICHER
ZIELSTELLUNG

Zielstellung	Diffusionsform	Unternehmenstyp
Vernetzung intern	Organisations-entscheid	Zweigstelleninten-sive Großunterneh.
Vernetzung extern hierarchisch	Subventionierte oder marktmacht-bedingte Diffusion	Großunternehmen mit wirtschaftlich eng verflochtenen,nach-geordneten Unterneh.
Vernetzung extern unstrukturiert	Unternehmerische Eigeninitiative, Beratungsunter-stützung	Unternehmen mit be-ratenden Dienstlei-stungen
Kommunikative Erreichbarkeit Typ A	Organisationsent-scheid, institu-tionell-hierarisch	Öffentliche Unter-nehmen, Gebiets-körperschaften
Kommunikative Erreichbarkeit Typ B	Unternehmerische Eigeninitiative	Unabhängige Ein- oder Mehrbetriebs-unternehmen mit wenig Zweigstellen, mittelständischer Unternehmenscharak-ter

Entwurf: P. Gräf

ZUSAMMENFASSUNG DER ERGEBNISSE

Stellt man die Untersuchungsergebnisse thesenartig zusammen, so sind
folgende Erkenntnisse von besonderer regionalwirtschaftlicher Bedeutung:

1. Telematikdiffusion muß ein von Beratung begleiteter Prozeß sein, in
dem - vergleichsweise der branchenspezifischen Softwarelösung im EDV-
Bereich - branchenkommunikative Lösungen statt nur Endgeräte ohne räum-
lich-kommunikative Organisationssoftware angeboten werden.

2. Für umsatzstarke Unternehmen stellen Telekommunikationsgebühren nur eine untergeordnete Kostengröße dar und können deshalb kaum standortrelevant sein. Dennoch scheint die Unübersichtlichkeit von TK-Gebührenstrukturen für kleine und mittlere Unternehmen eine Entscheidungsunsicherheit zu induzieren, die zu wesentlich späterer Adoption führen kann, falls ein mengenmäßiger Bedarf überhaupt vorhanden ist.

3. Struktur- und regionalpolitisch wurde zwar in der Landesplanung das Handlungsfeld "Kommunikation" sehr stark im Vergleich zu den Verkehrsplanungen vernachlässigt. Dennoch ginge eine Strukturpolitik, die nur auf das Infrastrukturangebot von Telekommunikation gerichtet ist, an den Problemen einer telekommunikativen Evolution gerade in Fördergebieten völlig vorbei. Die regionalpolitische Promotion von Telematik hat nur als konzertierte Aktion von Beratung (Anbieter, Wirtschaftskammern), lokaler Demonstration (z.B. Telehaus, Teleport) und kostenneutralen Erprobungsmöglichkeiten in Unternehmen eine Realisierungschance. Der öffentliche Handlungsbedarf liegt nicht in der Subvention der Sache (Infrastruktur), sondern in der Subvention des Wissens (Beratung) über die Sache.

LITERATUR

BAYERISCHES LANDESAMT FÜR STATISTIK UND DATENVERARBEITUNG — Bergbau und Verarbeitendes Gewerbe in den kreisfreien Städten und Landkreisen Bayerns. (Serie EI1/S-2-j/86),München 1987

DEUTSCHE BUNDESPOST — Statistisches Jahrbuch 1986, Bonn 1987

FISCHER, K. — Die neuen Informations- und Kommunikationstechniken - Raumordnerische Auswirkungen,raumplanerische Konsequenzen und regionalpolitischer Handlungsbedarf, in: Räumliche Wirkungen der Telematik, Veröffentlichungen der Akademie für Raumforschung und Landesplanung, Forschungs- u. Sitzungsberichte,Bd.169,Hannover 1987,S.177-216

FRITSCH, M. — Frühe Nutzer der Telematik,Charakteristikum von Adoptoren im Vergleich zu (noch) Nichtadoptoren neuer Telekommunikationstechniken, in: Neue Informationstechnologien und Regionalentwicklung,

hrsg.v. B. Hotz-Hart und W.A. Schmid, Schriften-
reihe zur Orts-, Regional- und Landesplanung,
ETH Zürich 1987, Nr. 37, S. 65-80

GATZWEILER, H.P.
RUNGE, L.

Aktuelle Daten zur Entwicklung der Städte,Krei-
se und Gemeinden 1984, in: Bundesforschungsan-
stalt für Landeskunde und Raumordnung (Hrsg).
Seminare - Symposien - Arbeitspapiere, Heft 17,
Bonn-Bad Godesberg 1984

GRÄF, P.

Mikroelektronik und Telematik in der Region Mün-
chen. Raumstrukturelle Zusammenhänge von Produk-
tion, Dienstleistung und Anwendung.
In: Region München . Zusammengestellt von K.Rup-
pert, mit Beiträgen von P.Gräf, H.-D. Haas, P.
Lintner, R. Metz, R. Paesler und K. Ruppert.
WGI-Berichte zur Regionalforschung, Heft 18,
München 1987, S. 121-140

ders.

Information und Kommunikation als Elemente der
Raumstruktur. In: Münchner Studien zur Sozial-
und Wirtschaftsgeographie, Band 34, Kallmünz/
Regensburg, im Druck . (Habilitationsschrift,
erscheint im Herbst 1988).

HALDENWANG,H.

Anwendung neuer Informations- und Kommunika-
tionstechnologien in Ostbayern.
In: Telematik Trier, hrsg. von H. Spehl und B.
Messerig-Funk, Beiträge aus Forschung und Praxis
Band 1, Trier 1986, S. 62-90

HOBERG, R.

Raumwirksamkeit neuer Kommunikationstechniken -
innovations- und diffusionsorientierte Untersuchungen. In: Jahrbuch der Regionalwissenschaft,
1983, S. 5-38

SPEHL, H.

Anwendung neuer Informations- und Kommunika-
tionstechnologien im Raum Trier.
In: Telematik Trier, hrsg.von H. Spehl und B.
Messerig-Funk. Beiträge aus Forschung und Praxis
Band 1, Trier 1986, S. 105-117

WEITZEL, G.
ARNOLD, M.
RATZENBERGER, R.

Post- und Fernmeldegebühren in ausgewählten
Wirtschaftsbereichen - Eine Untersuchung ihrer
Kostenanteils- und Nutzungsstrukturen.
In: Ifo-Studien zur Verkehrswirtschaft, Nr. 15
München 1983

WITTE,E.

Neuordnung der Telekommunikation. Bericht der
Regierungskommission Fernmeldewesen. Vorsitz
Eberhard Witte. Heidelberg 1987

Die Rechnerunterstützung der Logistik bei Volkswagen – Entwicklung und Stand des Informationssystems FEBES

H. Münzner

EINLEITUNG

Nachhaltige Rationalisierungserfolge im Bereich der Logistik
sind nur durch eine integrative Betrachtungsweise der
logistischen Problemstellungen auf allen Stufen des Ferti-
gungsprozesses zu erzielen - also auch unter Einbeziehung
der externen Zulieferungen. Kern aller Überlegungen ist
die bedarfssynchrone Steuerung des Materialflusses. Die
Optimierung darf sich dabei nicht nur auf die Verbesserung
des Abrufverfahrens und auf die Verbesserung der Flexibilität jedes einzelnen Gliedes der logistischen Kette
beschränken. Die logistische Optimierung ergibt sich
vielmehr als Konsequenz einer grundlegenden organisatorischen und steuerungstechnischen Synchronisation im
gesamten Beschaffungs- und Fertigungsverbund.

Entwicklung des Informationssystems FEBES

Im Rahmen unseres Logistik-Konzeptes, das die Material-,
Güter- und Informationsströme - soweit sie im Einfluß-
bereich des Unternehmens liegen - zu optimieren sucht,
bildet FEBES den informationstechnischen Stützpfeiler.

Die **Ziele**, die wir mit FEBES erreichen wollen, sind:
*** Verbesserung der Lieferbereitschaft
*** Verbesserung der Datenstruktur und der Basisdaten-
    bereitstellung
*** Bildung realisierbarer Aufträge für Fertigung und
    Beschaffung

*** Schnelle Verteilung der Materialflußinformationen
für Disposition und Steuerung
*** Schnellere Reaktionsmöglichkeiten und realisierbare
Produktionsprogramme
*** Senkung der Kapitalbindung

Eingehende Untersuchungen haben gezeigt, daß folgende
Maßnahmen der Schlüssel zur Erreichung dieser Ziele sind:

*** Verkürzung der Auftragsdurchlaufzeiten
*** Verbesserung der Erzeugnisbeschreibung in einer
zentralen Datenbank mit Online-Verbindungen
*** Stufenweise tägliche Bedarfserrechnung und Auftrags-
planung unter Berücksichtigung der aktuellen Be-
dingungen.
*** Datenerfassung vor Ort und schnelle Datenübertragung
(Online)
*** Transparenz der Verfügbarkeit über Kapazitäten und
Teile sowie des Materialflusses
*** Aktuelle Bestandsinformationen, Online-Dispositions-
steuerung und Vorhersagegenauigkeit

Selbstverständlich ließen sich Optimierungen und Kosten-
einsparungen auch durch andere Maßnahmen erreichen, z.B.
durch Einschränkungen bei der Fahrzeug- und Ausstattungs-
kombinatorik, bei der Produktionsflexibilität sowie durch
Beeinflussung des Personalstandes. Insbesondere in den
USA und Japan reagiert man täglich mit dem Personal auf
das vorgesehene Produktionsprogramm. In unserem sozialen
Umfeld sind wir dagegen gezwungen, mit dem Produktionsprogramm auf die tägliche Personalsituation zu reagieren.

Diese Reaktionen beeinträchtigen neben der Variantenvielfalt und Kapazitätsrestriktionen erheblich die Pro-
grammtreue und sind daher nur mit sehr hoher Lagerhaltung
und/oder kurzzeitig reagierenden Systemen aufzufangen.

Da außerdem der gewünschten Marktflexibilität Rechnung
getragen werden soll, blieb für uns eine komplexe Systementwicklung wie FEBES die mehr Erfolg versprechende Lösung.

Um sie durchführen zu können, wurde es erforderlich,
alle beteiligten Funktionen neu zu ordnen und neu durchzu-
organisieren (Abbildung 1). Es wurde notwendig, überschau-
bare organisatorische Einheiten zu schaffen, die im Rahmen
der geplanten Fahrzeugproduktion in vereinbarten und
zugelassenen Bandbreiten möglichst in eigener Verantwortung ihren Beitrag zum Gesamtsystem leisten.

Die Gesamtoptimierung des logistischen Systems führt
zur Betrachtung des Unternehmens als organisatorische
Einheit vieler Module, in der die Logistik als verbindendes
und ausgleichendes Element wirkt.

Sie muß ständig die Entscheidungs- und Funktionsbereiche
des Unternehmens in ihren Wechselbeziehungen überprüfen
und bei permanent sich verändernden Daten in ihren Anpassungen optimieren. Damit wird die Logistik zur funktionalen Unternehmenssteuerung.

Geht man davon aus, daß aus wenigen Grundelementen viele
variantenreiche Erzeugnisse herstellbar sind, dann sollte
- trotz langfristiger Festlegung der Beschaffung und
Herstellung dieser Grundelemente - die Verwendung in
den Enderzeugnissen flexibel gestaltet und möglichst
noch kurzfristig änderbar sein.

Das setzt voraus, daß die vorgelagerten Systeme des Vertriebs, der Forschung und Entwicklung und des Einkaufs
entsprechend qualitativ verfügbar sind.

Aus den gemeinsamen logistischen Zielen von Einkauf und
Logistik und Produktion ergibt sich das gemeinsame Planen
eines realisierbaren verbindlichen Produktionsprogramms.

Dabei müssen die Ziele einer flexiblen Lieferbereitschaft
des Vertriebs den tatsächlichen Möglichkeiten der Beschaffung (Einkauf und Logistik) und Herstellung (Produktion) gegenübergestellt werden. Der Anspruch an die
verbindliche Aussage der Verfügbarkeit setzt Kenntnisse
über verfügbare Teile und Kapazitäten voraus, die so
aktuell sein müssen, daß sie verläßliche Entscheidungshilfen für die kurzfristige Festlegung des Produktions-
programmes der Montage sind.

Diesen Genauigkeitsgrad wollen wir durch tägliche online-
Verarbeitung und unterlagerte Produktions- und Materialfluß-
Informationssysteme erbringen.

Das Entwickeln derart komplexer Problemlösungen ist ohne
moderne Informatik-Technologie undenkbar. In konsequenter
Weiterführung der EDV-Unterstützungen wie CAD und CAM
ist eine rechnerunterstützte Logistik unter Verwendung
der bereits vorhandenen Daten fast zwangsläufig.

Das komplexe Netz der Logistik mit ihrer Vielfalt der
Funktionen, Problemlösungen und Verknüpfungen verboten
von vornherein das Entwickeln eines allesübergreifenden
Systems. Um anwendernah zu bleiben, wählten wir ein modulares
Design der Systeme mit weitgehend selbständig arbeitenden
Modulen und kürzesten Zugriffzeiten.
FEBES besteht aus ca. 50 modular aufgebauten EDV-Einzel-
systemen der bisher üblichen Größen mit vielfältigen
Verbindungen, Auswertungs- und Optimierungsprogrammen.

Die Rechner-Integration stellt damit den Kern des logistischen
Systems der Volkswagen AG dar.

Das bedeutete für Volkswagen, daß eine hierarchische
Strukturierung der Informationsverarbeitung entsprechend
der Unternehmensstruktur auf Konzern-, Werks- und Steuerungs-
ebene installiert werden mußte (Abbildung 2).

Die verschiedenen Rechnerebenen entsprechen im FEBES-
Konzept den zuordnungsfähigen Planungsstufen. Die Abläufe der unteren Stufen sind entsprechend der Anzahl
der Werke oder Kontrollbereiche mehrfach identisch eingesetzt.

Dabei stehen die drei Rechnerebenen zwar in einem starken
Informationsverbund, dennoch kann bei Ausfall einer Rechner-
Hierarchiestufe eine Mindestdatenverfügbarkeit gesichert
werden. Die Verteilung der Belastung erfolgt durch ereignis-
orientierte Datenweitergabe und online-Ergebnistransfers.
Das Gesamtdatenvolumen und Spitzenbelastungen können
dadurch beherrschbar verteilt werden. Die Abbildung der
Werksebenen erfolgt z. Zt. auf physisch identischen
Rechnern. Die Bildschirme und Drucker der Systembenutzer
können mit jeder Rechnerebene verbunden werden.

In der Konzernzentrale (Abbildung 3) wird das zentrale
Vertriebsprogramm und daraus das Produktionsprogramm
für die fahrzeugbauenden Werke entwickelt.
Die Vertriebssysteme unterstützen dieses Bemühen durch
Abgleiche der Prognosen mit den realen Auftragseingängen.
Schätzungen erfolgen nur für die Planperioden, für die
reale Kundenaufträge nicht verfügbar gemacht werden können.
Die Verfügbarkeit der Ressourcen wird bereits auf Basis
der Vorschauen gesichert. Damit haben Aufträge, die den
Planungen entsprechen, Priorität gegenüber ungeplanten
Bestellungen, die - wenn möglich - in spätere Planperioden
eingestellt werden. Die notwendige Flexibilität ist plan-
bar und ihre Kosten sind abschätzbar. Das erlaubt optimale
Investitionen in den Bandbreiten der Vertriebs-Kommitments.
Dennoch sind - falls erforderlich, systemunterstützte
schnelle Reaktionen auf unvorhersehbare Marktgeschehen
möglich.
Unter Berücksichtigung der aus den Produktionswerken
gemeldeten Bedingungen, Kapazitätsrestriktionen, Wünsche,
Losgrößen, Baubarkeiten etc. werden von FEBES realisierbare Fahrzeug-Produktionsprogramme erstellt.

Gleichzeitig ergeben sich aus den Fahrzeug-Produktions-
programmen mit Hilfe der Regeln der Aggregatewerke, die
als Rechenparameter gespeichert sind, automatisch angepaßte
und optimierte Aggregate-Produktionsprogramme.

Das Stücklisteninformationssystem wird in der Logistik-
Zentrale in den Teileverwendungsnachweis umgesetzt und
nach Fertigungsaspekten mit den korrespondierenden Mengen-
informationen aufbereitet. Die Informationen stehen online
den Werklogistiken zur Rückkoppelung mit der Praxis und
zur eventuellen Korrektur zur Verfügung.

Auf der zweiten Stufe - der Werksebene (Abbildung 4) -
wirken die Tages-Montageprogramme.
Realisierbare Tagesprogramme sind stark abhängig vom
Anwesenheitsstand der Mitarbeiter, d.h. der verfügbaren
Personalkapazität und den Kapazitäten der Maschinen und
Einrichtungen.

Das bedeutet, daß die Aggregate-Programme anders aussehen
können als das Fahrzeug-Produktionsprogramm. Die Programme
der zweiten Planungsstufe (z. B. Motoren) müssen immer
die Mengen und Termine der ersten Planungsstufe erfüllen.
So dürfen die Werke kumulativ in eigener Verantwortung
zum Auslasten von Kapazitäten usw. nur vorgreifen, ohne
dabei die Konzernerfordernisse zu verletzen.

Die online-Verfügbarkeit der Materialfluß-Informationen
aus den Kontrollbereichen über Eingänge, Abgänge und
Bestände zeigt transparent eventuelle Fehlentwicklungen
bei den Beständen der Dispositionen. Es wird möglich,
Überbestände zu erkennen und zu beseitigen, die Losgrößen
bei variablen Faktoren zu optimieren und die Sicherheits-
bestände stufenweise in dem Maße zu reduzieren, wie es
uns gelingt, die Risiken auszuschalten oder die zu über-
brückende Zeit zu kürzen. Dies zu erreichen, ist ein
Hauptziel von FEBES.

Bei online-Verknüpfung aller am Produktionsprozeß
Beteiligten werden unter ständiger Beobachtung durch
die Dispositionen auch den Lieferern entsprechende Informationen zugestellt. Bei den wesentlichsten Lieferern
erfolgen die Abrufe über Fernverarbeitungsanschlüsse.
Hierdurch erreichen wir kürzeste Informationszeiten und
eine Systemverknüpfung aller Beteiligten, die zentrale
wie dezentrale Einflüsse gewichtet zuläßt.

Da Online-Systeme (Abbildung 5) auf jede Veränderung
reagieren, ist es notwendig, die Reaktionen in praktischen
Grenzen zu halten. Die obere Toleranzfeldgrenze limitiert
die mögliche Bestandshöhe. Die untere Begrenzung ergibt
sich durch die geforderte Bedarfsdeckung. Zur Dämpfung
des Reaktionsverhaltens kann der Anwender das Toleranzfeld - zeitlich gesehen - treppenförmig nach hinten öffnen.
So werden neue Liefereinteilungen (LE) nur erstellt,
wenn die Änderungen das Toleranzfeld der Planbestandskurve
verlassen.

Das System bietet ständige Auskunftsbereitschaft zu relevanten Bezugspunkten der Beschaffungsdisposition wie
Durchsatz des Materials, Bestandsentwicklung und Abrufer-
füllung. Damit ergibt sich eine lückenlose Transparenz
des Materialflusses der hierarchisch unterlagerten Steuerungs-
ebene.

Die operative Ebene (Abbildung 6) ist der Sockel des
logistischen Systems. Die Verbindung des Materialflusses
zur FEBES-Steuerungsebene liegt im Steuerleitstand eines
jeden Kontrollbereiches (= Fertigungsstufe). An die
Steuerung des Kontrollbereiches werden Aufträge und Be-
standsmeldungen gegeben. Von der Fertigung kommen die
Restriktionen des Betriebes, die als Parameter in der
Auftragsermittlung aktualisierend wirken.

Das Informations-Verarbeitungssystem der Steuerungs-
ebene stellt durch die Weitergabe von Auftragsmengen
und -terminen die Verbindung zwischen der FEBES-Bedarfs-
und Auftragsplanung und den auftragsausführenden Funktions-
stellen der Fertigung her. Es erzeugt aus den Beauftragungs-
informationen der FEBES-Auftragsplanung Materialsteuerungs-
informationen. Diese werden über die Steuerleitstände
in den Kontrollbereichen weiterverarbeitet. Auf der dritten
Ebene wird mit anderen Worten der Rahmen für das wirkliche
Geschehen festgelegt, wobei der reale Materialfluß vor
Ort dann allerdings nur noch vom wirklichen Verbrauch
abhängig ist. Damit kommen wir vom planmäßigen Anlieferungs-
system zum Abrufsystem.

Gleichzeitig erfolgt auf der Entstehungsebene der Daten
das Erfassen der notwendigen Betriebsdaten des Materialflusses als Rückkoppelung von Planung und Realität. Das
gilt auch für den Bereich "Material unterwegs" (M.A.T.
= Material auf Transport).

Die Struktur des Materialflusses von den Quellen bis
zum fertigen Produkt muß demnach lückenlos sein.
Zu diesem Zweck wurde der Materialfluß der gesamten Betriebsorganisation vom Lieferanten-Verkehr über den externen
Verkehr, die Fertigung, dem Zwischenwerkverkehr bis hin
zum fertigen Produkt in Kontrollbereiche (Abbildung 7)
strukturiert.

Die Anzahl und die logistischen Abhängigkeiten dieser
Kontrollbereiche untereinander sind das Abbild der in
FEBES zu steuernden Betriebsorganisation und stellen
damit die Dispositionsstufen der Fertigungs-Stückliste,
ergänzt um die Fertigungsstufen des Fertigungsplanes,
dar. Jede Grenze eines Kontrollbereiches offenbart sozusagen
einen "Bruch" in der Technologie, d.h. aufeinanderfolgende
Fertigungsstufen sind nicht synchron und erfordern die
Steuerungseinheit "Lager".

Dies ist z.B. beim Übergang von der Fließfertigung zur
Stoßfertigung und/oder bei unterschiedlichen Fertigungs-
geschwindigkeiten der Fall.

Basis für eine verbindliche Auftragsrechnung und eine
verläßliche Verfügbarkeitskontrolle ist die exakte Verfolgung des Materialflusses durch Erfassung gefertigter
Aufträge und Erfassung von Beständen in Lägern.

Die Kontrollbereichsstruktur legt fest, an welchen Stellen
des Materialflusses Aufträge erforderlich werden und
demzufolge auch erfaßt werden müssen. Der vom Beschaffungs-
markt zum Absatzmarkt führende Materialfluß erfordert
an festgelegten Punkten ein Handling (z. B. Vereinnahmen,
Prüfen, Kontrollieren, Einlagern, Auslagern). Die Entscheidung, wie das Material an den Materialhandlings-
Punkten zu behandeln ist, ist in FEBES den unterlagerten
Steuerungen der Kontrollbereiche übertragen.

FEBES nutzt die gegenüber dem physischen Materialfluß
schnelleren Möglichkeiten der elektronischen Informationsverarbeitung, um über geeignete Datenerfassungs-Verfahren
und über ein entsprechendes System-Design durch mangelnde
Information verursachte Materialaufenthalte an den Handlings-
punkten zu vermeiden.
Beim Eintreffen des Materials an einem Handlingspunkt
ist die Information über dieses Material bereits vorhanden.

In dem dynamischen Systemverbund der Logistik kommt es
entscheidend darauf an, wie es den Logistikern gelingt,
Planungen und Realisierungen in möglichst engen Bandbreiten zu halten. Je mehr es gelingt, in den übergeordne-
ten Planungssystemen nicht geplante Schwankungen zu vermeiden, um so geringer werden die daraus resultierenden
Logistik-Kosten. Durch Erweitern oder Einengen der zu-
lässigen Schwankungen lassen sich die Logistik-Kosten
der Liefer-Flexibilität minimieren.

Die Flexibilität des Unternehmens kann - soweit notwendig -
aufrechterhalten oder - soweit schädlich - vermieden
werden.
Nutzen und Kosten der Flexibilität lassen sich optimieren.

So können wir mit Hilfe der Informatik Kosten reduzieren,
ohne die Probleme und Risiken auf die Lieferer abzuwälzen.
Ein erster Schritt zum Einbeziehen der Lieferer in die
Problemlösungen ist das Beschleunigen der Übertragung
von Abrufdaten zum Lieferanten mit Hilfe der Datenfernübertragung.

Gerade im Hinblick auf die Verbesserung der in beide
Richtungen fließenden Logistikdaten stellt sich jedoch
die Frage, in welchem Ausmaß die Zulieferindustrie in
den logistischen Systemverbund einbezogen werden soll
oder kann. Die Problematik liegt vor allem in den unterschiedlichen Systemforderungen, die sich ohne übergeordnete
Abstimmung aus dem Aufbau der unternehmensspezifischen
Logistik-Konzepte ergeben würden.

Automobilhersteller und Zulieferbetriebe stellen sich
daher gemeinsam den Herausforderungen der Informatik.
Um die Einführung der elektronischen Übertragung und
Verarbeitung von Daten zu erleichtern und zu beschleunigen,
werden im Verband der Deutschen Automobilindustrie bereits
seit Mitte der 70er Jahre Richtlinien für standardisierte
System-Schnittstellen zwischen den Automobilherstellern
und der Zulieferindustrie abgestimmt.

Auch auf europäischer Ebene laufen die Bemühungen um
eine Vereinheitlichung der Kommunikationsstrukturen in
der Automobilindustrie unter der Projektbezeichnung ODETTE
auf vollen Touren.

Stand des Informationssystems FEBES

Lassen Sie mich zum Schluß meiner Ausführungen einige
grundsätzliche Anmerkungen zum Stand des Informationssystems FEBES machen.

Wir waren uns von vornherein darüber im klaren, daß die
Einführung derartiger umfassender Systeme viele Jahre
dauern würde. Von uns untersuchte Beispiele zeigen, daß
man mit 10-12 Jahren rechnen muß.

Aus heutiger Sicht planen wir, daß bis Ende 1989 die
wesentlichen neuen Systeme, deren Einführung seit 1983
in mehreren Stufen erfolgt, im Einsatz sind.

Die FEBES-Software ist bereits weitgehend fertiggestellt,
wobei darauf hinzuweisen ist, daß keine Standard-Software
eingesetzt werden konnte. Verbleibende Restumfänge sollen
bis auf einige Folgeprojekte, die sich während der Projekt-
laufzeit als neue Erfordernisse ergeben haben, bis Ende
1989 geleistet sein.

Auch bei der Hardware sind wesentliche Umfänge bereits
erbracht. Bei den Satelliten-Rechnern und Bildschirmen
sind knapp 60 % über alle Werke installiert, bei den
Druckern sind es ca. 50 %.

Alle Investitionen erfolgen dabei selbstverständlich
unter Abwägung von Kosten- und Nutzenpotentialen und
unter strenger Kostenkontrolle durch unser Controlling.

Wir sind uns bewußt, daß auch in Zukunft bei der Entwicklung dynamischer Systeme über die Entwicklungsphase hinaus
ständig an der Erneuerung des Systems gearbeitet werden
muß.

Eine laufende Anpassung einzelner Module an die Entwicklungen
der logistischen Verfahren und die rasante Weiterentwicklung
der Informations-Verarbeitung wird notwendig sein. Es
wird daher kein statisches System der Logistik geben.
Wie heute in den Einführungsphasen, werden Module unterschiedlicher Entwicklungsstände (Alt- und Neu-Systeme)
in Zukunft miteinander arbeiten müssen.

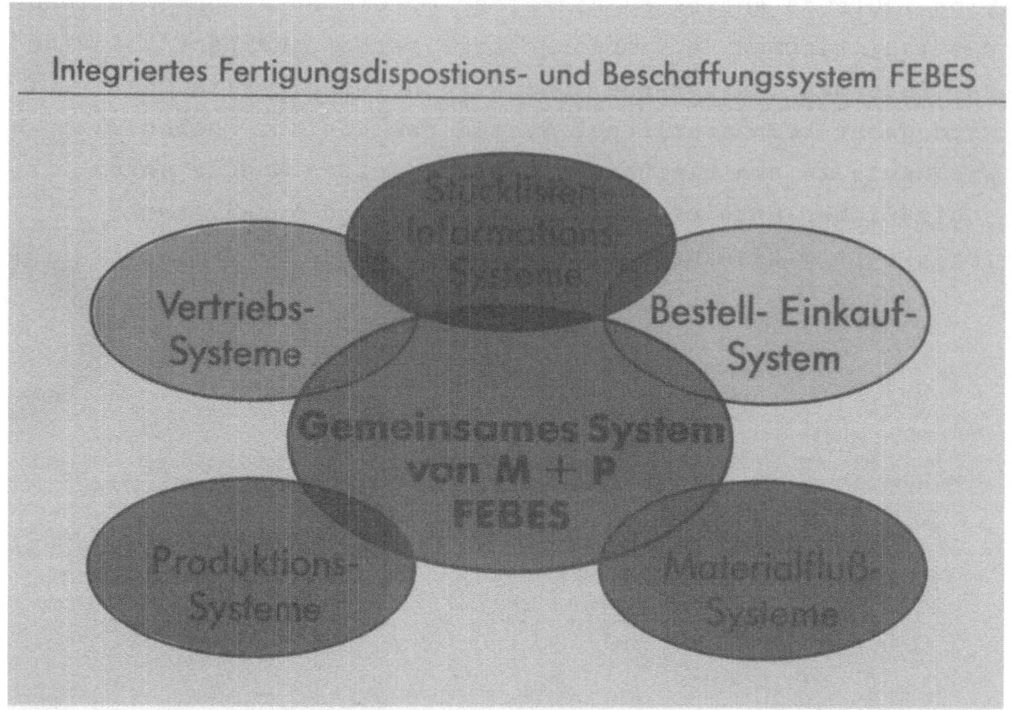
Integriertes Fertigungsdispostions- und Beschaffungssystem FEBES
Stücklisten-Informations-Systeme
Vertriebs-Systeme
Bestell- Einkauf-System
Gemeinsames System von M + P FEBES
Produktions-Systeme
Materialfluß-Systeme

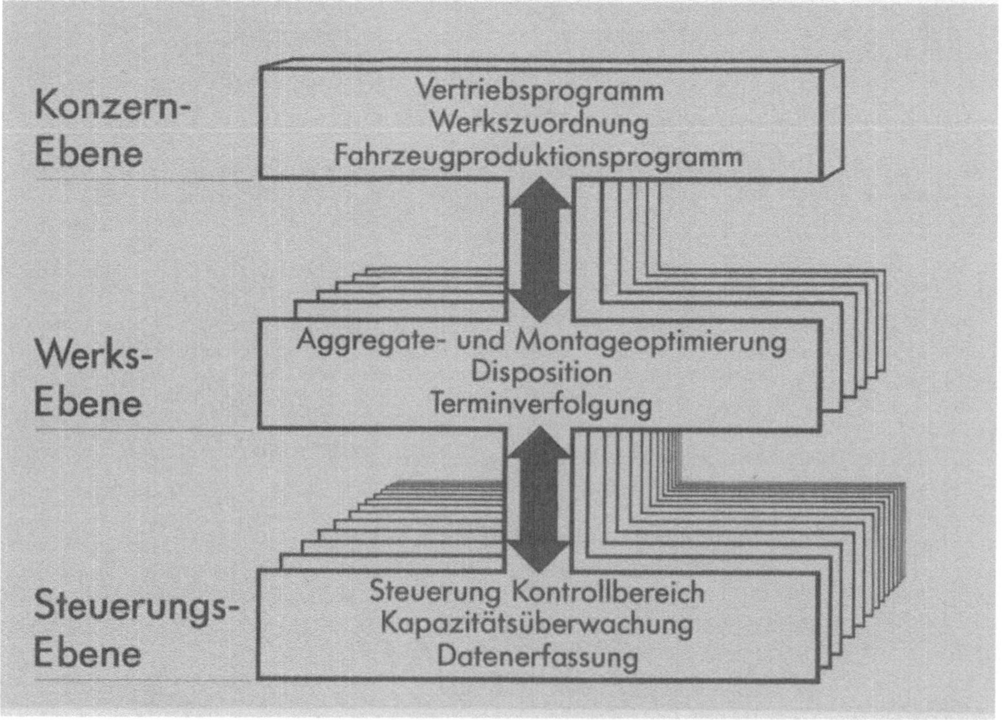
Konzern-Ebene
Vertriebsprogramm
Werkszuordnung
Fahrzeugproduktionsprogramm
Werks-Ebene
Aggregate- und Montageoptimierung
Disposition
Terminverfolgung
Steuerungs-Ebene
Steuerung Kontrollbereich
Kapazitätsüberwachung
Datenerfassung

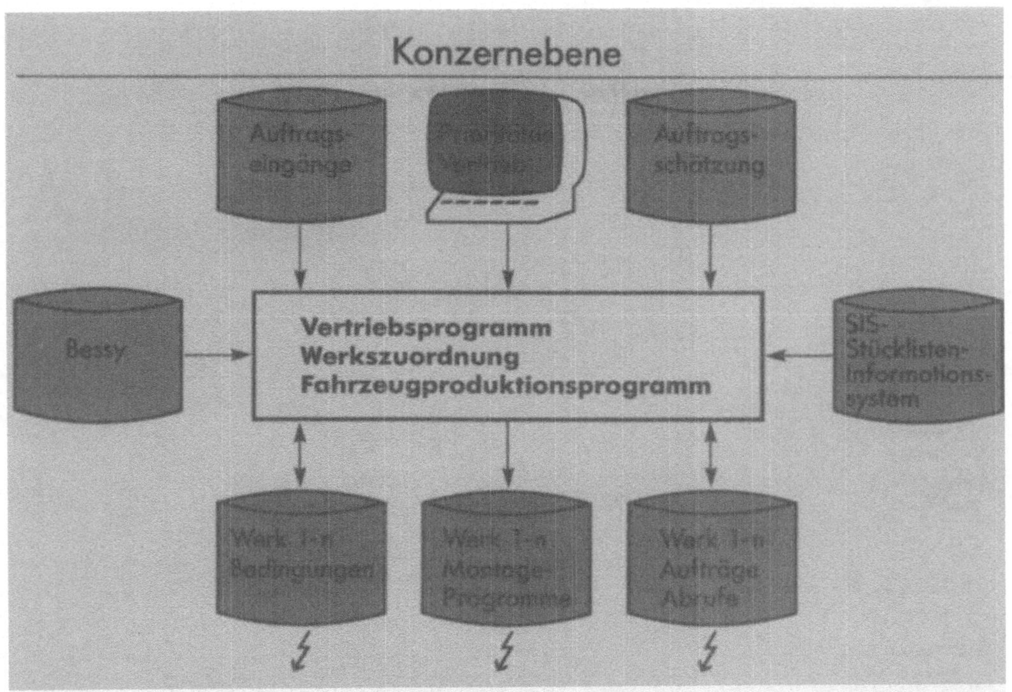

Konzernebene
Auftrags-eingänge
Auftrags-schätzung
Bessy
Vertriebsprogramm
Werkszuordnung
Fahrzeugproduktionsprogramm
SiS-Stücklisten-Informations-system
Werk 1-n Bedingungen
Werk 1-n Montage-Programme
Werk 1-n Aufträge Abrufe

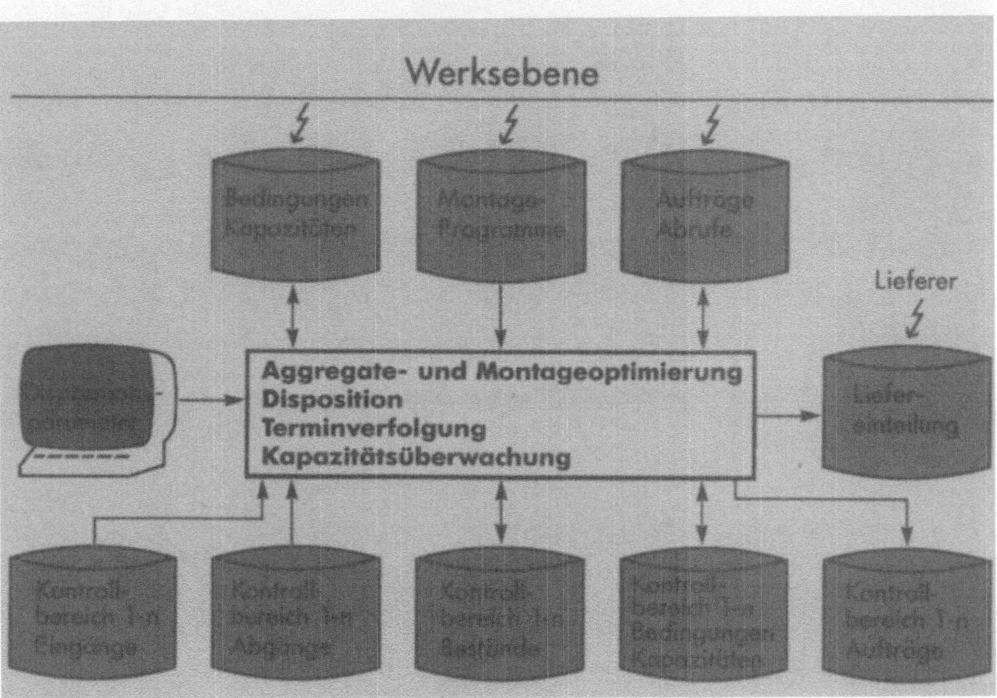

Werksebene
Bedingungen Kapazitäten
Montage-Programme
Aufträge Abrufe
Lieferer
Aggregate- und Montageoptimierung
Disposition
Terminverfolgung
Kapazitätsüberwachung
Liefer-einteilung
Kontroll-bereich 1-n Eingänge
Kontroll-bereich 1-n Abgänge
Kontroll-bereich 1-n Bestände
Kontroll-bereich 1-n Bedingungen Kapazitäten
Kontroll-bereich 1-n Aufträge

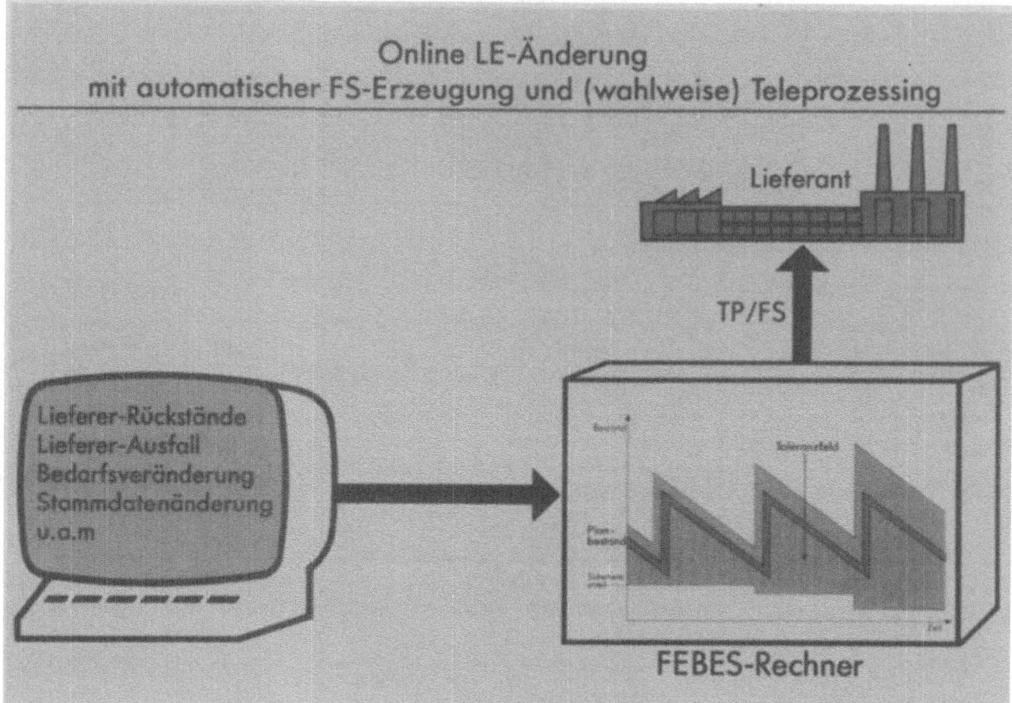
Online LE-Änderung
mit automatischer FS-Erzeugung und (wahlweise) Teleprozessing
Lieferant
TP/FS
Lieferer-Rückstände
Lieferer-Ausfall
Bedarfsveränderung
Stammdatenänderung
u.a.m
FEBES-Rechner

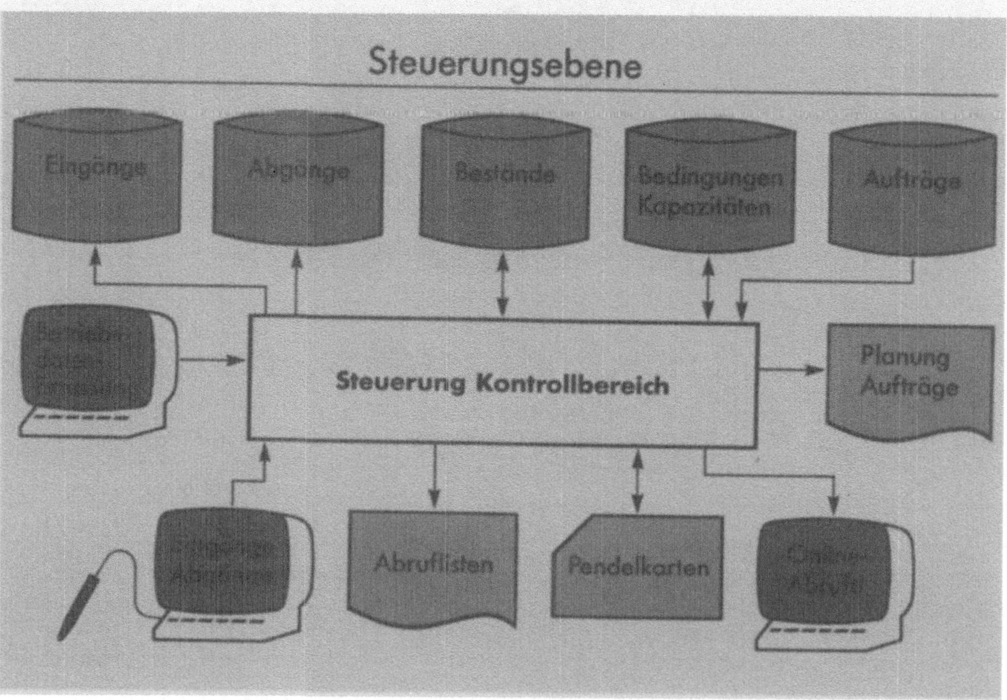
Steuerungsebene
Eingänge
Abgänge
Bestände
Bedingungen Kapazitäten
Aufträge
Steuerung Kontrollbereich
Planung Aufträge
Abruflisten
Pendelkarten

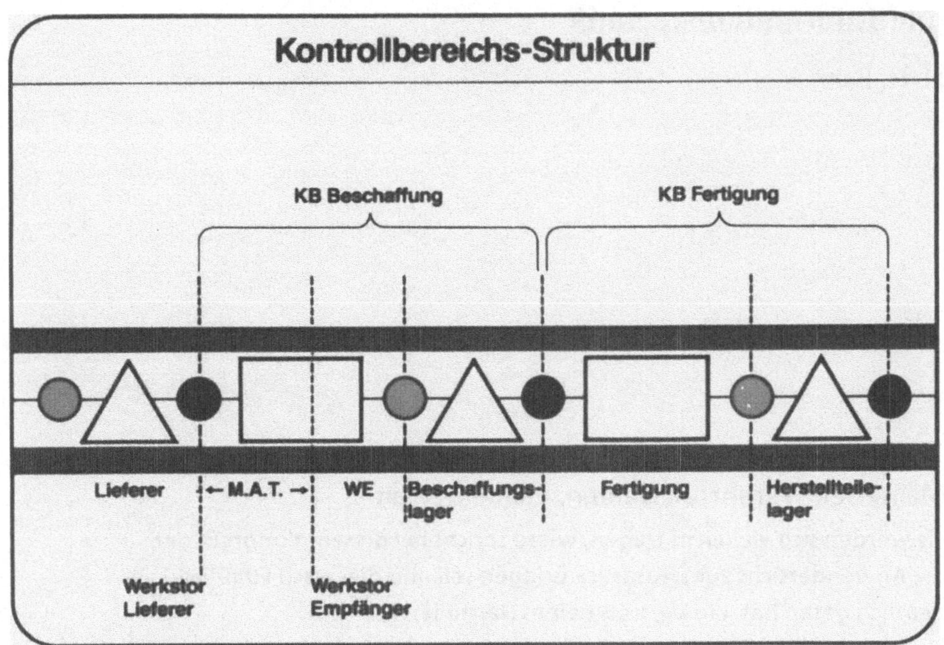

Kontrollbereichs-Struktur
KB Beschaffung
KB Fertigung
Lieferer
← M.A.T. →
WE
Beschaffungs-
lager
Fertigung
Herstellteile-
lager
Werkstor
Lieferer
Werkstor
Empfänger

Das Büro im Spannungsfeld von Organisation und Informationstechnik

H. H. Bahn

Meine sehr verehrten Damen, meine Herren,

Sie werden sich vielleicht fragen, wieso spricht bei diesem Kongreß, der
die Anwendersicht zum Ausdruck bringen soll und dies auch zum Teil
deutlich getan hat, ein Vertreter eines Herstellers?
Nun, auch Hersteller sind Anwender, große Hersteller sind große Anwender
und haben vergleichbare Themen und Probleme - wie Sie - in ihren jeweiligen Geschäften.
Und als Organisator bin ich Anwender in der organisatorischen und technischen Unterstützung unserer Geschäfte.

Nun zum Thema:

Das Büro im Spannungsfeld von Organisation und I + K - Technik

Dies sind die Punkte, auf die ich eingehen werde:

1. Wandel im Wettbewerb
2. Anforderungen an eine sichere und effiziente Geschäftsabwicklung
3. Gestaltung der organisatorischen Prozesse durch ein geschäftsorien-
   tiertes Informationsmanagement
4. Beitrag der modernen I + K-Technik (Bürokommunikation)

1. Wandel im Wettbewerb

Zunächst ein paar Worte zu den Einflüssen aus dem Wandel im Wettbewerb.

Unternehmerische Tätigkeit ist heute gekennzeichnet durch:

- **Globalisierung des Wettbewerbs, d.h.,**
  wir wickeln große Teile unseres Geschäftes über Ländergrenzen hinweg ab; dazu sind die internationalen Kooperationsbeziehungen zu beherrschen.
  Die Vielzahl der Mitbewerber auf den gleichen Geschäftsfeldern führt u.a. zu schnellem Wandel von Produkten, Technologien und Kostenstrukturen.

Daraus ergeben sich

- **kürzere Lebens- und Innovationszyklen der Produkte.**
  Dies erfordert intensives Marketing, hier vor allem intensive Marktbeobachtung mit Erkennen der Marktanforderungen.

  Gleichzeitig führt die Vielzahl der Mitbewerber zu einem
- **Wandel vom Verkäufer zum Käufermarkt.**

  Hieraus resultieren
  kundenindividuelle Problemlösungen im Hinblick auf die Produkte selbst, aber auch ein Eingehen auf die Kundenanforderungen hinsichtlich der Marktbedienung bis hin zum "after sales service".

- So entwickeln die Unternehmen - auch um ihre Identität zu zeigen - neue **Differenzierungs- und Diversifikationsstrategien.**

Allen diesen Ansprüchen hat die Organisation in soweit zu genügen, als sie die Erfüllung des jeweiligen Geschäftsauftrages mit entsprechenden Prozessen und Strukturen bei adäquatem Technikeinsatz unterstützt.

Ich wiederhole einige Vorredner, wenn ich feststelle, daß das Bestehen im Wettbewerb zunehmend die Fähigkeit im Umgang mit **Informationen** voraussetzt. Ihre Akquisition, ihr Besitz, ihre effiziente Verarbeitung und Verteilung entscheidet in Zukunft über Marktanteile.

So wirken Differenzierungs- und Diversifikationsstrategien auf:
- die Funktionalität der **Produkte**
  Der Trend geht häufig von einfachen Produkten zu komplexen System-
  lösungen. Die geforderte Variantenvielfalt wird durch Zusammenführen
  modularer Komponenten (z.B. CAD) unterstützt.

- Durch den Einsatz von CIM-Konzepten werden kürzere **Produktent-**
  wicklungszeiten, kürzere Durchlaufzeiten und geringerer Bearbei-
  tungsaufwand erreicht, dadurch wird auch die Produktdiversifikation
  auf der Basis modularer Komponenten unterstützt.

- Bei der **Qualität** ist nicht **die** um jeden Preis gefordert, sondern eine
  funktionsentsprechende und vom Markt honorierte Qualität.

- **Marktbedienung** heißt Anpassen an die vom Markt geforderten
  Leistungsmerkmale; also z.B. "Just in time", dort, wo entsprechende
  Lieferbedingungen vorherrschen; und

- **Marktpartnerbeziehung** (Kunde, Lieferant, Behörden, z.B. Zoll) heißt,
  wir benötigen den Aufbau zweckmäßiger Kommunikationsverbin-
  dungen für den elektronischen Geschäftsverkehr mit Kunden und / oder
  Lieferanten bis hin zum Einbeziehen der Partner in den Informationsfluß
  unserer Logistikketten.

Das Beherrschen dieser und weiterer künftiger Anforderungen erfordert ein
Informationsmanagement mit den Schwerpunkten:
- Menschengerechte Gestaltung künftiger Arbeitssysteme, und
- Planung, Entwicklung, Organisation und Einsatz von Technik zur
  Verbesserung von
    - Produktivität,
    - Produkten und
    - Marktbedienung

Es kann nicht Ziel der Organisatoren sein, die Unternehmung mit Technik zu
durchdringen, sondern Mensch, Technik und Organisation sind zu effizienten Arbeitssystemen zu verknüpfen.

2. Anforderungen an eine sichere und effiziente Geschäftsabwicklung

Welche Anforderungen werden an eine sichere und effiziente Geschäftsabwicklung gestellt?
Aus dem Gesagten ergeben sich für Unternehmen mit breiter Produktpalette und international operierenden Geschäftseinheiten besondere Anforderungen.

SIEMENS

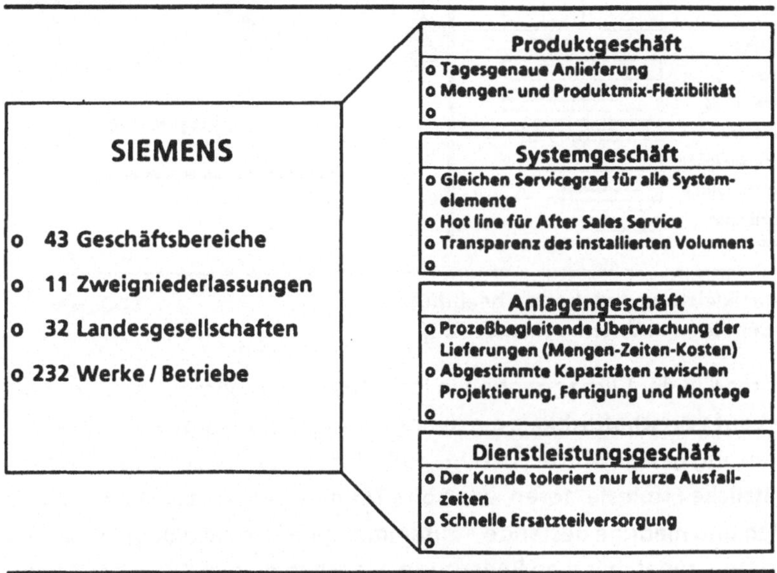

Die Anforderungen aus den Geschäften bestimmen den Informations- und Warenfluß   ZBO 06/88

Wir betreiben unser Geschäft in 43 Geschäftsbereichen, das sind sozusagen die "Weltunternehmer"; wir haben 11 Niederlassungen in Deutschland zuzüglich ihrer flächendeckenden Technischen Büros und Stützpunkte, dazu 32 Landesgesellschaften - mit Stützpunkten, Vertretungen in ca. 130 Ländern - und weltweit über 200 Werke und Betriebe. Alle diese Stellen müssen in den jeweiligen Geschäften organisiert zusammenarbeiten. Dazu kommt, daß wir im Produkt-, System-, Anlagen- und Dienstleistungsgeschäft tätig sind, wo jeweils zusätzlich spezifische Anforderungen gestellt werden.

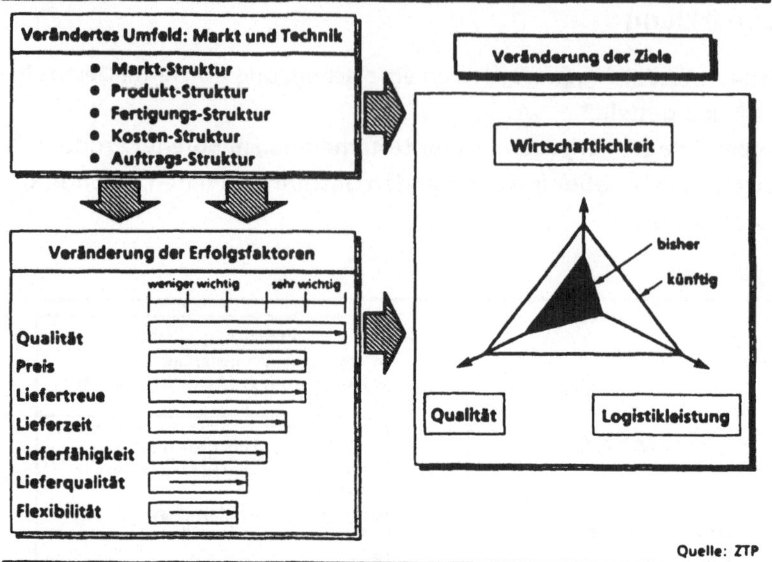

Logistikleistung und -kosten beeinflussen wesentlich den Unternehmenserfolg   **ZBO** 06/88

Während in der Vergangenheit in Industrie-Unternehmen vorwiegend Wert auf Wirtschaftlichkeit durch hohe und gleichmäßige Ressourcenauslastung gelegt wurde (s. rechts außen, dunkles Dreieck), gewinnen zusätzliche Erfolgsfaktoren, wie hohe Termintreue, kürzere Durchlaufzeiten und niedrige Bestände - zusammengefaßt in dem Begriff Logistikleistung - zunehmend an Bedeutung. Sie sehen dies im Bild einmal links unten an dem stärkeren Wachsen der logistischen Faktoren und rechts unten an dem großen Dreieck - Logistikleistung - .
Unternehmen, die erfolgreich sein wollen, müssen ihre Organisation so gestalten, daß diese Leistung wirtschaftlich erbracht wird.

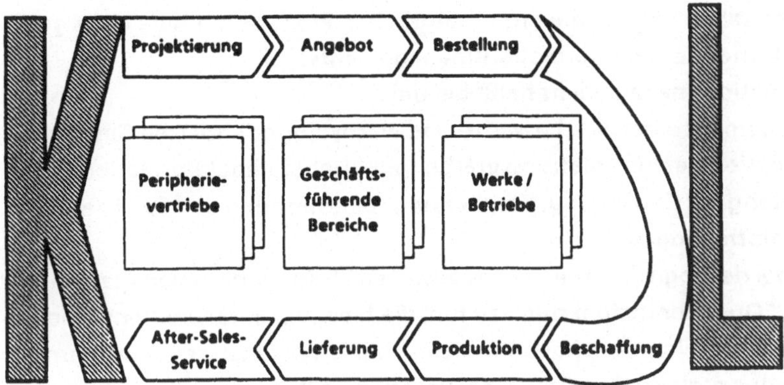

Integration aller am Geschäftsprozeß Beteiligten im Informations- und Warenfluß

Logistikkette   **ZBO** 06/88

Das Erreichen einer marktorientierten Logistikleistung bei angemessenen
Logistikkosten sehen wir vor allem in der Integration, d.h. in der Verkettung
aller am Geschäftsprozeß beteiligten Bereiche, Abteilungen und Funktionen
im Informations- und Warenfluß.

Das geht - vorwiegend im System- und Anlagengeschäft -
aus vom Kunden (Anfrage, Angebot),
-   über die Peripherievertriebe,
-   die geschäftsführenden Bereiche, also dem jeweiligen "Welt-
    unternehmer", über
-   die Werke und Betriebe, unter entsprechender Einbindung der
    Lieferanten
bis hin zum Kunden.

Dabei sind alle Phasen des Geschäftes einzubeziehen, d.h. Planung,
Projektierung, Angebotserstellung, Produktion bis hin zur Lieferung
und den "after-sales-Aktivitäten".

Das Bild zeigt diese Kette in vereinfachter Form; überdies sieht die Kette für
jedes Geschäft anders aus.

Devise ist: Den Kunden interessiert nicht unsere Strukturorganisation,
sondern eine marktgerechte Logistikleistung.

Diese Logistikleistung zeigt sich am Waren- und Werte-Fluß, ein entsprechendes Informationsmanagement schafft die Voraussetzung, diesen Fluß
zu steuern, zu regeln und zu kontrollieren.

3. Gestaltung der organisatorischen Prozesse durch ein geschäftsorientiertes Informationsmanagement

Wie gestalten wir nun die organisatorischen Prozesse mit Hilfe eines geschäftsorientierten Informationsmanagements?
Informationsmanagement heißt bei uns:
Management einer wettbewerbs- und wachstumsorientierten Gesamtkonzeption der Informationsverarbeitung. Dabei steht Informationsverarbeitung für Gewinnung, Bearbeitung, Übermittlung und Speicherung von Informationen.

Wie bei der Logistik haben wir es auch beim Informationsmanagement mit einer "Querschnittsfunktion" zu tun, die hier aber eine funktions- und bereichsübergreifende Infrastruktur zum Inhalt hat. Letzteres ist insofern von Bedeutung, als die Ergebnisse der Prozesse - z.B. der Logistik- zu einem hohen Anteil in kooperativen Arbeitsformen erbracht werden. Dies gilt übrigens für die Arbeitserledigung im Büro schlechthin; also in Entwicklung, Vertrieb, Arbeitsvorbereitung und Administration generell.

Als Leitgedanke steht über unserer Organisationsarbeit - in Erweiterung des schon klassischen Harvard-Satzes "structure follows strategy" -

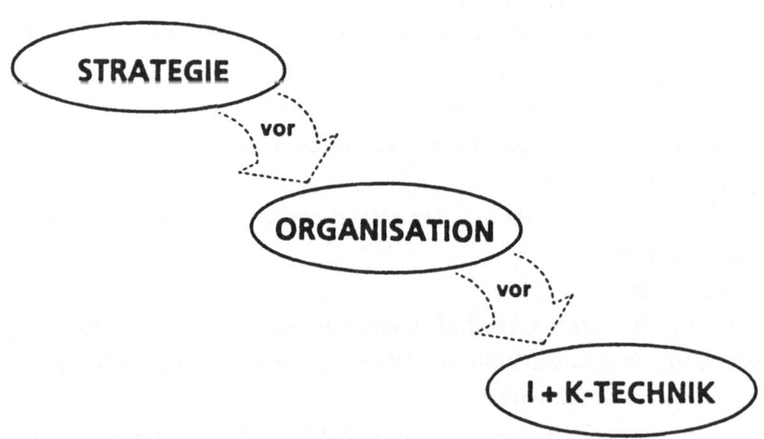

Leitgedanke unserer Organisationsarbeit   ZBO 06/88

"Strategie vor Organisation und Organisation vor I + K-Technik"; d.h., Prozeß- und Strukturorganisation haben sich der entsprechenden Geschäftsstrategie unterzuordnen.

So wie die Geschäfte i.d.R. eine eigene Strategie verlangen, so ist auch
deren Umsetzung in Organisationskonzepte sehr spezifisch.
Lassen Sie mich dies an einem Prinzipbild zeigen.

SIEMENS

Unternehmensentwicklung als organisatorische Aufgabe   ZBO 06/88

Die Geschäftsstrategie (s. links oben) legt fest, welche Erfolgsfaktoren für
das jeweilige Geschäft entscheidend sind.
Die Umsetzung in Organisationskonzepte (s. unten links) wird davon bestimmt, wie die Erfolgsfaktoren besser erfüllt werden können als bisher
bzw. besser als dies der Mitbewerber nach unserer Meinung kann.

In der Ausrichtung hat dabei das Gestalten der Prozeßorganisation (s. rechts
unten) die höchste Priorität. Dem folgt eine entsprechende Anpassung der
Struktur. Erst auf dieser Basis kann eine bedarfsorientierte I + K-Technikun-
terstützung angeboten werden.
Ich hatte eingangs erwähnt, daß auf diese Weise neue Arbeitssysteme
entstehen, die ihrerseits umfangreiche Qualifikationsprogramme für die
Mitarbeiter erfordern. Unsere Erfahrungen haben gezeigt, daß die Einbeziehung der Mitarbeiter bei der Gestaltung, wie aber auch ihre Qualifikation für neue Arbeitsinhalte der Schlüssel zum Erfolg sind.

Wenn es uns also gelingt, die Arbeitssystematik im genannten Sinne zu gestalten, dann werden Potentiale freigesetzt, die im Markt wirken (s. rechts
oben).

Natürlich lassen sich Veränderungen der relativen Wettbewerbsstellung und Ergebnisverbesserungen nur begrenzt auf Einzelmaßnahmen zurückführen. Es muß aber unser Bestreben sein, die Wirkung organisatorischer Maßnahmen wenigstens soweit zu beurteilen, daß sie bei der Strategiewahl gezielt Berücksichtigung finden können. Daran arbeiten wir. Für diesen Regelkreis sehen wir Organisatoren unsere Aufgabe vorwiegend im Aufbau des notwendigen Organisations-Know-how's und im Methodenbereich (s. Kasten in der Mitte), da sowohl für die Strategiewahl als auch für die daraus abzuleitenden Organisationskonzepte die geschäftsführenden Einheiten selbst verantwortlich sind und es auch sein müssen.

SIEMENS

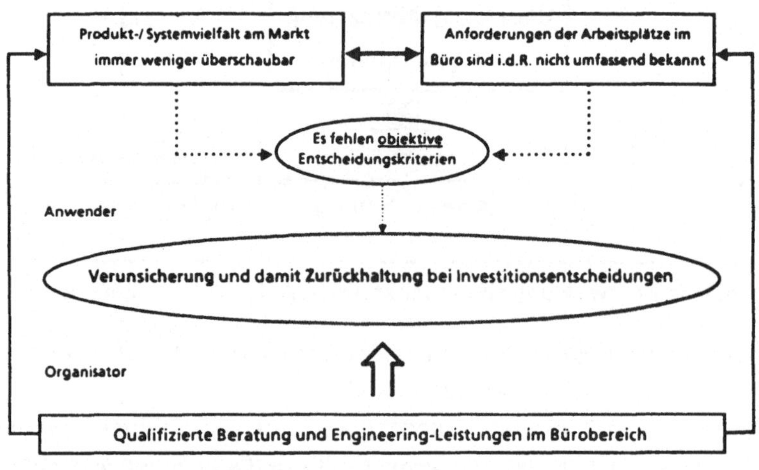

Organisationsberatung gewinnt an Bedeutung   ZBO 06/88

Daraus resultiert, daß die Organisationsberatung für die geschäftsführenden Einheiten von Bedeutung ist, weil zum einen die Anforderungen der Arbeitsplätze im Büro im Vergleich zum Produktionsbereich weit weniger bekannt sind (s. rechts oben) und auf der anderen (linken) Seite die Produkt- und Systemvielfalt für eine mögliche Technikunterstützung kaum noch überschaubar ist. Überdies muß das vorhandene Ausstattungsniveau berücksichtigt werden (Investitionsschutz / Verträglichkeit). Es fehlen daher objektive Entscheidungskriterien für die konzeptionelle Gestaltung und für in diesem Zusammenhang anstehende Investitionsentscheidungen. Dadurch gewinnen qualifizierte Beratung und Organisations-Engineering an Bedeutung.

Zur Professionalisierung dieser Beratung unserer Anwender haben wir in den letzten Jahren ein entsprechendes Analyse- und Planungsinstrumentarium erarbeitet, welches in ein geschlossenes Vorgehenskonzept eingebunden ist. Dieses Methodenpaket ist neben anderen unter der Bezeichnung MOSAIK Bestandteil des vertrieblichen Beratungskonzeptes OECOS®

Was wollen wir mit MOSAIK erreichen?

SIEMENS

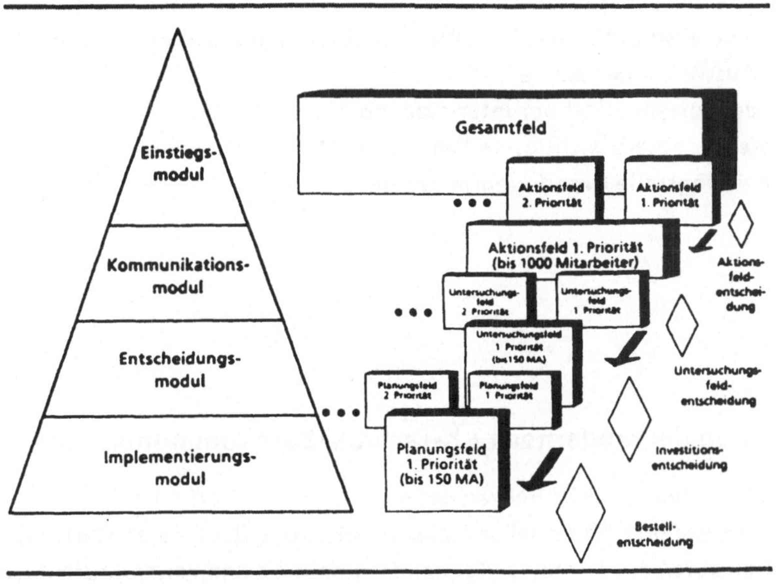

MOSAIK (Modulares Organisationsbezogenes System zur Analyse und Gestaltung der Informationsverarbeitung und Kommunikation)   **ZBO** 06/88

MOSAIK verfolgt das Ziel, in kurzer Zeit bei möglichst geringer Belastung der beplanten Bereiche, aber ausreichender Einbeziehung von deren Mitarbeitern und Entscheidern, Lösungen unter Berücksichtigung von Wirtschaftlichkeits- und Ausbreitungsaspekten zu erarbeiten.
Dies wird erreicht durch ein stufenweises Vorgehen, wobei es im ersten Schritt darauf ankommt, lohnende Aktionsfelder ausfindig zu machen, d.h. Felder, die z.B. deutliche organisatorische Defizite aufweisen oder Felder, die erheblich zur Wertschöpfung beitragen. Solche Aktionsfelder frühzeitig zu erkennen ist wichtig, denn nachfolgende Analyse- und Planungsmaßnahmen sind nur dort anzusetzen, wo sich der Aufwand auch lohnt.

MOSAIK   Modulares Organisationsbezogenes System zur Analyse und Gestaltung der Informationsverarbeitung und Kommunikation
OECOS®   Organisations-Engineering für Communikations- und Organisations-Systeme

In weiteren Stufen wird Transparenz geschaffen über

o bestehende Kommunikationsbeziehungen

o bis hin zu einzelnen Prozessen, die hinter diesen Kommunikationsbeziehungen stehen.

Letztlich führt dieses Vorgehen zu entscheidungsvorbereitenden Grundlagen für Konzeptionen der Modellierung des Prozesses und der unterstüt-
zenden I + K-technischen Investitionen.

Merkmale dieser Methode sind

- eine absolut flexible Gestaltbarkeit der Erhebungssystematik und der
  Auswertungen sowie

- eine massive Rechnerunterstützung.

Letztere ist deshalb wichtig, weil wir in drei Monaten den Verantwortlichen
entscheidungsreife Unterlagen vorlegen.

4. Beitrag der modernen I + K-Technik (Bürokommunikation)

Was ist nun der mögliche Beitrag der modernen I + K-Technik?
Im Gegensatz zur traditionellen Datenverarbeitung (DV), deren Nutzung im
Regelfall durch das System weitgehend formalisiert und vorstrukturiert ist,
bietet die Bürokommunikation eine Fülle von Möglichkeiten zur Unterstüt-
zung individueller Anwendungen.
Das gilt dort, wo unstrukturierte, wenig formalisierte Tätigkeiten vorherr-
schen, also im Rahmen der freien Bearbeitung wie Erstellen von Texten, An-
fertigen von Grafiken, Abstimmen mit Partnern, Verteilen, Ablegen und
Wiederfinden von elektronischen Unterlagen.
Darüberhinaus schließt die Bürokommunikation die Lücken zwischen den
Anwendungen der traditionellen DV und hilft zunehmend insbesondere
dort die Medienbrüche zu minimieren.

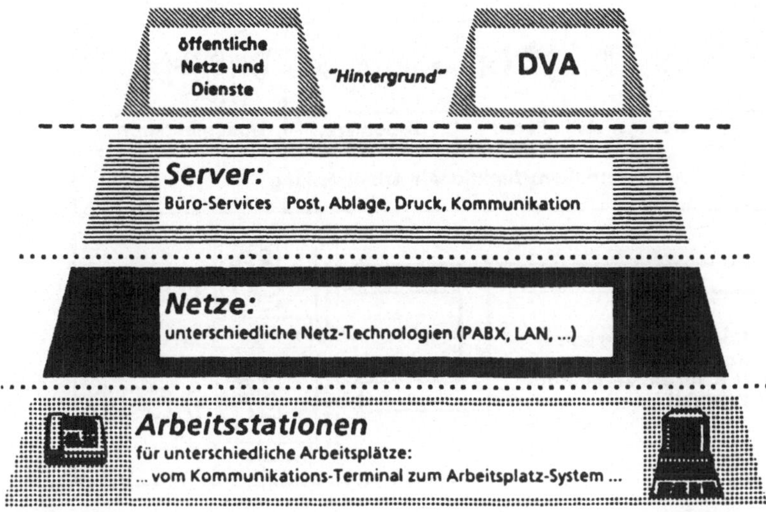

Die Perspektive   **ZBO** 06/88
"Bürosysteme für integrierte Sachbearbeitung"

Die Entwicklung des Einsatzes neuer Bürotechnik zeigt drei Trends:

- Zusammenfassung von Kommunikations- und Verarbeitungsendgeräten
  zu multifunktionalen Arbeitsplatzstationen,
- Zusammenfassung unterschiedlicher Netztypen für verschiedene
  Kommunikationsformen zu quasi Universalnetzen und
- Einrichtung elektronischer Services wie Ablagen, Adreßverzeichnisse,
  Druck und Verteilung (Post).

Ebenfalls zeichnet sich in diesem Zusammenhang eine organisatorische
Struktur für den Bürobereich ab:

o So sind am Arbeitsplatz vorwiegend Funktionen der Bearbeitung
  und Kommunikation lokalisiert.

o Auf Abteilungs- oder Bereichsebene sind größere Ablageeinheiten,
  Drucksysteme, Einleseeinheiten (Scan-Server) und Bereichsrechner
  angesiedelt.

o Auf der Unternehmensebene sind die Kommunikationseinrichtungen für
  den Übergang ins öffentliche Netz und die Großrechner - vorwiegend
  für Datenhaltungseinheiten - installiert.

Durch eine solche Versorgung des Bürobereiches wird es notwendig, über
die bisherigen Formen der Arbeitsteilung nachzudenken.

SIEMENS

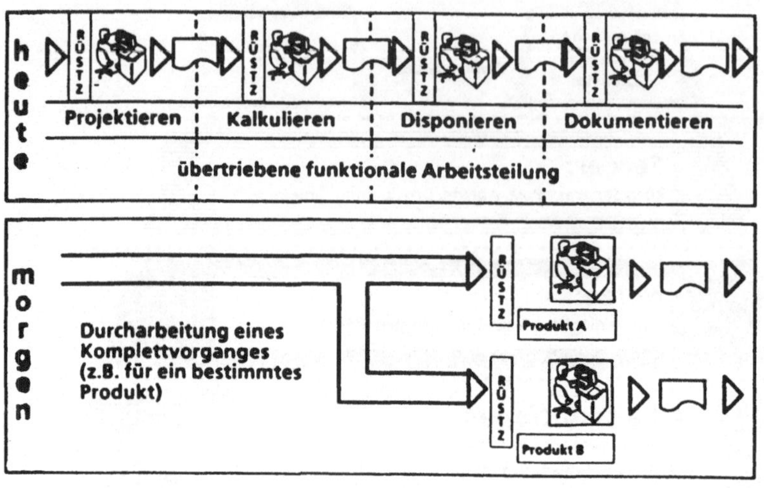

Aufgabenzusammenfassung durch integrierte Technik   ZBO 06/88

Führte in der Vergangenheit die Arbeitsteilung zu Rationalisierungserfolgen im Büro, so verstärkt sich heute die Tendenz zu gesamtheitlichen Arbeitsinhalten an weniger Arbeitsplätzen. Dies ist notwendig, um den Anteil der geistigen Rüstzeiten - die bei jedem Arbeitsplatzwechsel anfallen - zu reduzieren. Die so gewonnene horizontale Integration ist nicht mehr funktional, sondern objekt- oder problemlösungsorientiert.

Dabei wächst der Handlungsspielraum für den Einzelnen, es erweitert sich die Leitungsspanne, und dies kann zu flacheren Hierarchien und verkürzten Entscheidungswegen führen.

Auch die Arbeitsbedingungen des Mitarbeiters lassen sich verbessern, z.B. durch Erweiterung der Kommunikationsmöglichkeiten, erhöhte Qualifizierungschancen, durch Lern- und Einführungshilfen in höher qualifizierte Aufgaben.

Eine solche Entwicklung setzt die aktuelle arbeitsplatzbezogene Bereitstellung der zur Bearbeitung erforderlichen Informationen in wirtschaftlicher Weise voraus, und dafür ist eine entsprechende Infrastruktur zu schaffen.

Wie Sie wissen, spielt bei der Zusammenarbeit unterschiedlicher Systeme die Verträglichkeit der Netze eine wesentliche Rolle. Welcher Vernetzungsart im jeweiligen Anwendungsfall der Vorzug gegeben wird (herkömmliche Datennetze, LAN (Local Area Network), Nebenstellentechnik), ist von sekundärer Bedeutung. Wir sind zwar noch nicht so weit, diese unterschiedlichen

Netze ohne weiteres zu verbinden, dennoch gibt es eine Vielzahl technischer Möglichkeiten Standardisierungslücken zu überbrücken. Dies muß in Zusammenhang mit den jeweiligen Verwendungszwecken gesehen werden, z.B. bei CIM-Konzepten, in denen der Bürobereich durchgängig mit dem Produktionsbereich zusammenarbeiten muß, wo beispielsweise Dispositionsdaten in Steuerungsanweisungen zu überführen sind.

Die internationale Betätigung unseres Hauses erfordert einen leistungsfähigen Informationsverbund zwischen entwickelnden, fertigenden und vertreibenden Dienststellen in aller Welt. Dafür betreiben wir seit vielen Jahren ein Corporate Network zunächst für den Datenverkehr.

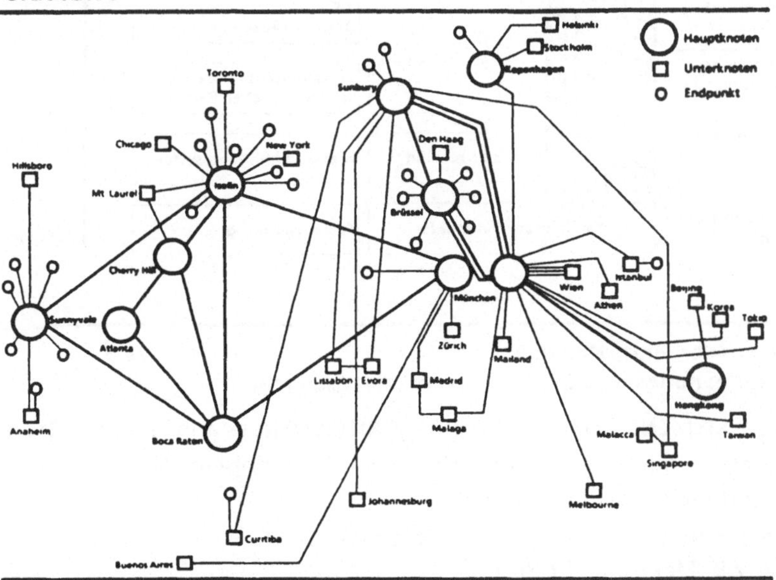

Kommunikationsnetz Siemens-weltweit   **ZBO 06/88**

Der Aufbau dieses Netzes erfolgte bedarfsorientiert, z.B. nach der Erfordernis der Länderankopplung. In letzter Zeit kommt verstärkt der Informationsaustausch in Form von Texten und Grafiken hinzu. Jetzt steigen die Anforderungen an unterstützende Services, wie Elektronische Post, Netzmanagement, Umsetzer für den elektronischen Datenaustausch usw..

Ich möchte hier nicht auf den physikalischen Teil eines solchen internationalen Netzes, sondern mehr auf die organisatorischen Möglichkeiten einer VAN- (Value-Added-Network) Gestaltung eingehen. Über unsere Netze laufen einige tausend Verfahren mit unterschiedlichen Aufgaben. Da die Ablauforganisation in vielen Fällen fest in den Verfahren verankert ist, führen Änderungen von Prozessen und Strukturen zu aufwendigen

Anpassungen. Die kommunikationsrelevanten Anwenderverfahren enthalten die anwendungsnahen Services jeweils in sich (s. linke Seite). Dies bedeutet entsprechenden Aufwand bei der SW- (Software) Entwicklung und - Pflege, wie auch bei der Administration dieser Funktionen in den Netzen.

SIEMENS

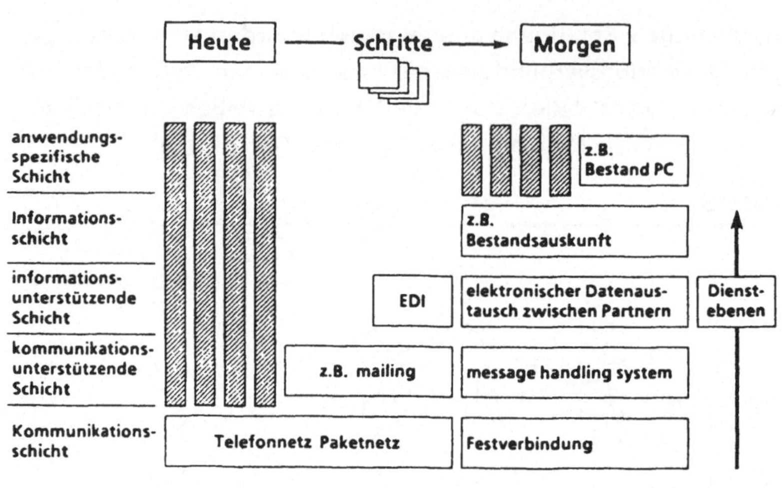

Siemens Corporate Network
Endstufe: horizontale Dienste für vertikale Lösungen
ZBO 06/88

Ziel des **SIEMENS-CORPORATE-NETWORK** (SCN) ist es nun, über den Transportebenen neutrale SW-Komponenten auf den höheren Schichten für alle Anwendungen verfügbar zu halten:

o In der kommunikationsunterstützenden Schicht
    z.B. Elektronische Post,

o in der informationsunterstützenden Schicht
    z.B. SW für branchenüblichen elektronischen Informationsaustausch,

o hin bis zu fachgebietsneutralen Informationskomponenten
    z.B. alles, was in der Logistik alle Nutzer benötigen (hier Bestands-
    auskunft),

o die anwendungsspezifische Schicht enthält dann nur noch echte Individualbelange.

Als Ergebnis erwarten wir eine vereinfachte Administration durch einheitliche Dienste und geringeren SW-Aufwand für die fachspezifischen Anwendungen.

Als global tätiges Unternehmen sind wir an einer **branchenübergreifenden und weltweiten Standardisierung** der Nachrichtentypen des Geschäftsverkehrs interessiert. Der elektronische Informationsaustausch mit externen

Partnern - Kunden, Lieferanten, Spediteuren, Behörden - gewinnt zuneh-
mend an Bedeutung. Wir unterstützen deshalb als Hersteller aber - und
gerade - auch als Anwender von Nachrichten- und Kommunikationstechnik
alle Anstrengungen in nationalen und internationalen Gremien, die in diese
Richtung zielen. **EDIFACT** (Electronic **D**ata **I**nterchange **F**or **A**dministration,
Commerce and **T**ransport) auf Basis von OSI ist hier ein Beispiel.
Gestatten Sie mir an dieser Stelle eine weitere Bemerkung in diesem Sinne:
Mehrfach wurde anläßlich dieses Kongresses darauf hingewiesen, daß man
keine Herstellerabhängigkeit wünscht. Abgesehen davon ist der Nutzer
auch daran interessiert, aus wirtschaftlichen Gründen über standardisierte
Schnittstellen "add-on's" verschiedener Hersteller an seine Systeme an-
schließen zu können. Hier hilft OSI!.

Eine der infrastrukturellen Neuerungen, die betriebswirtschaftlich und
organisatorisch sicher interessant sein werden, ist **ISDN** (Integrated Services
Digital Network).
Ende 1988 wird (ausgehend von acht Großstädten) das diensteintegrierende
digitale Fernmeldenetz ISDN öffentlich nutzbar. Laut Auskunft des Post-
ministeriums werden bis 1990 mehr als 50% unserer inländischen Standorte
anschließbar sein. Wir Organisatoren haben uns mit anderen Stellen des
Hauses von Oktober 87 bis Januar 88 als Anwender am ISDN-Pilotprojekt
beteiligt, um Erfahrungen mit der neuen Technik zu sammeln und Praxis-
konzepte zu entwickeln.

Es zeichnen sich u.a. zwei Zielrichtungen für den internen Einsatz von ISDN
im Hause ab:
1. Die Optimierung vorhandener Anwendungen
   - höhere Übertragungsgeschwindigkeiten gestatten Beschleunigung
     von Abläufen und Gebührenersparnis,
   - erhöhter Kommunikationskomfort durch ISDN-Dienstmerkmale z.B.
     Anklopfen, Makeln, automatischer Rückruf auch nach extern,
   - Senkung von Anschlußkosten (da bis zu acht verschiedene Endgeräte
     an einem Anschluß möglich sind).
Hier wird zunächst der Schwerpunkt liegen.

2. Realisierung neuer Anwendungen
   - verstärkter Einsatz von Non-Voice Kommunikation auch in kleinen
     Organisationseinheiten, wenn die Flächendeckung und Gebühren-
     gestaltung es erlaubt,
   - räumliche Flexibilisierung durch Einsatz portabler Endgeräte mit
     standardisierter S_0-Schnittstelle und
   - erhöhte Anschaulichkeit durch neue Dienste wie z.B. Fernzeichnen,
     Fest- und Bewegtbild parallel zur Sprachkommunikation.

Thesen

Lassen Sie mich resümieren:
Ich wollte verdeutlichen, daß wir in der Gestaltung des Informationsflusses -
also im Informationsmanagement - einen zentralen Faktor der Organisationsarbeit sehen.
Dazu gehören:

- Geschäftsspezifische Organisation des Gesamtprozesses vom Kunden
  zum Kunden, unter Einbeziehung der Lieferanten durch Integration
  aller Glieder dieses Prozesses.
- Dabei sind Mensch, Technik und Organisation zu einem effizienten
  Arbeitssystem zu verbinden, d.h.,

auf die Prozesse kommt es an.

Je mehr es gelingt, die Schranken der funktionalen Organisation auf das
Notwendige zu reduzieren, je mehr wir zum Prinzip des Fließens kommen,
desto überschaubarer wird Büroarbeit, d.h.,

Strukturen dürfen kein Tabu sein.

Als Organisatoren fangen wir mit unseren Vorhaben nur selten auf einer
"grünen Wiese" an. So ist dies kein kurzfristiges Vorhaben, weder hinsichtlich des Einführungsprozesses, noch bezüglich der Planung und der Investitionen. Wir müssen uns im Rahmen einer Gesamtkonzeption planvoll kleinere und grössere Aufgabenpakete vornehmen, um schrittweise das
Gesamtoptimum zu erreichen.
Wegen der wettbewerbsentscheidenden Bedeutung der Logistikleistung
ist es eine vordringliche Aufgabe der Leitung eines Geschäftes, eines Unternehmens oder eines Teilbereiches, sich mit I + K-Technik im Rahmen eines
logistischen Gesamtkonzeptes auseinanderzusetzen, sich mit dem Konzept
zu identifizieren, es durchzusetzen und es letztlich -wegen der Realisie-
rungsdauer - auch durchzustehen.
Den Führungskräften kommt dabei ein hoher strategischer Stellenwert zu.
Sie müssen in der Lage sein, Nutzenpotentiale zu erkennen, Arbeitsinhalte
in fachlicher und belastungsbezogener Hinsicht für die Mitarbeiter richtig
einzuschätzen, für den Einzelnen Freiräume offen zu halten usw., d.h.,

Führungskräfte müssen die Rolle des Promotors übernehmen.

Nun zur letzten These, diese möchte ich betonen:
Wir wollenTechnik dort einsetzen, wo wir den Menschen von Routinetätig-
keiten entlasten können, um Zeit für den Einsatz der menschlichen Stärken
zu schaffen. Zu diesen Stärken zählen:
- die ganzheitliche Erfassung der Wirklichkeit ,
- nicht nur rationales sondern auch intuitives und emotionales
  Bewerten,
- die Fähigkeit vor dem Hintergrund einer Erlebenswelt zu entscheiden,
- im Denken, Fühlen und Handeln stets auch andere Mitmenschen
  einzubeziehen und so einen größtmöglichen Sinnzusammenhang
  herzustellen.
Diese Fähigkeiten des Menschen kann die Technik nicht erreichen, d.h.,

Technik ersetzt den Menschen nicht, sie kann ihn nur entlasten.

Literaturverzeichnis

Bundesministerium für Forschung und Technologie (Hrsg.):
Neue Technologien: Verbreitungsgrad, Qualifikation und Arbeitsbedingungen. Kurzfassung. Bonn 1987.

Deutsche Bundespost: ISDN-Kongreß Mannheim 18.-20.1.1988.

Häfner, Klaus: Mensch und Computer im Jahr 2000,
Ökonomie und Politik für eine human computerisierte Gesellschaft;
Basel, Boston, Stuttgart, Birkhäuser Verlag 1984.

Informationstechnische Gesellschaft im VDE (ITG):
Das ISDN in der Einführung.
Vorträge der ITG-Fachtagung vom 22.-24. Februar 1988.
ITG-Fachbericht 100. Berlin, Offenbach: vde-verlag 1988.

Kahl, P. (Hrsg.): ISDN: Start '88 und Perspektiven der 90er Jahre.
Kongreßband II der online '88. Velbert 1988.

Müller, E. W.: Einkaufsmarketing - eine Chance zur Steigerung des
Unternehmenserfolges. in: Siemens Zeitschrift, 1/87, S. 26 - 28.

Poschenrieder, W.: Anwendernutzen im ISDN. in:
Siemens Zeitschrift 2/88, S. 4 - 7

Schönecker H., Nippa M. (Hrsg) : Neue Methoden zur Gestaltung der
Büroarbeit. Computergestützte Organisationshilfen für die Praxis.
Baden-Baden: FBO, 1987

Verein Deutscher Ingenieure:

- VDI-Richtlinie (Gründruck) 5001 Bürokommunikation -
  Management der Bürokommunikation.
  Düsseldorf Dezember 1987.

- VDI-Richtlinie (Gründruck) 5003 Bürokommunikation -
  Methoden zur Analyse und Gestaltung von Arbeitssystemen im Büro.
  Düsseldorf Dezember 1987.

- VDI-Richtlinie (Gründruck) 5015 Bürokommunikation -
  Technikbewertung.
  Düsseldorf Dezember 1987.

Informationsverarbeitung im MAN-Konzern

G. R. Schmidt

Das heutige Erscheinungsbild des MAN Konzerns ist das Ergebnis einer langfristig angelegten Umstrukturierung, die ihren Abschluß vor ca. zwei Jahren fand. Der Konzern entstand aus den Unternehmen der Gutehoffnungshütte Aktienverein Aktiengesellschaft (GHH) und der Maschinenfabrik Augsburg Nürnberg Aktiengesellschaft (M.A.N.).

Die MAN AG, mit Sitz in München, ist die konzernleitende Obergesellschaft (*Bild 1*). Unter ihrem Dach firmieren 8 Gesellschaften, die den sog. Kernkonzern bilden. Darüber hinaus gehören zum Konzern die Wesentlichen Beteiligungen, die mit unterschiedlichem Anteilsbesitz der Obergesellschaft zugeordnet sind. Der inländische Konzernumsatz betrug im Geschäftsjahr 1986/87 ca. 15 Mrd. DM. Die Mitarbeiterzahl lag im gleichen Jahr bei durchschnittlich 52.500.

Das Tätigkeitsfeld der MAN umfaßt die Bereiche Nutzfahrzeuge, Druckmaschinen, Maschinen-/Anlagenbau und Handel, die insgesamt mehr als 100 Produktgruppen produzieren und auf dem Markt anbieten. Die Erzeugnisse des Konzerns erfordern unterschiedliche Firmenstrukturen sowie Produktionskonzepte, die sowohl Serien- als auch Einzelfertigung beinhalten. Dies hat direkten Einfluß auf die Ablauforganisationen und die EDV-Systeme der einzelnen MAN-Gesellschaften. Die Informationsverarbeitung der MAN ist dementsprechend dezentral organisiert und untersteht der operativen Führung der Geschäftsleitung der einzelnen Unternehmen. Über das Technik-Ressort der MAN AG werden die EDV-Aktivitäten koordiniert und übergreifende Strategien in Zusammenarbeit mit den Gesellschaften erarbeitet (*Bild 2*). Die EDV-Planung der einzelnen Unternehmen wird in Rahmenplänen, die die Langfristkonzeption sowie kurzfristig umzusetzende Projekte enthält, dargestellt und ist der Obergesellschaft zur Genehmigung vorzulegen. Im jährlichen Turnus wird diese Planung für den kurzfristigen Zeitraum aktualisiert und verfeinert. Diese Vorgehensweise ähnelt derjenigen für allgemeine Investitionsvorhaben und wird diesen in der Behandlung weitgehend gleichgestellt. D. h., an die Entwicklung und den Einsatz der EDV-Systeme werden ähnliche Anforderungen gestellt, wie z. B. an die Investition in ein neues Fertigungskonzept, von dem man eine höhere Produktivität und einen erhöhten

Kapitalrückfluß erwartet. Die Entwicklung eines EDV-Systems sowie dessen Betrieb müssen somit einem ausgewogenen Kosten-Nutzenverhältnis genügen. In der Regel ist jedoch bei Informationsverarbeitungssystemen eine Wirtschaftlichkeit nicht einfach nachzuweisen. Deshalb werden bei EDV-Entwicklungsprojekten auch qualitative und strategische Aspekte zusätzlich in die Überlegungen für die Durchführung eines EDV-Projektes einbezogen.

Anhand einiger ausgewählter Beispiele von eingesetzten Systemen im MAN Konzern soll im folgenden aufgezeigt werden, wie sich eine Nutzenbilanz für EDV-Systeme darstellen kann:

1. EDV-gestütztes Materialflußsystem am Beispiel Zulieferteile

Innerhalb der unternehmensinternen Ablauforganisation übernimmt die Materialwirtschaft im wesentlichen zwei Funktionen:

1. Den Einkauf der Zulieferteile und des Rohmaterials

2. Die örtlich gebundene, rechtzeitige Bereitstellung von Material und Zulieferteilen.

Damit verbunden ist die Lösung einer Reihe von Logistikaufgaben, die mit der Auftragsauslösung beginnen und sich über die Funktionen Disposition, Einkauf und Lieferant, Wareneingang, Qualitätskontrolle und Bestandsführung erstrecken. Darüber hinaus übernimmt die Fertigungssteuerung den weiteren Materialfluß, wenngleich diese in einigen Unternehmen organisatorisch ebenfalls zur Materialwirtschaft gerechnet wird.

Wichtige Zielgrößen für die Materialwirtschaft sind:

- Die Realisierung günstiger Einkaufspreise

- Die Sicherstellung der örtlich rechtzeitigen Materialverfügbarkeit, um die terminliche Abwicklung des Produktionsprozesses zu gewährleisten.

- Möglichst geringe Lagerbestände sowie geringes Umlaufmaterial, um Kosten für Zinsaufwendungen klein zu halten.

Die wichtige Bedeutung der Materialwirtschaft im MAN Konzern wird klar, wenn man die Kennzahlen des jährlichen Einkaufsvolumens und der Vorräte betrachtet. Im Geschäftsjahr 1986/87 hat die MAN Zuliefermaterial in der Größenordnung von etwa 1/3 des Umsatzes bezogen. Die Vorräte betrugen zum Bilanzstichtag 30.06.1986 ca. 4,5 Mrd. DM. Die Lagerkosten (inkl. Zinsen) sind mit ca. 8 - 10 %/Jahr des Bestandswertes anzusetzen.

Das in *Bild 3* dargestellte Materialflußsystem zeigt den Datenfluß und die Verknüpfung der Systembausteine vom Einkauf bis zur Bestandsführung. Diese Systemkette ist integraler Bestandteil des EDV-Konzeptes von MAN Roland (Offenbach). Die Funktionen Einkauf, Wareneingang, Qualitätskontrolle und Bestandsführung werden durch Online-Systeme unterstützt. Damit ist gewährleistet, daß stets mit aktuellen Datenbeständen gearbeitet wird.

Die Arbeitsfolge beginnt mit der Ausstellung einer Bestellung durch das Einkaufssystem. Der Anwender wird hierbei mit Stammdaten über Zulieferfirmen, Einkaufskonditionen und weiteren Aussagen über Lieferanten wie z. B. Zuverlässigkeit und Qualitätstreue unterstützt. Das Material wird dann mit einem Lieferschein beim Unternehmen angeliefert und zunächst im Wareneingang erfaßt. Dabei wird ein Wareneingangsbeleg mit Barcode erstellt und mit dem Material zur Qualitätskontrolle transportiert. Der Qualitätsprüfer kann dann nach Einstreichen des Barcodes auf dem Wareneingangsbeleg sein System direkt mit den entsprechenden Eingangsdaten versorgen, die das Lieferteil systemintern identifizieren und den Dialog mit dem System in Gang setzen. Fällt die Qualitätsprüfung negativ aus, so wird das Zulieferteil entweder mit einer maschinell ausgedruckten Reklamation an den Lieferanten zurückgeschickt oder in der eigenen Fertigung nachgearbeitet. Bei Gutbefund wird ein Transportbeleg mit Barcode erstellt und das Teil an das Lager oder direkt zur Produktion weiterbefördert. Das Bestandsführungssystem kann wiederum nach Einstreichen des Barcodes auf dem Transportbeleg mit den entsprechenden Eingangsdaten versorgt werden. Es registriert den Zugang und weist dem Zulieferteil einen Stellplatz im Lager zu. Aus dem Lager wird das Teil entnommen, sobald es in der Produktion oder in der Montage benötigt wird. Eine Reihe von Zusatzfunktionen, wie z. B. die permanente Inventur, diverse Auswertungsprogramme etc., haben das System zu einem komplexen Gebilde werden lassen. Die wesentlichen heute erreichten Vorteile des EDV-gestützten Materialflußsystems zeigt *Bild* 4 und *5*. Insgesamt wird der kumulierte Nettonutzen seit Systemeinsatz im Geschäftsjahre 1979/80 auf ca. 30 Mio DM beziffert. Hierbei sind die Kosten für Systementwicklung sowie die laufenden

Betriebskosten bereits abgezogen. Besonders eindrucksvoll zeigt sich die durch das System bedingte Bestandsreichweitenreduzierung des Lager- und Umlaufmaterials von 100 % im Geschäftsjahr 1978/79 bis auf ca. 51 % im Geschäftsjahr 1987/88. Dies war durch die systemtechnische Verknüpfung von Einkauf bis Bestandsführung, aber auch durch statistische Auswertungen, durch die die Parameter der Logistikkette Einkauf bis Bestandsführung entscheidend verbessert werden konnten, zu erreichen.

2. EDV-gestütztes Fertigungssteuerungssystem

Das zweite Beispiel (*Bild 6*) zeigt den EDV-gestützten Einsatz eines Fertigungssteuerungssystems. Durch dieses System wird der Produktionsablauf in den Fertigungsstellen, bei den Qualitätskontrollen und der Montage gesteuert. Als Eingangsinformation erhält das Fertigungssteuerungssystem terminierte Werkstattaufträge (Arbeitspläne), die in einem vorgeschalteten Planungslauf unter Berücksichtigung des Ausliefertermines und der Auslastung der Produktionsstellen erstellt werden. Dabei gilt, daß die festgelegten Einzeltermine für die Abarbeitung an den einzelnen Stationen bindend sind, denn der Liefertermin hat höchste Priorität und muß eingehalten werden. Das Fertigungssteuerungssystem arbeitet deshalb als Durchsetzungssystem. Ausweichmöglichkeiten bei Engpaßsituationen sind durch die Verlagerung an einen anderen Arbeitsplatz bzw. durch Einlegen einer zusätzlichen Schicht gegeben.

Die Bereitstellung des Materials und der Betriebsmittel (Werkzeuge, Vorrichtungen) ist der erste Vorgang auf dem Werkstattauftrag. Zusammen mit dem terminierten Werkstattauftrag und einer Zeichnungskopie durchläuft das zu fertigende Teil die einzelnen Stationen der Produktion. Der Beginn und das Ende der Bearbeitung auf einer Station wird dem Fertigungssteuerungssystem über BDE-Terminals (BDE = Betriebsdatenerfassung) gemeldet. Die Arbeitsgänge des Werkstattauftrages sind mit einem Barcode versehen, der über einen Lesestift in das System eingelesen wird. Zwischen den einzelnen Arbeitsstationen liegen transportbedingte Übergangszeiten, die dem System ebenfalls mitgeteilt werden. Auf diese Weise behält das System die Kontrolle über die jeweilige Auftragsabwicklung in der Produktion. Engpaßsituationen können frühzeitig erkannt und Gegenmaßnahmen eingeleitet werden. Darüber hinaus sammelt das System die abgerechneten Zeiten der Werker, die auf einem personenbezogenen Zeitkonto kumuliert werden. Der Mitarbeiter in der Produktion kann sich somit über den aktuellen Stand seiner verfahrenen Arbeitsstunden stets informieren. Für seine Lohnabrechnung wird jedoch der mit ihm vereinbarte Zeitgrad (Akkord) herangezogen und die zu verrechnenden monatlichen Arbeitsstunden werden von seinem Zeitkonto abgebucht.

Bild 6a und *6b* zeigen die im Betrieb eingesetzten Peripheriegeräte, den Bildschirm und des BDE-Gerät. Mit einer Ausweiskarte, die der Werker in den Durchzugsleser schiebt, kann er sich beim System anmelden und werkstattauftrags- oder personenbezogene Eingaben durchführen.

In *Bild 7* und *8* sind die wesentlichen Vorteile des EDV-gestützten Fertigungsystems sowie eine Kosten-/Nutzenanalyse dargestellt.

3. Rechnerunterstützte Konstruktion eines Turbogetriebes

Die o. g. Systembeispiele aus der Materialwirtschaft und der Fertigungssteuerung unterstützen den Auftragsfluß und arbeiten als Informationssysteme für die Auftragsabwicklung. Das im folgenden beschriebene Beispiel ist dagegen auf der Produktentwicklungsseite anzusiedeln. Es handelt sich dabei um die rechnerunterstützte Konstruktion (Computer Aided Design) eines Turbogetriebes (*Bild 9*). Turbogetriebe sind in der Regel als einstufige Über- oder Untersetzungsgetriebe ausgelegt, die üblicherweise als Bindeglied zwischen schnellaufenden thermischen Turbomaschinen und Generatoren oder Elektromotoren und Verdichtern eingesetzt werden.

Den Ausschlag für die Übertragung dieses Produktes auf ein CAD-System gab der Kunde, der ganz unterschiedliche Wünsche in bezug auf Auslegung (Übersetzungsverhältnis, Achsabstand) dieses Getriebetypes forderte. Mit einem Baukastensystem konnten diese Anforderungen aufgrund der schwierig zu definierenden Abmessungsklassen nicht erfüllt werden. Man entschied sich deshalb, die Konstruktion des Turbogetriebes neu aufzugreifen und auf einem 3 D-orientieren CAD-System zu implementieren.

Den Funktionsablauf des CAD-Programmes zur Auslegung von Turbogetrieben zeigt *Bild 10*. Ausgehend von einem Pflichtenheft, das die wesentlichen Leistungsdaten des Turbogetriebes beschreibt, wird zunächst ein Rechnerlauf gestartet, der die erforderlichen Festigkeits- und Schwingungsberechnungen sowie das Datenblatt für die Verzahnung ausgibt. Darüber hinaus werden im Berechnungsprogramm bereits die groben Abmessungen des Getriebes bestimmt. Anhand einiger charakteristischen Daten (ca. 20) werden die Konstruktionsunterlagen im CAD-System automatisch erstellt. Der Konstrukteur erhält dann als Vorschlag die Entwurfs-, Einzelteil-, Baugruppen- und Einbauzeichnung. Bis hierhin arbeitet das System völlig automatisch. Aufgrund der festdefinierten Konstruktionslogik ist sichergestellt, daß entsprechend dem Pflichtenheft das Getriebe optimal ausgelegt wird. Kundenspezifische Anpassungen, die im Programmsystem nicht vorgesehen sind, können anschließend am CAD-Arbeitsplatz im Dialog durchgeführt werden.

An diesem Beispiel wird die Bedeutung der Informationssysteme im Konstruktionsprozeß deutlich. Aufgrund der Speicherung der Konstruktionslogik im CAD-System kann ein nach Kundenwünschen individuell ausgelegtes Produkt erzeugt werden (*Bild 11*). Darüber hinaus sinkt die Routinetätigkeit im Konstruktionsprozeß und die Durchlaufzeit wird erheblich reduziert. Weitere Vorteile ergeben sich durch die Möglichkeit der Übermittlung der graphischen Daten zum CAD-Sytem des Kunden, der auf seinem System eine Gesamtanlage konzipiert und den Datensatz des Turbogetriebes (Einbauzeichnung) nicht neu aufbereiten muß.

Die Rotationsteile des Turbogetriebes werden überwiegend auf CNC-Maschinen erstellt. Ein Kopplungsbaustein, der aus den CAD-Gestaltsdaten NC-Programme ableitet, ist z. Z. im Test und wird in Kürze produktiv eingesetzt werden.

4. Expertensystem für den Diagnoseeinsatz

Mit dem folgenden Beispiel soll auf einen mehr zukünftigen Aspekt der Informationsverarbeitung eingegangen werden. Dem Einsatz von Expertensystemen für Diagnoseaufgaben. Neben den anderen Gebieten der künstlichen Intelligenz, wie Sprach- und Bilderkennungssysteme sowie Logiksysteme für mathematische Gleichungen, kommt, gerade im Bereich des Maschinenbaus, den Diagnosesystemen eine große Bedeutung zu. Sie basieren auf der Speicherung und Verarbeitung von Expertenwissen, daß durch Befragen von Spezialisten ermittelt und systemtechnisch aufbereitet wird. Diese Aufgabe ist vom Wissensingenieur durchzuführen, der damit das "leere" Expertensystem (Shell) zum Produktionssystem aufbaut.

Das in *Bild 12* dargestellte Expertensystem steht als Beispiel für eine Reihe von Entwicklungen die auf diesem Gebiet z. Z. im MAN Konzern durchgeführt werden. Dieses System wurde für den Diagnoseeinsatz von Turbogetrieben konzipiert und ist für die Anwendung beim Kunden und in der Serviceabteilung des Unternehmens ausgelegt.

Das Diagnosesystem ist lauffähig auf einem PC mit dem Betriebssystem MS-DOS. Als Shell wird MEDII verwendet. Im System sind ca. 1.300 Regeln gespeichert.

Ein Einsatzfall des Diagnosesystems ist z. B. dann gegeben, wenn sich im Laufverhalten des Getriebes Unregelmäßigkeiten zeigen. Dieses können beispielsweise Schwingungen, Geräuschemissionen oder eine erhöhte Öltemperatur sein. Diese oder andere Anomalien werden dem Expertensystem mitgeteilt. Im Dialog mit dem Anwender versucht das System zunächst festzustellen, ob es sich bei den ermittelten Unregelmäßigkeiten um Abweichungen vom Normalzustand handelt. Ist dies der Fall, so versucht das Expertensystem die Störungsursache zu ermitteln. Dabei können weitere Daten, wie z. B. der Ölzustand etc. abgefragt werden. Steht die Störungsursache fest, schlägt das System eine entsprechende Therapie vor, deren Herleitung begründet und erläutert wird. Eine Zusatzfunktion erlaubt die Speicherung der Diagnosefälle. Hierüber können statistische Auswertungen gefahren werden, die geeignet sind, Schwachstellen des Turbogetriebes aufzuzeigen.

Das vorgestellte Expertensystem befindet sich z. Z. in der Piloterprobung und es kann noch keine exakte Wirtschaftlichkeitsrechnung vorgelegt werden. Es zeigen sich aber jetzt bereits eine Reihe von qualitativ bewertbarer Vorteile, die die Systemanwendung sinnvoll erscheinen lassen (*Bild 13*).

5. Bürokommunikation

Die Anwendung von EDV-Systemen in kaufmännischen und technisch administrativen Bereichen der Maschinenbauunternehmen ist heute als Stand der Technik zu bezeichnen. Diese Systeme erfahren teilweise bereits einen Generationswechsel von der Batch- zur Online-Verarbeitung.

Demgegenüber befindet sich die Anwendung der Bürokommunikation erst im Anfangsstadium. Dieser Prozeß begann zunächst mit der Einführung der maschinell unterstützten Textverarbeitung und ersetzte damit die tradionelle Schreibmaschine. Die Vorteile, die sich daraus aufgrund der Änderungsfreundlichkeit ergaben, erleichtern auch heute noch die Arbeit der Schreibkräfte und Sekretärinnen erheblich. Weitere Vereinfachungen in der Textverarbeitung wurden im Anlegen von Textbausteinen für die automatische Erstellung von Standardbriefen erkannt. Dem folgte bald der Wunsch den Text durch Zeichnungen bzw. einfache Graphiken zu ergänzen, um damit technische Druckschriften anfertigen zu können. Die Ausgabe erfolgt dabei über einen Laserdrucker, der ein gestochen scharfes Bild der gewünschten Dokumente erstellt. Die Vernetzung dieser Systeme sowie die Möglichkeit einem Adressaten eine Mitteilung elektronisch zu übermitteln (Mail-Box-Verfahren), wurde parallel entwickelt und gehört heute zum Leistungsumfang von Bürokommunikationssystemen.

Die Entwicklung ist damit noch nicht abgeschlossen, denn es werden weitere Technologiesprünge, wie z. B. die beginnende Einführung von ISDN (Integrated Services Digital Network), die Leistungsfähigkeit der Bürokommunikation und auch der externen Kommunikation erheblich beeinflussen und erweitern.

Im folgenden Beispiel wird das Bürokommunikationssysteme der MAN AG (Holding mit ca. 250 Mitarbeitern) mit den realisierten und geplanten Möglichkeiten dargestellt (*Bild 14*).

Insgesamt sind z. Z. 80 PC's der IBM-AT-kompatiblen Serie installiert und wahlweise mit den Softwareprodukten

- Symphony (Text, Graphik und Tabellenkalkulation)

- Word 4.0 (komfortable Textverarbeitung)

- d Base/III plus (Datenbanksystem)

ausgerüstet.

Für die Schriftstückausgabe stehen Laserdrucker zur Verfügung. Die zentrale Daten- und Programmspeicherung erfolgt über einen File-Server (AT

80386). Die PC's sind über ein Novell-Netz und Breitbandverkabelung miteinander verbunden.

Über die PC-Systeme wird der überwiegende Teil der Textverarbeitung, die Anfertigung von Statistiken sowie die Erstellung von Schaubildern (Business-Graphic) abgewickelt. Darüber hinaus stehen Office-Systeme 5800 der Firma SIEMENS für Desk Top Publishing-Aufgaben zur Verfügung. Diese sind separat vernetzt und werden von einem eigenen File-Server versorgt. Die Datenübertragung erfolgt aber ebenfalls über das Breitbandkabel und über Kopplungsprogramme kann die Kommunikation mit den PC-Systemen hergestellt werden. Die Nixdorf 8860 MDT-Anlage erlaubt die Verarbeitung von Massendaten und rechenintensiven Anwendungsprogrammen.

Die Einsatzgebiete der Bürokommunikation in der MAN AG ergeben sich aus ihrer Funktion als Obergesellschaft des MAN Konzerns. Sie nimmt neben strategischen Aufgaben überwiegend steuernde Funktionen wahr, für die die Plan- und Ergebnisdaten der MAN Gesellschaften eine wesentliche Basis bilden. Diese Daten werden von den verschiedenen Bereichen der Obergesellschaft ermittelt und den Ressorts Controlling, Finanzen und Technik für die Erfüllung ihrer Aufgaben zur Verfügung gestellt. Dies löst eine rege Datenkommunikation zwischen den verschiedenen Abteilungen aus, die nach unterschiedlichen Gesichtspunkten Auswertungen vornehmen und diese z. B. für Vorstandsvorlagen zusammenfassen.

Ein weiteres Beispiel für die vorteilhafte Nutzung des Bürokommunikationssystems ist die Erstellung der Konzernbilanz.

Im unteren Teil des *Bildes 14* sind externe Kommunikationsmöglichkeiten, die über das interne System genutzt werden können, dargestellt. Neben den öffentlichen Diensten, wie DATEX-P, Teletex und BTX ist für die MAN AG besonders die Verbindung zum MAN-Datenverarbeitungsnetz (*Bild 15*) von Bedeutung. Hierüber besteht die Möglichkeit des Datenaustausches mit den Großrechenzentren des Konzerns. Diese Verbindung wird zukünftig weiter ausgebaut und stärker genutzt werden.

Bild 16 zeigt eine Zusammenfassung der wesentlichen Vorteile der Bürokommunikation in der MAN AG.

6. Zusammenfassung

Der MAN Konzern ist tätig in den Produktbereichen Druckmaschinen, Anlagen-/Maschinenbau und im Handel. Insgesamt werden mehr als 100 Produktgruppen im Konzern hergestellt. Die heterogene Produktstruktur des Konzerns erfordert verschiedene Produktions- und Ablaufstrukturen in den MAN Gesellschaften. Die Org./DV-Bereiche des Konzerns sind deshalb dezentral organisiert und unterstehen der operativen Führung der jeweiligen Geschäftsleitung. Die MAN AG hat eine übergreifende Koordinationsfunktion für die Informationsverarbeitung des Konzerns (*Bild 17*).

Grundsätzlich werden Investitionsentscheidungen für EDV-Projekte in der MAN nach gleichen Gesichtspunkten, wie z. B. für Produktionseinrichtungen, getroffen. Es kommen jedoch verstärkt qualitative und strategische Aspekte hinzu, die im Einzelfall zu bewerten und in einer Kosten-/Nutzenbilanz gegenüberzustellen sind. Anhand einiger unterschiedlicher Systembeispiele aus den MAN Gesellschaften ist der Nutzeneffekt von EDV-Systemen in der MAN ersichtlich.

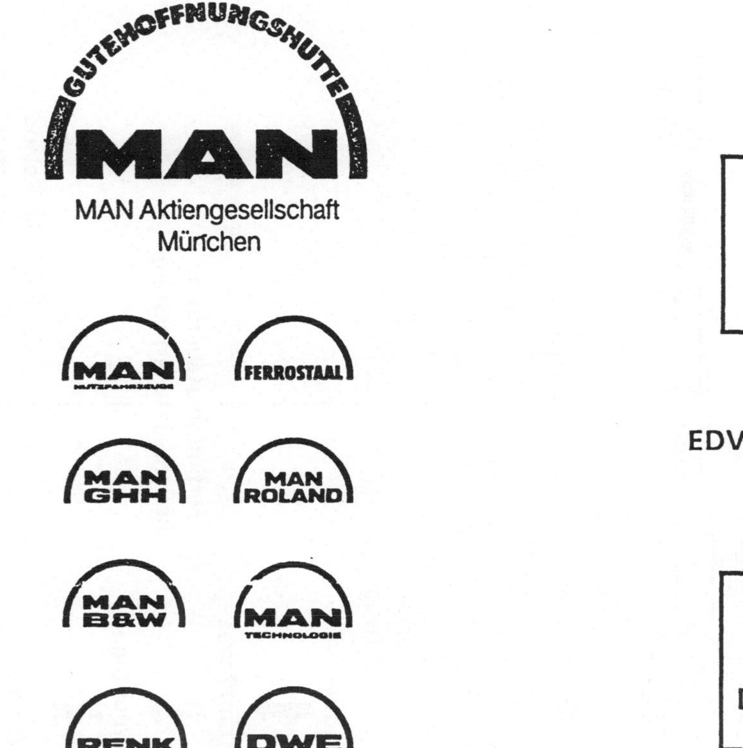

Bild 2: Planungsverfahren der Informationsverarbeitung im MAN Konzern

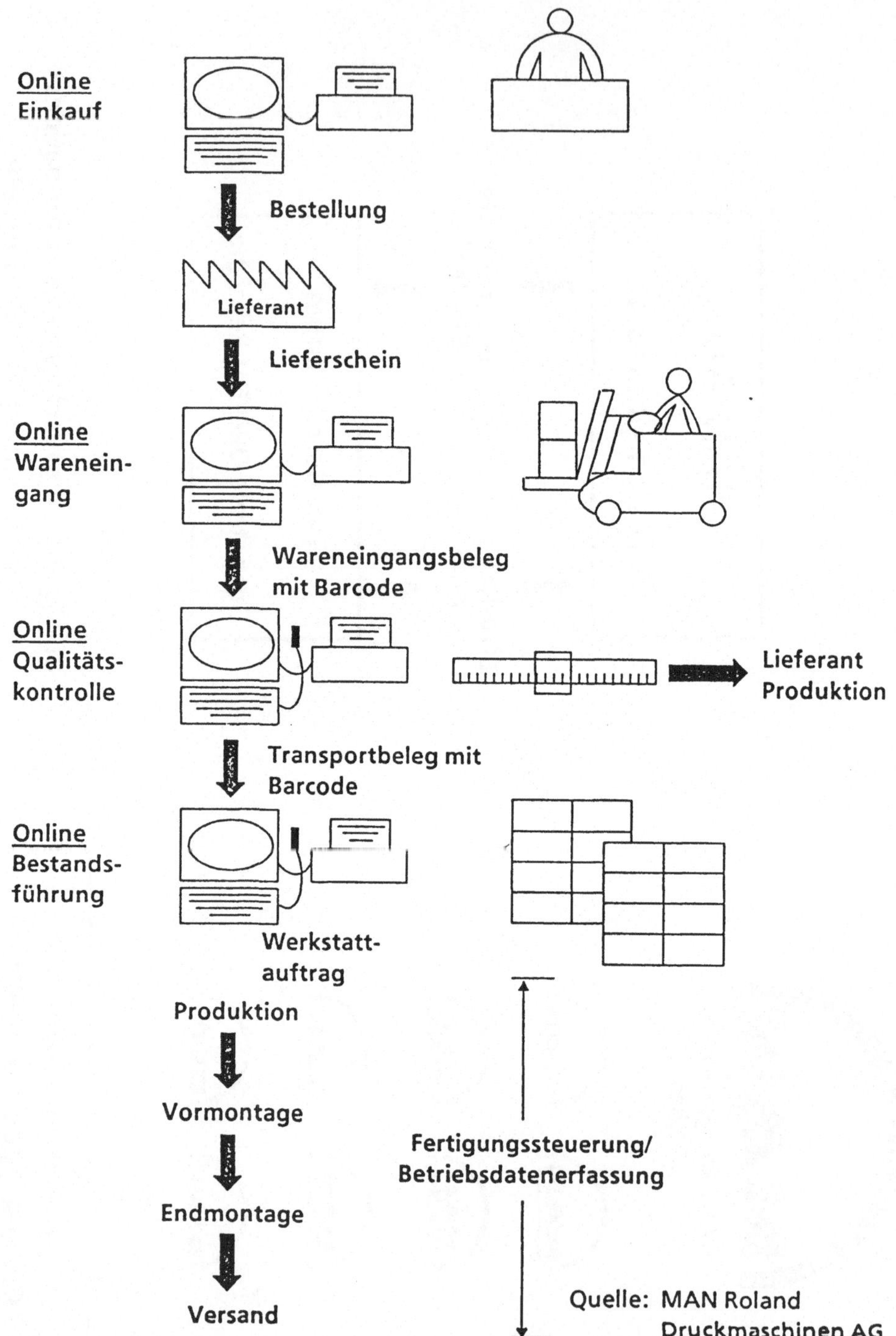

Bild 3: **EDV-gestütztes Materialflußsystem am Beispiel Zulieferteile**

Wesentliche Vorteile des EDV-gestützten Materialflußsystems am Beispiel Zulieferteile

- Aktuelle Informationen über Lagerbestände und Umschlagshäufigkeit. Ableiten von Steuerungsmöglichkeiten ---> Bestandsreichweitenreduzierung

- Zeitlich aktuelle Verfolgung der logistischen Kette vom Einkauf bis zur Bestandsführung (Integrierte Online-Anwendung). Statistische Daten über den hausinternen Materialfluß

- Diverse Auswertungsmöglichkeit über Zuverlässigkeit der Lieferanten wie z. B. Lieferpünktlichkeit, Qualitätsmerkmale, Reklamationen etc.

- Reduzierung der Papiervielfalt.

Quelle: MAN Roland Druckmaschinen AG

Bild 4

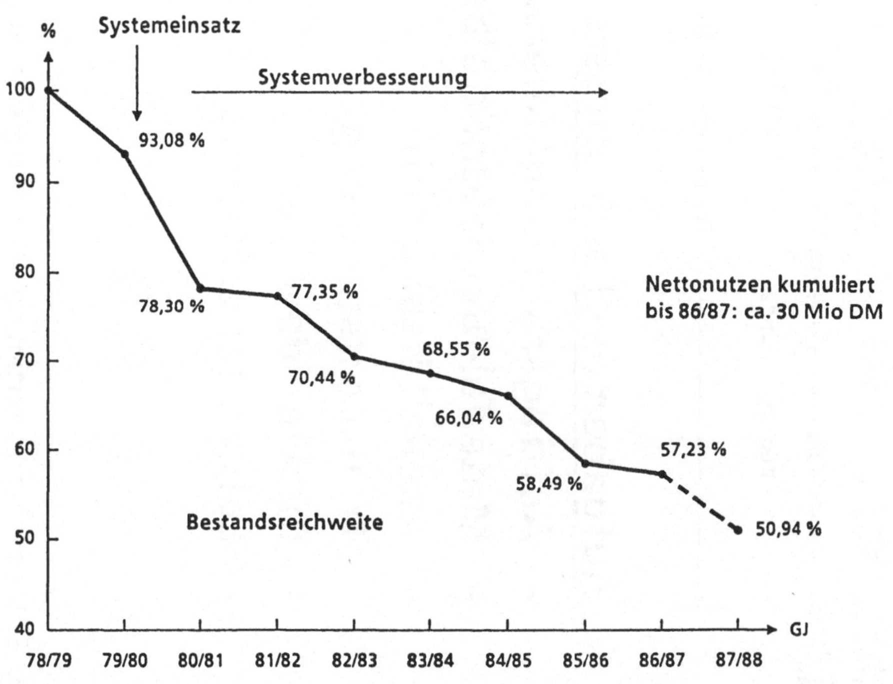

Quelle: MAN Roland Druckmaschinen AG

Bild 5: Nutzenbetrachtung des EDV-gestützten Materialflußsystems am Beispiel Zulieferteile

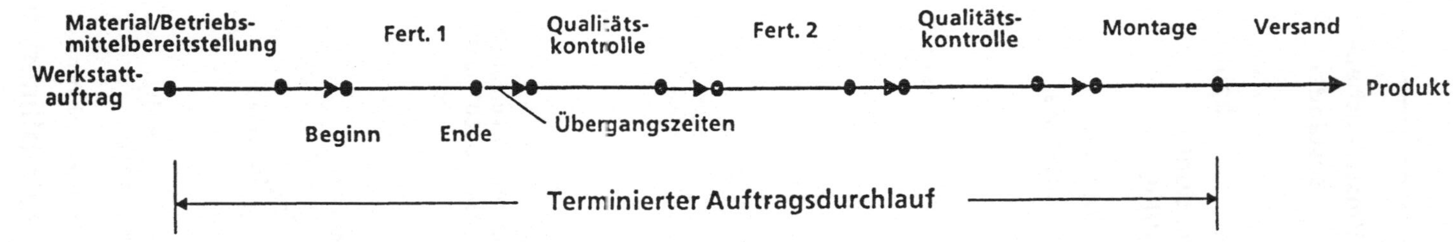

<u>Aufgaben des Fertigungssteuerungssystems</u>

- Auftragszuteilung/-überwachung
- Material-/Betriebsmittelbereitstellung
- Kapazitätsabgleich
- Transportsteuerung
- Rückmeldewesen
- Lohndatenerfassung

Quelle: MAN B&W Diesel GmbH

<u>Bild 6:</u> EDV-gestütztes Fertigungssteuerungssystem (Durchsetzungssystem)

MAN
B&W
OFIS
ONLINE-FERTIGUNGS-INFORMATIONS-SYSTEM
MAN
ROLAND
BILD: RUECKMELDUNG AM RUECKMELDEGERAET

Wesentliche Vorteile des EDV-gestützten Fertigungssteuerungssystems

---

- Transparenz des Produktionsgeschehens; bessere Auftragsverfolgung

- Flexibles Reagieren auf Engpaßsituationen

- Einsteuern von Eilaufträgen

- Verkürzung der Durchlaufzeiten; bessere Termintreue

- Starke Reduzierung von Belegen und Formularen auf ca. 10 %

- Stark vereinfachte Lohndatenerfassung; höhere Transparenz für den Mitarbeiter

- Informationssystem für ein gezieltes Fertigungscontrolling (Abweichungen von Plandaten, Nutzungszeiten der Maschinen etc.)

Quelle: MAN B&W Diesel GmbH

Bild 7

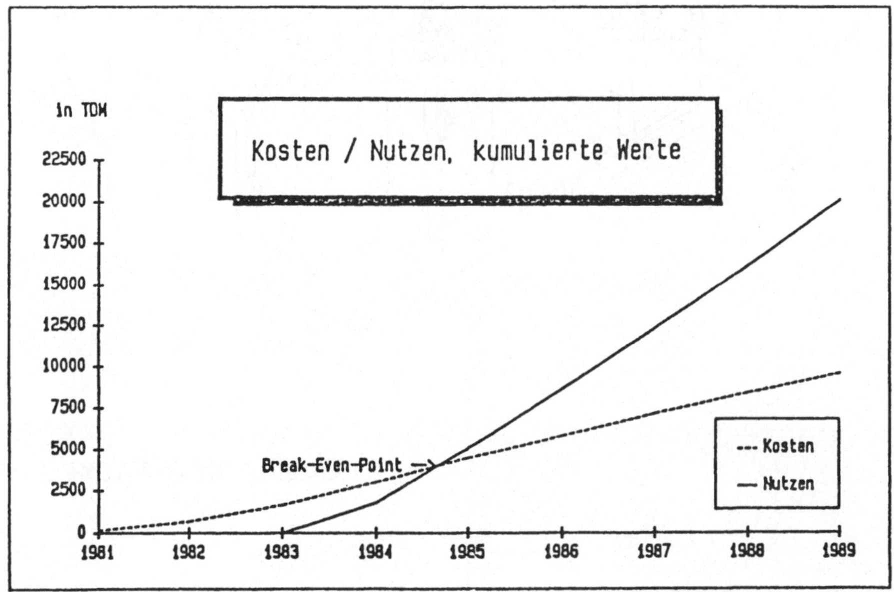

Quelle: MAN B&W Diesel GmbH

Bild 8: **Kosten/Nutzen des EDV-gestützten Fertigungssteuerungssystems**

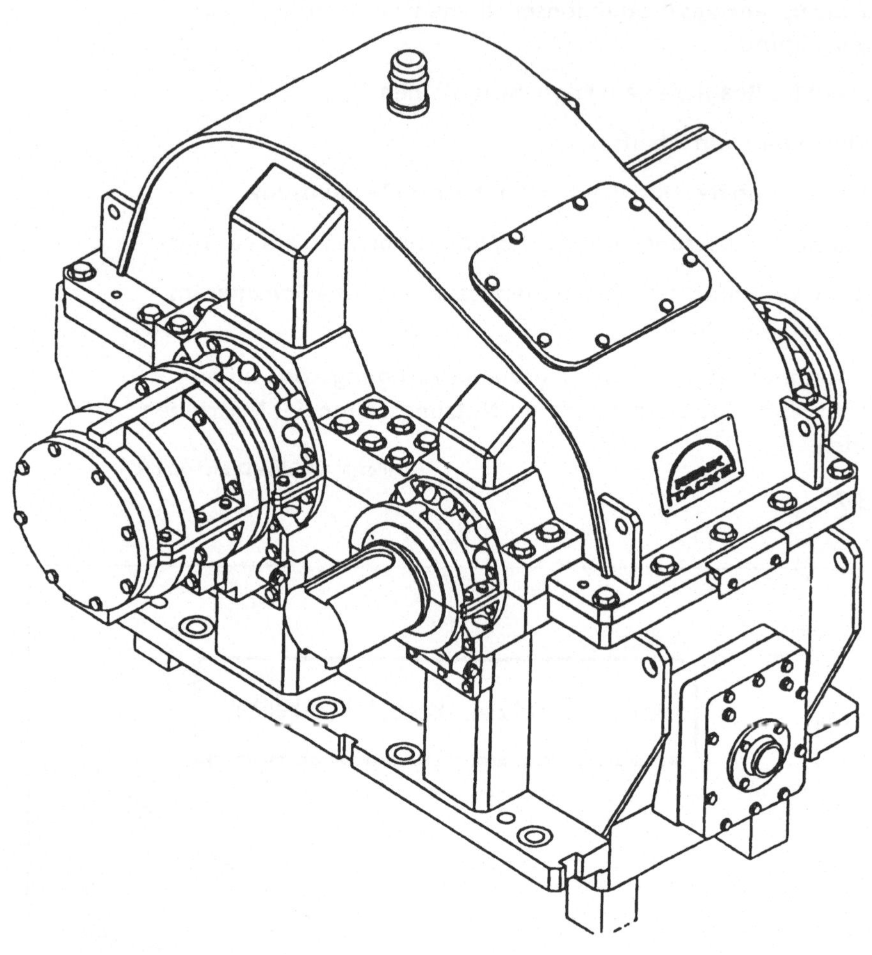

Quelle: RENK TACKE GmbH

Bild 9: **Turbogetriebe**

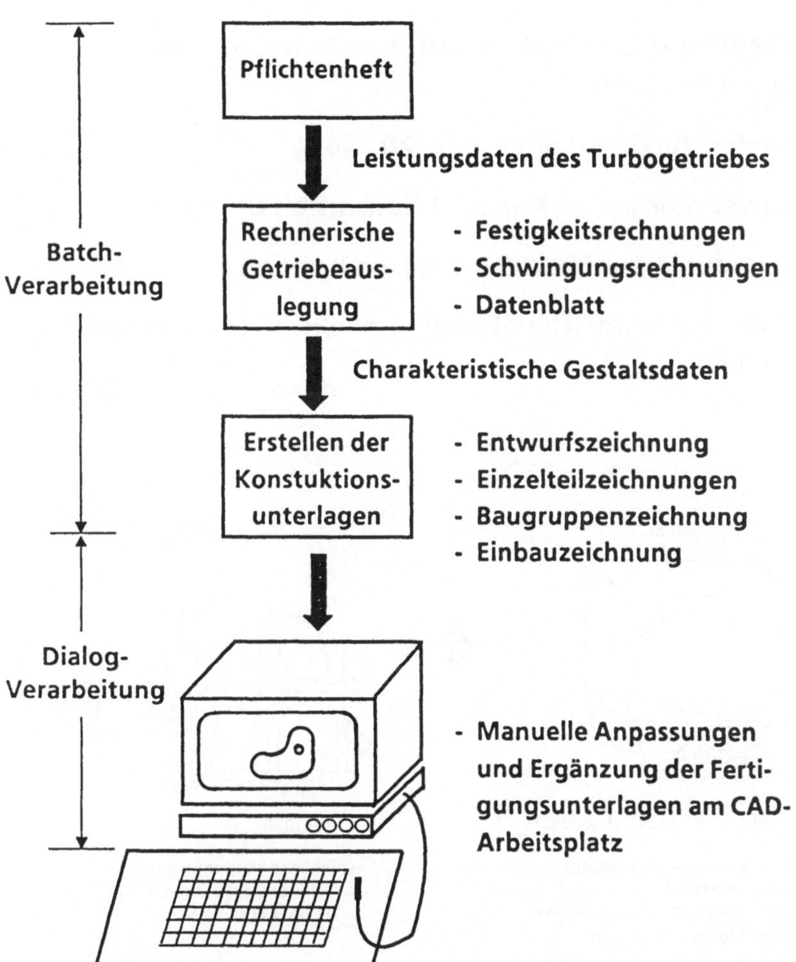

Die Konstruktionslogik für das Produkt Turbogetriebe ist im System gespeichert

Quelle: RENK TACKE GmbH

Bild 10: Rechnerunterstützte Auslegung von Turbogetrieben

Vorteile der rechnerunterstützten Auslegung von Turbogetrieben

- Flexible Auslegung des Getriebes nach Kundenwünschen
  ---> Wettbewerbsvorteil
- Reduzierung der Durchlaufzeit um ca. 20 - 30 %
- Reduzierung der manuellen Konstruktionsarbeit um ca. 30 - 40 %
- Möglichkeiten der Datenübertragung zum Kunden
- Möglichkeit der automatischen Erstellung von NC-Programmen für Rotationsteile

Quelle: RENK TACKE GmbH

Bild 11

PC-System

Turbogetriebe

Systemerstellung

- Experte
- Wissensinge- nieur
- Software Werk- zeug, (Shell)

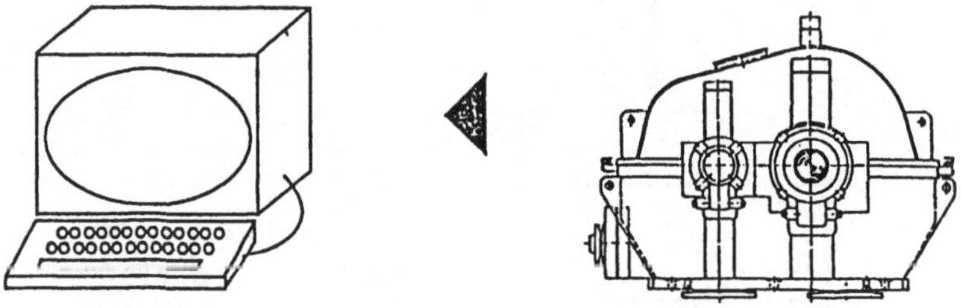

Funktionen des Diagnosesystems

- Ermitteln der Abweichungen vom Normalzustand
- Ermitteln der Störungsursache
- Empfehlen der Therapie
- Erläuterung der Schlußfolgerung
- Speicherung der Diagnosefälle

Störungen

- Erhöhte Schwingungen
- Erhöhte Geräuschemission
- Erhöhte Öltemperatur

Quelle: RENK AG

Bild 12: Expertensystem für den Diagnoseeinsatz

Erwartete Vorteile durch den Einsatz von Expertensystemen für Diagnoseaufgaben

---

Interner/Externer Einsatz

- Verfügbarhalten von Spezialwissen (personenunabhängig)

- Kein Verlust von Wissen durch Pensionierung eines Mitarbeiters

- Dokumentation von aufgetretenen Schwierigkeiten

- Schnelles Einarbeiten des Servicepersonals durch Training an praktischen Fällen

- Verbesserung der Anlagenverfügbarkeit durch Diagnose vor Ort und entsprechende Therapie

- Vermeiden von Fehldiagnosen

- Wegfall von spontanen Reisen zur Diagnose vor Ort

Quelle: RENK AG

<u>Bild 13</u>

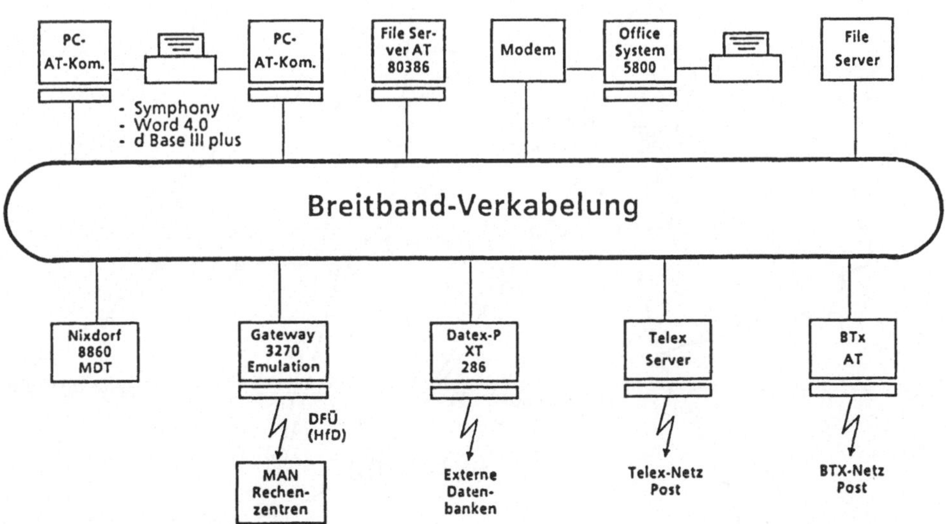

Quelle: MAN AG

<u>Bild 14</u>: Bürokommunikation

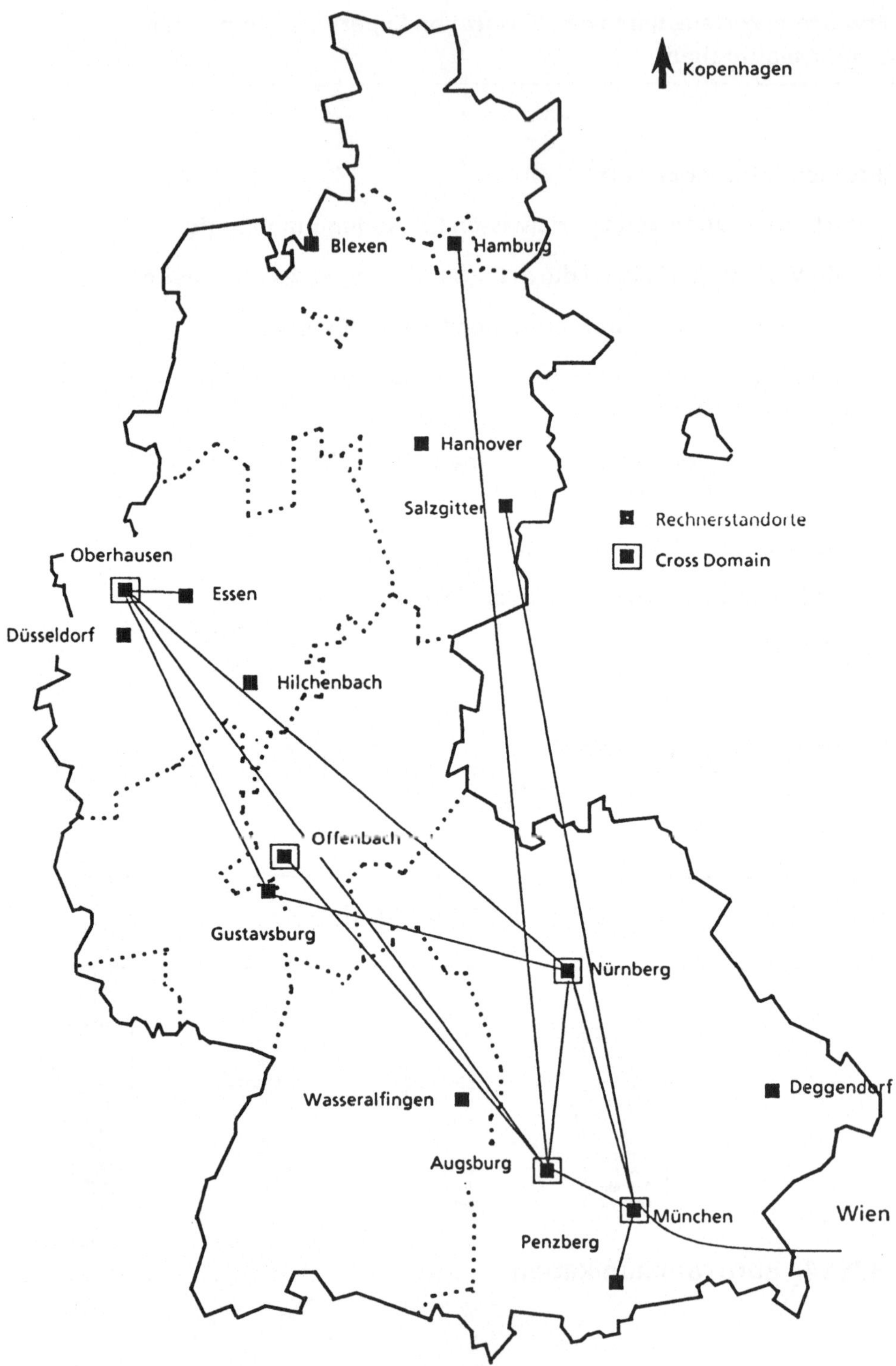

Bild 15: MAN - Datenfernverarbeitungsnetz

Wesentliche Vorteile der Bürokommunikation

- Einfache Texterstellung über Textsystem

- Einfache Handhabung bei Telexerstellung

- Interner Austausch von Daten z. B. im Rahmen der Geschäfts-
  berichtserstellung; Vermeidung von Fehlerquellen

- Interne Kommunikation zwischen Mitarbeitern über MAIL-
  BOX-Verfahren (geplant)

- Kommunikation mit den MAN-Gesellschaften z. B. für Bilanz-
  erstellung und Finanzdisposition (geplant)

Quelle: MAN AG

Bild 16

Informationsverarbeitung im MAN Konzern

- Die Systeme im MAN Konzern sind auf die Anforderungen der in
  den unterschiedlichen Aufgabenbereichen tätigen Unternehmen
  ausgelegt. Über die EDV-Rahmenplanung werden die einzelnen
  Aktivitäten koordiniert und eine Gesamtstrategie erarbeitet

- Die Informationsverarbeitung im MAN Konzern ist ein Produktionsfaktor bzw. unterstützt die Produktinnovation

- Investitionen in Projekten der Informationsverarbeitung werden
  nach wirtschaftlichen Gesichtspunkten und strategischen Überlegungen (Wettbewerbsvorteil) durchgeführt. In die Nutzenbe-
  trachtung sind gegenüber allgemeinen Investitionen jedoch verstärkt qualitative Gesichtspunkte einzubeziehen

Quelle: MAN AG

Bild 17

Liste der Autoren/Index of Authors

Dr. Hans-Heinz B a h n
Siemens AG
Wittelsbacher Platz 2

8000 München 2

Dr.-Ing. Friedrich B a u r
Vorsitzender des Vorstandes der
Zahnradfabrik Friedrichshafen AG
Löwentaler Str. 100

7990 Friedrichshafen

Dr.Dr. Heike von B e n d a
Staatsministerium
Baden-Württemberg
Richard-Wagner-Str. 15

7000 Stuttgart 1

Prof.Dr.-Ing. Karl-Heinz B ö k e l e r
Direktor der Ed. Züblin AG
Albstadtweg 3

7000 Stuttgart 80

Dr. Jan B o e t i u s
Mitglied des Vorstandes der
Allianz AG
Königinstr. 28

8000 München 44

John D i e b o l d
The Diebold Group, Inc.
475, Park Avenue South

10016 New York, N.Y.
U. S. A.

Dr.-Ing. Reiner G o h l k e
Vorsitzender des Vorstandes der
Deutschen Bundesbahn
Postfach 11 04 23

6000 Frankfurt 11

Dr. Peter G r ä f
Institut f. Wirtschaftsgeographie
Universität München
Ludwigstr. 28

8000 München 22

Prof.Dr. Rul G u n z e n h ä u s e r
Institut für Informatik
Universität Stuttgart
Azenbergstr. 12

7000 Stuttgart 1

Ministerialdirektor
Hanns-Martin J e p s e n
Bayerisches Staatsministerium für
Wirtschaft und Verkehr
Prinzregentenstr. 28

8000 München 22

Dipl.-Kfm. Ulrich K i e l
Mitglied des Vorstandes des
Großversandhauses QUELLE
Fürther Str. 205

8500 Nürnberg

Prof.Dr. Dietrich K ö l l h o f e r
Bayerische Vereinsbank AG
Am Tucherpark 12

8000 München 22

Dipl.-Ing. Gerhard K r ü g e r
Bayernwerk AG
Bayernwerkstr. 39

8047 Karlsfeld

Senator h.c.
Horst M ü n z n e r
Stv. Vorstandsvorsitzender der
Volkswagenwerk AG
Postfach

3180 Wolfsburg

Ministerialdirigent
Dietrich M u n z
Ministerium f. Wirtschaft,
Mittelstand u. Technologie
Baden-Württemberg
Theodor-Heuss-Str. 4

7000 Stuttgart 1

Dr. Johannes R e u ß
Vorsitzender des Vorstandes der
ODAV Datenverarbeitung GmbH
Ernst-Henkel-Str. 11

8440 Straubing

Dipl.-Ing. Karl-Heinz R o s e n b r o c k
Fernmeldetechnisches Zentralamt der
Deutschen Bundespost - Hauptabt. F
Postfach 5000

6100 Darmstadt

Dr.-Ing. Gerd R. S c h m i d t
Vorstandsmitglied der
M A N AG
Ungerer Str. 69

8000 München 40

Prof.Dr. H.K. S e l b m a n n
Eberhard-Karls-Universität Tübingen
Inst. Med. Informationsverarbeitung
Westbahnhofstr. 55

7400 Tübingen 1

B u n d o Y a m a d a
Präsident des
Fujitsu Research Institute for
Advanced Information Systems
and Economics
17-25, Shinkamata 1-chome
Ota-ku
144 Tokyo

JAPAN

Sitzungsteilnehmer/Session Chairmen

Dr.-Ing. Friedrich B a u r
Vorsitzender des Vorstandes der
Zahnradfabrik Friedrichshafen AG
Löwentaler Str. 100

7990 Friedrichshafen 1

Dr.-Ing. Hans G i s s e l
Mitglied des Vorstandes der
A E G   AG
Theodor-Stern-Kai 1

6000 Frankfurt 70

Prof.Dr.-Ing.Dr.-Ing.E.h.
Wolfgang K a i s e r
Institut f. Nachrichtenübertragung
Universität Stuttgart
Breitscheidstr. 2

7000 Stuttgart 1

Dr.-Ing.E.h. Friedrich O h m a n n
Generalbevollm. Direktor der
Siemens AG
Ber.Nachrichten- u. Sicherungstechnik
Hofmannstr. 51

8000 München 70

Dipl.-Phys. Hans H. R e i h l
IBM Deutschland GmbH
Leiter Geschäfts- u. Industriebeziehungen
Pascalstr. 100

7000 Stuttgart 80

Teilnehmer an der Podiumsdiskussion/
Participants in the Panel Discussion

Leiter/Chairman: Prof.Dr.Dres.h.c. Eberhard W i t t e
Institut für Organisation der
Universität München
Ludwigstr. 28 Rgb.

8000 München 22

Teilnehmer/
Participants: Dipl.-Math. Frank B e r g e r
Geschäftsführer der
Digital Equipment GmbH
Freischützstr. 91

8000 München 81

Bernhard D o r n
Geschäftsführung der
IBM Deutschland GmbH
Bereich Marketing u. Services
Postfach 80 08 80

7000 Stuttgart 80

Dr.-Ing.E.h. Friedrich O h m a n n
Generalbevollm. Direktor der
Siemens AG
Ber. Nachrichten- u. Sicherungstechnik
Hofmannstr. 51

8000 München 70

Dipl.-Ing. Karl-Heinz R o s e n b r o c k
Fernmeldetechnisches Zentralamt der
Deutschen Bundespost - Hauptabt. F
Postfach 5000

6100 Darmstadt

Dr. Carl Hinrich V ö g e
Nixdorf Computer AG
Leiter Produkt-Marketing
Kommunikationstechnik
Wittestr. 30c

1000 Berlin 27

Band/Volume 6
W. Kaiser, U. Lohmar (Hrsg./Eds.)

Kommunikation über Satelliten
Communication via Satellites

Vorträge des am 23./24. Oktober 1980 in München
abgehaltenen Kongresses

Proceedings of a Congress Held in Munich,
October 23/24, 1980

1981. XIV, 219 Seiten (47 Seiten in Englisch). Broschiert
DM 64,-, ISBN 3-540-10751-7

Band/Volume 7
W. Kaiser (Hrsg./Ed.)

Telekommunikation als
Berufschance
Professional Chances in
Telecommunications

Vorträge des am 19./20. April 1982 in München abgehaltenen Kongresses

Proceedings of a Congress Held in Munich,
April 19/20, 1982

1982. XV, 348 Seiten (88 Seiten in Englisch). Broschiert
DM 74,-. ISBN 3-540-11726-1

Band/Volume 8
W. Kaiser

Interaktive Breitbandkommunikation

**Nutzungsformen und Technik von Systemen mit Rück-
kanälen**

Unter Mitarbeit von H. Armbrüster, H. G. Bauer,
K. Brepohl, J. Gerlach, H. T. Hagmeyer, L. I. Issing,
H. Knüttel, H. Krahmer, W. Kurz, P. Mahnkopf,
R. Schnee, R. Scholz, W. J. Thurl, W. Tinnefeldt,
G. Vogt, M. Welzenbach, B. Wiest

1982. IX, 192 Seiten. Broschiert DM 54,-.
ISBN 3-540-11895-0

Band/Volume 9
E. Witte (Hrsg./Ed.)

Bürokommunikation
Ein Beitrag zur Produktivitätssteigerung
Office Communications
Key to Improved Productivity

Vorträge des am 3./4. Mai 1983 in München abgehaltenen Kongresses

Proceedings of a Congress Held in Munich, May 3/4,
1983

1984. XI, 288 Seiten (101 Seiten in Englisch). Broschiert
DM 64,-. ISBN 3-540-12459-4

Band/Volume 10
E. Witte, W. Lämmle (Hrsg./Eds.)

Elektron. Textkommunikation in
Deutschland und Japan

**Konzepte, Anwendungen, Soziale Wirkungen, Einfüh-
rungsstrategien**

Electronic Text Communication in
Germany and Japan

**Concepts, Applications, Social Impacts, Implementation
Strategies**

Vorträge des am 3./4. November 1983 in München
durchgeführten 4. Deutsch-Japanischen Kommunikati-
onswissenschaftlichen Seminars

Proceedings of the 4th German-Japanese Seminar on
Communication Science Held in Munich,
November 3/4, 1983

1984. X, 231 Seiten. Broschiert DM 58,-.
ISBN 3-540-13647-9

Band/Volume 11
W. Kaiser (Hrsg./Ed.)

Integrierte Telekommunikation
Integrated Telecommunications

Vorträge des vom 5.-7. November 1984 in München
abgehaltenen Kongresses/Proceedings of a Congress
Held in Munich, November 5-7, 1984

In Zusammenarbeit mit der/In Cooperation with Nach-
richtentechnische Gesellschaft im VDE (NTG)

1985. IX, 549 Seiten. (127 Seiten in Englisch). Broschiert
DM 78,-. ISBN 3-540-15073-0

Band/Volume 12
C. Baack, W. Kaiser (Hrsg./Eds.)

Wege zu besseren Fernsehbildern
Ways Towards High Definition TV

Vorträge des vom 21.-22. Januar 1987 in München abgehaltenen Kongresses

Proceedings of the Congress Held in Munich,
January 21-22, 1987

Unter Mitwirkung von R. Evers

1987. XII, 332 Seiten. Broschiert DM 78,-.
ISBN 3-540-17987-9

Springer-Verlag Berlin
Heidelberg New York London
Paris Tokyo Hong Kong